21世纪高等学校计算机规划教材

21st Century University Planned Textbooks of Computer Science

计算机应用高级教程

Advanced Computer Applications

吴蓉晖 李小英 何英 银红霞 陈娟 谷长龙 编著

精品系列

人民邮电出版社

北 京

图书在版编目（CIP）数据

计算机应用高级教程 / 吴蓉晖等编著. -- 北京：
人民邮电出版社，2012.3（2014.2 重印）
21世纪高等学校计算机规划教材
ISBN 978-7-115-27363-5

Ⅰ．①计… Ⅱ．①吴… Ⅲ．①电子计算机－高等学校
－教材 Ⅳ．①TP3

中国版本图书馆CIP数据核字（2011）第282493号

内 容 提 要

　　本书介绍了 Office 的高级应用、多媒体技术和 Visual Basic 程序设计基础知识。全书共分为三部分，第一部分为 Office 高级应用，介绍了 Excel 2007 的新增功能、数据处理和分析、Access 2007 数据库的基本应用和高级应用等；第二部分为多媒体技术，着重介绍图像处理技术、多媒体音频技术、计算机动画技术、多媒体视频技术等；第三部分为 Visual Basic 程序设计基础，介绍 Visual Basic 程序设计基础、选择结构程序设计、循环结构程序设计、常用标准控件等。

　　本书可以作为大学本科和大专院校的"计算机应用基础"课程教材，也可作为其他技术人员的参考书。

21 世纪高等学校计算机规划教材

计算机应用高级教程

◆　编　著　吴蓉晖　李小英　何　英　银红霞　陈　娟　谷长龙
　　责任编辑　易东山
　　执行编辑　肇　丽

◆　人民邮电出版社出版发行　　北京市丰台区成寿寺路 11 号
　　邮编 100164　　电子邮件 315@ptpress.com.cn
　　网址 http://www.ptpress.com.cn
　　北京天宇星印刷厂印刷

◆　开本：787×1092　1/16
　　印张：19　　　　　　　　2012 年 3 月第 1 版
　　字数：463 千字　　　　　2014 年 2 月北京第 2 次印刷

ISBN 978-7-115-27363-5

定价：33.00 元

读者服务热线：(010)81055256　印装质量热线：(010)81055316
反盗版热线：(010)81055315
广告经营许可证：京崇工商广字第 0021 号

前言

进入 21 世纪，随着电子计算机技术、网络技术的迅速发展，大学计算机基础教学的要求也越来越高。一是要求计算机基础教学的内容和方法，必须不断地更新；二是要求每一位大学生必须熟练掌握计算机基本操作，掌握与所学专业相关的应用系统的开发技能。湖南大学对全校非计算机专业的计算机基础教学一直非常重视。在计算机基础教学的过程中，采用多媒体案例教学方式，强调精讲多练、实践训练。课程教学过程包括：课堂理论知识讲授、课程实验训练(小班讨论)、实验课程实践、期末机试和笔试。同时，十分注重教材建设，借鉴国内外优秀教材，组织编写有特色的系列实用教材。按照学院的课程建设规划，本次组织编写《计算机应用高级教程》和《计算机应用高级教程实验指导》两本配套教材，作为湖南大学经济类、文科类专业学生的计算机应用课程的教材。

本套教材是国家级精品课程《大学信息技术基础》的后续课程的配套教材。本套教材用于第二个学期，是对前一学期计算机基础课程的拓展和延续。

（1）本书的结构和特点

本书兼顾了计算机基础知识及文科学生普遍需要掌握的 Office 高级应用、多媒体技术和 Visual Basic 程序设计基础。

全书共分为三部分。

第一部分，Office 高级应用，包括学习 Excel 2007、Excel 的数据处理、Access 2007 数据库基本应用、Access 2007 数据库高级应用等章节；

第二部分，多媒体技术，包括多媒体技术概论、图像处理技术、多媒体音频技术、计算机动画技术、多媒体视频技术等章节；

第三部分，Visual Basic 程序设计基础，包括 Visual Basic 概述、Visual Basic 程序设计基础、选择结构程序设计、循环结构程序设计、常用标准控件等章节。

第一部分由何英、银红霞编写，第二部分由李小英、吴蓉晖、陈娟、谷长龙编写，第三部分由何英编写，全书由吴蓉晖统稿。

（2）学时安排及教学方法建议

建议安排授课 48 学时，第一、第二、第三部分分别为 16、16、16 学时，各个部分还应配备不少于 1:1 的实践学时。

针对不同专业学生特点，授课老师可以灵活选择不同的部分或章节进行授课。

（3）教学资源

通过人民邮电出版社教学资源网站：http://www.ptpress.com.cn/ download 可免费下载 PPT 教案、操作案例和素材包。

致谢

感谢湖南大学教务处处长李仁发教授，湖南大学信息科学与工程学院院长赵欢教授对本书提出的指导性建议；感谢杨小林、易卫，他们或参与了本书大纲的讨论，或提供了素材；感谢湖南大学信息科学与工程学院计算机应用系全体老师的大力支持。

由于编者水平有限，加之时间仓促，书中难免存在错误或不足之处，敬请读者批评指正。

作者

于湖南长沙岳麓山

2011 年 12 月

目 录

第一部分
Office 高级应用

第1章
学习 Excel 2007

Microsoft Office Excel 2007 提供了强大的工具和功能，用户可以使用这些工具和功能轻松地分析、共享和管理数据。

1.1 Excel 的学习方法

掌握 Excel 最佳学习方法，往往能达到事半功倍的效果。本节与读者分享一些学习 Excel 的好方法，掌握了这些方法，读者就可以独立研究，解决实际问题了。

1. 善用 Excel 联机帮助

在打开 Excel 界面后，按 F1 键，就可以打开 Excel 的官方联机帮助。在"Excel 帮助"窗口单击"显示目录"按钮即可打开帮助目录，单击目录中的项目就可在窗口右侧显示具体的帮助内容，如图 1-1 所示。Excel 联机帮助功能强大，支持搜索功能，并附带很多案例，是最权威、最系统的一套帮助文件。

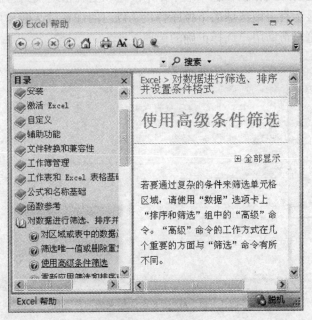

图 1-1　Excel 联机帮助

2. 善用即时帮助

在实际操作中，Excel 也尽可能做到了步步有提示。例如当用户在编辑栏手动输入函数时，在编辑栏下方，系统会根据用户当前的输入，提供所有可能的函数名供用户选择，加快输入速度并减少错误，如图 1-2 所示。当函数名输入完毕，输入括号后，系统又会给出该函数参数的提示，如图 1-3 所示。

图 1-2　手动输入函数名时的提示　　　　　　　　图 1-3　手动输入函数时的及时提示

3. 在专业的 Excel 论坛学习

Excel 论坛是学习 Excel 的好场所。用户可以发帖提问，也可以直接查看相关答案。一些好的 Excel 论坛网站有：微软中国网站（http://www.microsoft.com/china/Office/Excel/prodinfo/default.mspx）、Excel Home（http://www.excelhome.net）。

1.2　Excel 2007 新增功能

1.2.1　面向结果的用户界面

过去的 Excel 版本中，命令和功能选项常常深藏在复杂的菜单和工具栏中，现在的界面将大部分命令以按钮的形式存放于选项卡中，用户可以更轻松地找到它们，如图 1-4 所示。新的用户界面利用显示有可用选项的下拉库替代了以前的许多对话框，并且提供了描述性的工具提示或示例预览来帮助用户选择正确的选项。

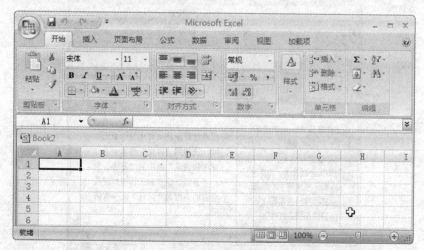

图 1-4　Excel 2007 全新面向结果的用户界面

1.2.2　更多行和列以及其他新限制

为了能让用户在工作表中浏览大量数据，Excel 2007 每个工作表支持最多有 1 048 576 行和 16 384 列，比 Excel 2003 提供的可用行增加了 15 倍，可用列增加了 63 倍；用户现在在同一个工作簿中可以使用无限多的格式类型，而不再仅限于 Excel 2003 中的 4 000 种；内存管理已从 Excel 2003 中的 1 GB 内存增加到 Excel 2007 中的 2 GB。Excel 2007 支持双处理器和多线程芯片集，用户将同时在包含大量公式的大型工作表中体验到更快的运算速度。

1.2.3　Office 主题和 Excel 样式

在 Excel 2007 中，可以通过应用主题和使用特定样式在工作表中快速设置数据格式。主题可以与其他 Office 2007 发布版程序（例如 Microsoft Office Word 和 Microsoft Office Power Point）共享，而样式只用于更改特定于 Excel 的项目（例如 Excel 表格、图表、数据透视表、形状或图）的格式。

1. 应用主题

主题是一组预定义的颜色、字体、线条和填充效果，可应用于整个工作簿或特定项目，例如图表或表格，它们可以帮助用户创建外观精美的文档。用户可以使用本公司提供的公司主题，也可以从 Excel 提供的预定义主题中选择。创建用户自己的具有统一、专业外观的主题，并将其应用于用户所有的 Excel 工作簿和其他 Office 2007 发布版文档。在创建主题时，可以分别更改颜色、字体和填充效果，以便用户对任一或所有这些选项进行更改。

2. 使用样式

样式是基于主题的预定义格式，可用它来更改 Excel 表格、图表、数据透视表、形状或图的外观。如果内置的预定义样式不符合用户的要求，用户可以自定义样式。对于图表来说，用户可以从多个预定义样式中进行选择，但不能创建自己的图表样式。

1.2.4　丰富的条件格式

在 Excel 2007 中，用户可以使用条件格式直观地注释数据以供分析和演示使用。若要在数据中轻松地查找例外和发现重要趋势，可以实施和管理多个条件格式规则，这些规则以渐变色、数据柱线和图标集的形式将可视性极强的格式应用到符合这些规则的数据。条件格式也很容易应用，只需单击几下鼠标，即可看到可用于分析的数据中的关系，如图 1-5 所示。

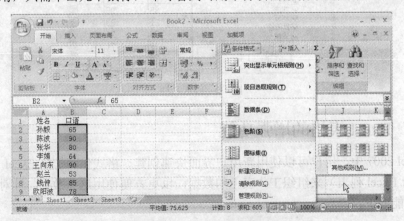

图 1-5　色阶条件格式效果

1.2.5　轻松编写公式

以下的改进使在 Excel 2007 中编写公式更为轻松。

1. 可调整的编辑栏

编辑栏会自动调整以容纳长而复杂的公式，从而防止公式覆盖工作表中的其他数据。与 Excel 早期版本相比，用户可以编写的公式更长，使用的嵌套级别更多。

2. 函数记忆式键入

使用函数记忆式键入，可以快速写入正确的公式语法。它不仅可以轻松检测到用户要使用的函数，还可以获得完成公式参数的帮助，从而使用户在第一次使用时以及今后的每次使用中都能获得正确的公式。

3. 结构化引用

除了单元格引用，Excel 2007 还提供了在公式中引用命名区域和表格的结构化引用。

1.2.6　改进的排序和筛选功能

Excel 2007 增强了筛选和排序功能，如图 1-6 所示。利用该功能可以快速排列工作表数据以找出所需信息。用户可以按颜色和 3 个以上（最多为 64 个）级别来对数据排序，还可以按颜色或日期筛选数据。

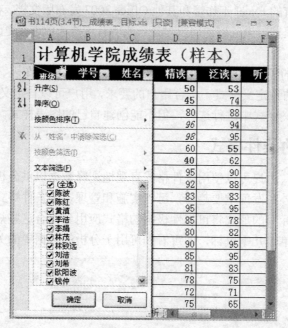

图 1-6　筛选功能

1.2.7　Excel 表格的增强功能

在 Excel 2007 中，用户可以使用新用户界面快速创建、格式化和扩展 Excel 表格（Excel 2003 中称为 Excel 列表）来组织工作表上的数据，以更方便使用这些数据。针对表格的新功能或改进功能如下。

1．表格标题行

可以打开或关闭表格标题行。如果显示表格标题，则当用户在长表格中移动时，表格标题会替代工作表标题，从而使表格标题始终与表列中的数据呈现在一起。

2．计算列

计算列使用单个公式调整每一行。它会自动扩展以包含其他行，从而使公式立即扩展到这些行。用户只需输入公式一次，而无需使用"填充"或"复制"命令。

3．自动筛选

默认情况下，表中会启用"自动筛选"以支持强大的表格数据排序和筛选功能。

4．汇总行

用户可以在汇总行中使用自定义公式和文本输入。

5．表样式

用户可以选择 Excel 2007 中提供的大量设计师水平的表样式，使表格焕然一新。

1.2.8 新的图表外观

在 Excel 2007 中，用户可以使用新的图表工具轻松创建能有效交流信息的、具有专业水准外观的图表。基于应用到工作簿的主题，新的、最具流行设计的图表外观包含很多特殊效果，例如三维、透明和柔和阴影。

使用新的用户界面，用户可以轻松浏览可用的图表类型，以便为自己的数据创建合适的图表。由于提供了大量的预定义图表样式和布局，用户可以快速应用一种外观精美的格式，然后在图表中进行所需的细节设置。

1．可视图表元素选取器

除了设置快速布局和快速格式外，现在用户还可以在新的用户界面中快速更改图表的每一个元素，以更好地呈现数据。只需单击几下鼠标，即可添加或删除标题、图例、数据标签、趋势线和其他图表元素。

2．外观新颖的艺术字

由于 Excel 2007 中的图表是用艺术字绘制的，因而可对艺术字形状所做的几乎任何操作都可应用于图表及其元素，例如，可以添加柔和阴影或倾斜效果使元素突出显示，或使用透明效果使在图表布局中被部分遮住的元素可见，用户也可以使用逼真的三维效果。

3．清晰的线条和字体

图表中的线条减轻了锯齿现象，而且对文本使用了 ClearType 字体来提高可读性。

4．比以前更多的颜色

用户可以轻松地从预定义主题颜色中进行选择和改变其颜色强度。若要对颜色进行更多控制，用户还可以从"颜色"对话框内的 16 000 000 种颜色中选择来添加自己的颜色。

5．图表模板

在 Excel 2007 用户界面中，用户可以轻松地将喜爱的图表另存为图表模板。

1.2.9 共享的图表

在 Office 2007 版本中，图表可在 Excel、Word 和 PowerPoint 之间共享。用户可以轻松地在文档之间复制和粘贴图表。将图表从 Excel 复制到 Word 或 PowerPoint 时，图表会自动更改以匹配 Word 或 PowerPoint 文档，用户也可以保留 Excel 图表格式。Excel 工作表数据可嵌入 Word 文档或 PowerPoint 演示文稿中，用户也可以将其保留在 Excel 源文件中。

此外，在 PowerPoint 中，用户可以更轻松地使用动画强调基于 Excel 的图表中的数据。可使整个图表或图例项和轴标签具有动画效果。例如，在柱形图中，可以让个别柱形具有动画效果以更好地阐明某个要点。

1.2.10　易于使用的数据透视表

在 Excel 2007 中，数据透视表比在 Excel 的早期版本中更易于使用。使用新的数据透视表用户界面时，只需单击几下鼠标即可显示关于要查看的数据信息，而不再需要将数据拖到并非总是易于定位的目标拖放区域。现在，用户只需在新的数据透视表字段列表中选择要查看的字段即可。

创建数据透视表后，可以利用许多其他新功能或改进功能来汇总、分析和格式化数据透视表数据。

像数据透视表一样，创建数据透视图也更加容易。所有的筛选改进也可用于数据透视图。创建数据透视图时，可以使用特定的数据透视图工具和上下文菜单，从而使用户可以在图表中分析数据，也可以按照对常规图表相同的方式，更改图表或其元素的布局、样式和格式。在 Excel 2007 中，更改数据透视图时会保留所应用的图表格式，这是较之早期版本工作方式的一个改进。

1.2.11　快速连接到外部数据

在 Excel 2007 中，不再需要了解公司数据源的服务器名称或数据库名称。现在，用户可以使用"快速启动"从管理员或工作组专家提供的可用数据源列表中选择。Excel 中的连接管理器使用户可查看工作簿中的所有连接，并且重新使用或替代连接更加容易，如图 1-7 所示。

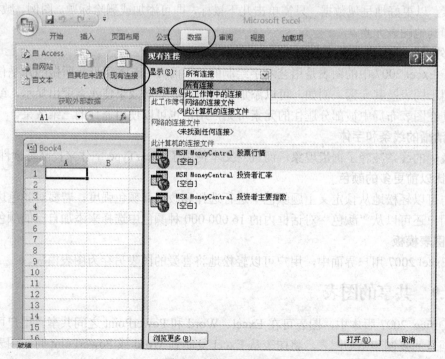

图 1-7　连接到外部数据

1.2.12　新的文件格式

1. 基于 XML 的文件格式

在 Excel 2007 中，Microsoft 引入称为"Office Open XML 格式"的新的文件格式。这种新文件格式不仅便于 Excel 2007 与外部数据源结合，还减小了文件大小，并改进了数据恢复功能。Excel 工作簿的默认格式是基于 Office Excel 2007 XML 的文件格式（.xlsx）。其他可用的还有：启用了宏的文件格式（.xlsm）、用于 Excel 模板的文件格式（.xltx）以及用于 Excel 模板的启用了宏的文件格式（.xltm）。

2. 与 Excel 早期版本的兼容性

可以检查 Excel 2007 工作簿来查看它是否包含与 Excel 早期版本不兼容的功能或格式，以便进行必要的更改来获得更好的向后兼容性。在 Excel 早期版本中，可以安装更新和转换器来帮助打开 Excel 2007 工作簿，这样就可以编辑、保存它，然后再次在 Excel 2007 中打开它而不会丢失任何 Excel 2007 特定的功能或特性。

1.2.13　更佳的打印体验

除了"普通"视图和"分页预览"视图之外，Excel 2007 还提供了"页面"视图。用户可以使用该视图来创建工作表，还可以设置工作表中的页眉、页脚和边距，关注打印格式的显示效果，如图 1-8 所示。

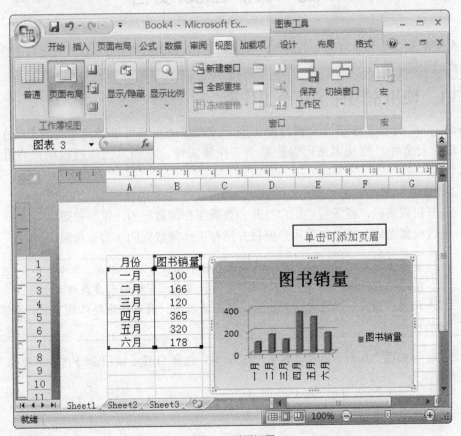

图 1-8　页面视图

1.2.14　共享工作的新方法

如果用户能够访问 Excel Services，则可以与其他人共享用户的 Excel 2007 工作表数据。首先要将工作簿保存到 Excel Services，然后指定其他人（例如团队成员）可以查看工作表数据，这样，其他用户就可以从事以下操作：

- 在浏览器中使用 Microsoft Office Excel Web Access 查看、分析、打印和提取这些工作表数据；
- 定期或根据需要来创建静态的数据快照；
- 使用 Microsoft Office Excel Web Access 轻松地执行操作，如滚动、筛选、排序、查看图表以及在数据透视表中查看明细。

如果其他人向用户提供了批注和更新的信息，用户可以通过共享工作簿以收集所需的信息，然后将其保存到 Excel Services。

1.2.15　快速访问更多模板

在 Excel 2007 中，用户可以使用随 Excel 系统安装时带有的多个 Excel 模板来创建新工作簿，也可以使用从 Microsoft Office Online 网站下载的模板。

1.3　保护 Excel 文档

数据安全是大家都非常关心的问题，加强对工作表的保护，能有效地防止对工作簿数据的误操作或泄露。

1.3.1　使用密码保护整个工作簿

Excel 2007 提供了多层安全和保护，用于控制哪些用户可以访问和更改 Excel 数据。为获得最佳安全性，应使用密码保护整个工作簿文件，从而只允许授权用户查看或修改数据。

可以设置两种密码：

- 打开权限密码，授予特定用户打开和查看工作簿数据的（读）权限；
- 修改权限密码，授予特定用户编辑并保存工作簿数据的（写）权限。

　安全性较高的强密码由大小写字母、数字和符号混合组成。例如 Y6x!et08 是强密码，password、888888 等是安全性不高的弱密码。密码的长度最好大于 8 个字符，且容易记忆，因为一旦忘记密码，系统将无法找回，最好将密码记录下来，并保存在安全的地方。

例如，要为如图 1-9 所示的工作簿设置密码时，选择 Office 按钮下的"另存为"命令，将弹出"另存为"对话框。

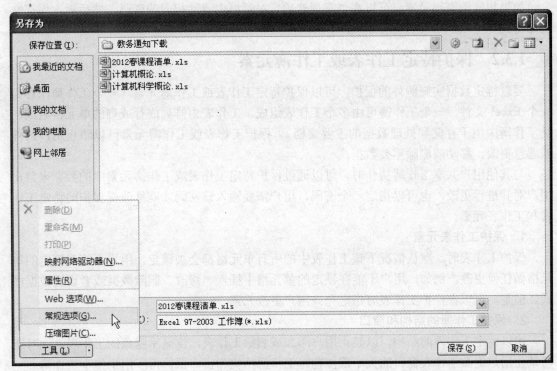

图 1-9　"另存为"对话框

单击对话框上的"工具"按钮，在弹出的下拉菜单中选择"常规选项"选项，即可弹出"常规选项"对话框，如图 1-10 所示。如果希望其他用户必须输入密码才能打开工作簿，则在"打开权限密码"框中输入密码；如果希望其他用户必须输入密码才能修改工作簿，则在"修改权限密码"框中输入密码。如果不希望用户无意间修改文件，则勾选"建议只读"复选框，这样打开文件时，系统将询问用户是否以只读方式打开文件。

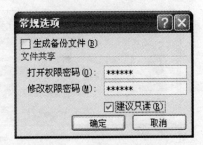

图 1-10　"常规选项"对话框

单击"确定"按钮后会出现提示，要求重新输入密码进行确认，再次输入密码后，单击"确定"按钮返回"另存为"对话框。单击"保存"按钮，对设置了读写密码的文件进行保存。

当用户要打开设置了密码的工作簿文件时，系统将首先弹出"密码"对话框要求用户输入打开权限密码和修改权限密码来进行身份认证，如图 1-11 和图 1-12 所示，没有打开权限密码将无法打开并阅读该文件。

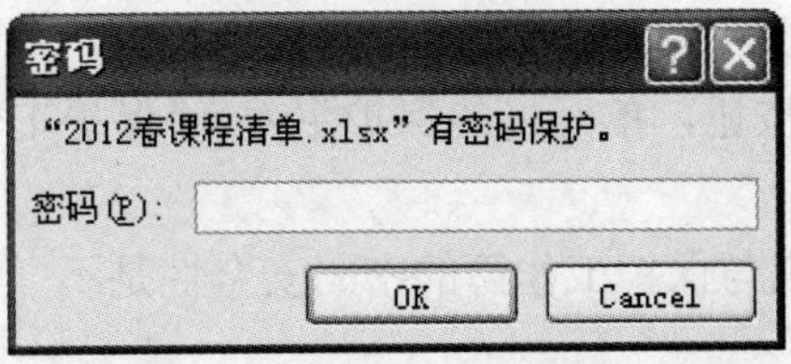

图 1-11　打开权限密码对话框

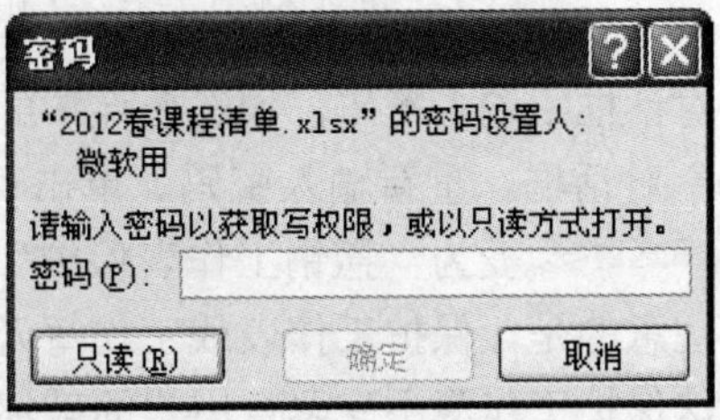

图 1-12　修改权限密码对话框

如果想取消密码设置，可以在"常规选项"对话框中清除相应的密码，然后再次保存文档即可。

1.3.2 保护特定工作表或工作簿元素

要对特定数据实施额外的保护，可以保护特定工作表或工作簿元素（一个工作簿保存为一个 Excel 文件，一个工作簿可由多个工作表组成。工作表由排列成行或列的单元格组成，是工作簿中用于存储和处理数据的主要文档）。保护工作表或工作簿元素可以防止用户意外或恶意更改、移动或删除重要数据。

与其他用户共享工作簿协作时，可以通过保护特定工作表或工作簿元素中的数据来禁止用户对其进行更改，也可以指定一个密码，用户需要输入该密码才能修改受保护的特定工作簿和工作表元素。

1．保护工作表元素

保护工作表时，默认情况下该工作表中的所有单元格都会被锁定，用户不能对锁定的单元格做任何更改。例如，用户不能在锁定的单元格中插入、修改、删除数据或者设置数据格式。但是，可以在保护工作表时指定允许用户更改元素。

2．保护工作簿的结构和窗口

可以锁定工作簿的结构，以禁止用户添加或删除工作表，或显示隐藏的工作表。同时还可禁止用户更改工作表窗口的大小或位置。工作簿结构和窗口保护可应用于整个工作簿。

例如，要保护如图 1-13 所示的工作表或工作簿元素。在"审阅"菜单下单击"保护工作表" 保护工作表 按钮，将弹出"保护工作表"对话框，如图 1-14 所示。

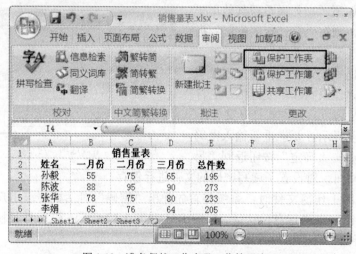

图 1-13 准备保护工作表及工作簿元素

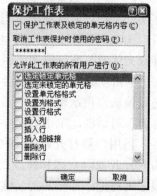

图 1-14 "保护工作表"对话框

在对话框中输入密码，勾选要保护的单元格项目复选框。单击"确定"按钮，弹出"确认密码"对话框，重新输入密码。单击"确定"按钮，单元格的保护生效，"保护工作表"按钮 保护工作表 变为"撤销工作表保护"按钮。

要注意的是，保护工作表或工作簿元素的密码与保护工作簿的密码安全性是不一样的，前者无法保护工作簿不受恶意用户的破坏。

小　结

　　本章主要介绍了 Excel 的学习方法、Excel 2007 的新增功能以及如何保护 Excel 文档的安全。

第 2 章
Excel 的数据处理

2.1　利用函数处理数据

使用公式和函数是 Excel 处理数据的最基本方法。公式是对工作表中的数据执行计算的式子。函数是预先编写的公式，可以对一个或多个参数进行运算，并返回一个或多个值。

2.1.1　函数概述

函数是预先编写好的公式，多用于替代有固定算法的公式。用函数计算数据能简化公式，使用十分方便。

1. 函数的结构

函数由等号、函数名、参数组成，每一个函数都有其相应的语法规则，在函数的使用过程中必须遵循语法规则。如在编辑栏输入"=SUM(B5:G5)"，其中 SUM 为表示求和的函数名，括号内括起的是参数，表示求单元格 B5 到 G5 中所有数值的和。

某些函数如 NOW( )函数，其功能为返回当前的日期和时间，不需要输入任何参数，但是函数名之后的括号不能省略，且函数名与括号之间不能有空格，否则会出现错误。

2. 函数的分类

Excel 包含多种类型的函数，任何一类函数都可用来解决特定的问题。各类函数简介如下。

（1）逻辑函数

逻辑函数可以进行真假判断，或者进行复合检验。这类函数返回的结果为逻辑值：TRUE或者 FALSE。例如，可以使用 IF 函数确定条件为真还是假，并由此返回不同的数值。

（2）日期与时间函数

日期和时间函数可以使单元格数据在日期、时间和数字之间进行相互转换，或者在两个时间、日期之间进行运算。

（3）数学和三角函数

数学和三角函数是使用频率较高的函数，例如，对数值取整、计算单元格区域中的数值总和、乘幂、正弦、余弦等。

（4）财务函数

财务函数指的是会计、财务管理方面的一些函数，如确定贷款的支付额、投资的未来值或净现值，以及债券或股票的价值等。

（5）统计函数

统计函数是日常统计工作中进行数据处理时经常用到的函数。例如，排位、条件计数、返回 F 概率分布等。

另外，还有查找和引用函数、文本函数、信息函数、加载宏和自动化函数、多维数据集函数、工程函数等。

3．函数的输入

简单的函数，如 SUM( )、AVERAGE( )函数等，其参数格式与内容都很简单，可以直接在编辑栏输入。复杂的函数，如 PMT( )、DCOUNT( )等，其括号中的参数由很多部分组成，就需要 Excel 来提示各个参数的位置和作用。

函数的输入有两种方式：一种是直接手工输入，另外一种是使用"插入函数"对话框输入。

（1）直接手工输入

此方法适用于常见的函数。如果用户对函数名、参数等较熟悉，那么就可以在单元格中直接输入。输入步骤如下。

● 单击要输入公式的单元格，首先输入"="。

● 输入函数名，接着是括号。当输入正确的函数名和括号后，会出现一个条形屏幕显示该函数参数的提示内容，帮助用户完成函数的后续输入工作，如图 2-1 所示。

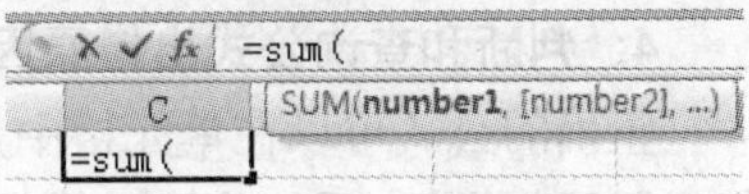

● 输入参数结束后，按 Enter 键就可以得到结果。

图 2-1　在编辑栏中输入函数时的提示

（2）使用"插入函数"对话框输入

如果不熟悉函数格式、参数等具体信息时，需要进一步的提示，此时可以使用"插入函数"对话框。操作步骤如下。

● 单击编辑栏旁边的"插入函数"按钮 f_x，弹出"插入函数"对话框。

● 单击"插入函数"对话框中的"或选择类别"下拉按钮，选择要查询的函数类别，在"选择函数"框中选择函数，如图 2-2 所示。

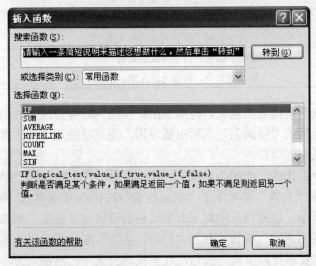

图 2-2　"插入函数"对话框

● 在弹出的"函数参数"对话框中会出现此函数需要引用的参数数目，以及当前参数的解释。如图 2-3 所示，在其中设置相应的参数即可（如果需要对单元格进行引用，请单击参数后面的引用切换按钮，直接到工作表中进行选择），单击"确定"按钮，完成函数的输入。

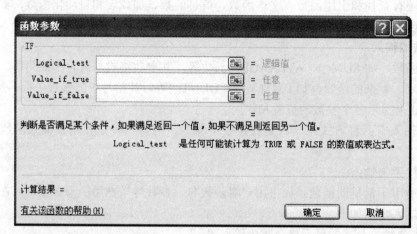

图 2-3   "函数参数"对话框

4．判断和查询公式出错原因

正确的公式可以在单元格中显示计算结果值，然而当公式发生错误时（常常是函数的参数出现了问题），系统将给出错误值提示错误原因，常见的错误值见表 2-1。

表 2-1   公式错误值

错　误　值	说　　　明
#DIV/0	除数为零
#N/A	数值无法使用于函数或公式中
#NAME?	公式中有 Excel 无法识别的文字或函数
#NULL!	公式中指定的两个区域没有交集
#NUM!	公式中引用了无效的值
#REF!	公式中引用了位置无效的单元格
#VALUE!	使用了错误的自变量或运算符
######	单元格太小，内容无法完整显示其中

了解了"错误值"所代表的意义，有助于用户快速判断并修改公式的错误。

除了通过系统提供的"错误值"判断出错原因，还可以使用 Excel 界面菜单中的"错误检查"命令找出公式中的错误。

例如，打开一个工作簿，如图 2-4 所示，可以看到在 K5 单元格有"错误值"：#N/A。

单击 Excel 界面"公式"菜单下的"错误检查"按钮 错误检查，将弹出"错误检查"对话框，如图 2-5 所示。该对话框中对 K5 单元格的错误做了说明。如果想继续获得帮助，则单击"关于此错误的帮助"按钮，打开"Excel 帮助"窗口查看有关该"错误值"的详细文档，或通过单击"显示计算步骤"按钮，逐步找出公式中的出错地方。

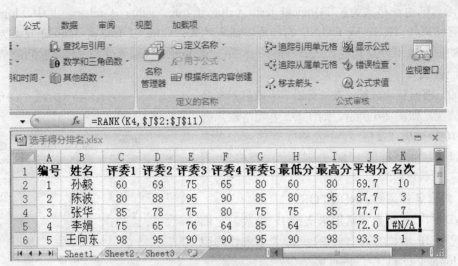

图 2-4　一个 K5 单元格有错误值的工作表

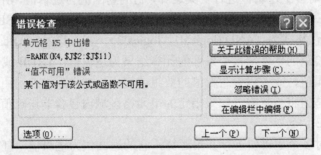

图 2-5　"错误检查"对话框

2.1.2　逻辑函数

逻辑函数的主要功能就是判断真假值，根据真假值返回相应的参数。这类进行复合检验，并根据检验结果返回数据的 Excel 函数称为逻辑函数。在 Excel 中提供了 6 种逻辑函数，见表 2-2，其中以 IF 函数的应用最为广泛，AND 和 OR 主要为 IF 提供支持，而 NOT、FALSE、TRUE 由于功能单一，用的较少。

表 2-2　　　　　　　　　　　　　常用逻辑函数

函　数　名	功　　能
FALSE	返回逻辑值 FALSE
TRUE	返回逻辑值 TRUE
AND	如果其所有参数均为 TRUE，则返回 TRUE
NOT	对其参数的逻辑求反
OR	如果任一参数为 TRUE，则返回 TRUE
IF	指定要执行的逻辑检测

1．逻辑判断函数 IF

IF 函数也称为条件函数，它根据对指定的条件计算结果（结果为逻辑值：TRUE 或 FALSE）返回不同的值。使用 IF 函数可以对数值和公式进行条件检测。

IF 函数的语法格式为：IF(logical_test，value_if_true，value_if_false)，其中，logical_test 表示计算结果为 TRUE 或 FALSE 的任意值或表达式；value_if_true 是 logical_test 为 TRUE 时返回的值（也可以是其他公式）；value_if_false 是 logical_test 为 FALSE 时返回的值（也可以是其他公式）。

例如，根据精读成绩，在"评语"字段显示学员的及格情况，如图 2-6 所示。则在 D2 单元格输入公式"=IF(C2>=60，"及格"，"不及格")"，表示如果学员的精读成绩大于或等于 60 分则显示"及格"，否则就显示"不及格"。

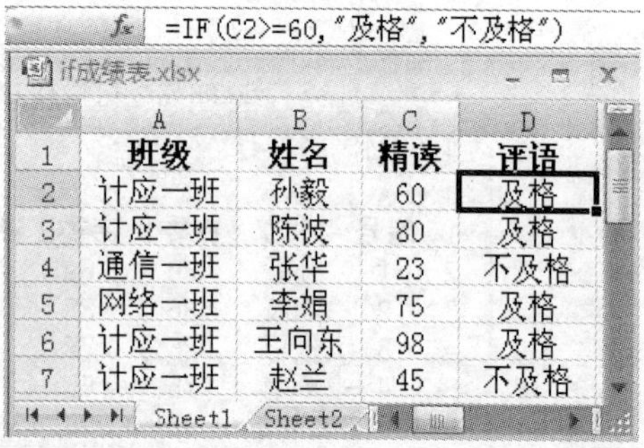

2. 复合条件函数 AND 和 OR

AND 和 OR 函数常常用来支持 IF 函数，它们主要嵌套在 IF 函数的第一个参数（即表示条件的逻辑式子 logical_test）中，进行多个条件的判断。

图 2-6 IF 函数示例

AND 函数可以对多个逻辑值进行交集运算，它的返回值为逻辑值。所有参数的逻辑值为 TRUE 时返回 TRUE；只要有一个参数的逻辑值为 FALSE，即返回 FALSE。

AND 函数的语法格式为：AND (logical1，logical2，……)，其中，logical1，logical2，…… 表示 1 到 255 个待检测的条件，每个条件的计算结果为逻辑值：TRUE 或 FALSE。

参数必须是逻辑值，或者包含逻辑值的数组或引用。如果数组或引用参数中包含文本或空白单元格，则这些值将被忽略。如果指定的单元格区域内包含非逻辑值，则 AND 函数将返回错误值#VALUE!。

OR 函数可以对多个逻辑值进行并集运算，它的返回值为逻辑值。任何一个参数的逻辑值为 TRUE，即返回 TRUE；所有参数的逻辑值为 FALSE，即返回 FALSE。

OR 函数的语法格式为：OR (logical1，logical2，……)，其中，logical1，logical2，…… 表示 1 到 255 个待检测的条件，每个条件的计算结果为逻辑值 TRUE 或 FALSE。

参数必须是逻辑值，或者是包含逻辑值的数组或引用。如果数组或引用参数中包含文本或空白单元格，则这些值将被忽略。如果指定的单元格区域内不包含逻辑值，则 OR 函数将返回错误值#VALUE!。

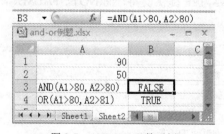

图 2-7 AND/OR 函数示例

例如，如图 2-7 所示，在 B3 单元格输入公式"AND (A1>80，A2>80)"，在 B4 单元格输入公式"=OR(A1>80，A2>80)"，这两个公式的函数名不同，参数完全相同，结果正好相反。

例如，在成绩表中根据学生成绩给出对学生的评语，如图 2-8 所示。要求两科都在 60 分以上即为"及格"；如果有一科不在 60 分以上即为"不及格"；如果两科都在 60 分以上，且至少有一科在 90 分以上即为"优秀"。

解题步骤如下。

首先，在 E2 单元格中输入公式

=IF(AND(C2>=60, D2>=60)，IF(OR(C2>=90, D2>=90), "优秀", "合格")，"不合格")

按回车键即可在 E2 单元格得到结果，然后自动填充 E3 到 E6 单元格即可。

分析：外层的 IF 函数，其所带的 3 个参数见表 2-3。

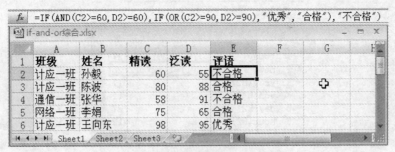

图 2-8　IF/AND/OR 函数综合实例

表 2-3　　　　　　　　　　　　　　　　外层 IF 函数的参数

IF 函数的形式参数	本题中的实际参数
logical_test	AND(C2>=60，D2>=60)
value_if_true	IF(OR(C2>=90，D2>=90), "优秀"，"合格")
value_if_false	"不合格"

如果 AND 函数返回 TRUE 值，则需通过内层嵌套的 IF 函数进一步判断；若返回 FALSE值，则返回"不合格"。

内层的 IF 函数，其 3 个参数见表 2-4。

表 2-4　　　　　　　　　　　　　　　　内层 IF 函数的参数

IF 函数的形式参数	本题中的实际参数
logical_test	OR (C2>=90，D2>=90)
value_if_true	"优秀"
value_if_false	"合格"

如果 OR 函数为 TRUE 值，则返回"优秀"；若 OR 函数为 FALSE 值，则返回"合格"。

例如，表中 C2 单元格的值为 60，D2 单元格的值为 55，对照公式

=IF(AND(C2>=60，D2>=60), IF(OR(C2>=90，D2>=90), "优秀"，"合格")，"不合格")进行判断，AND 函数返回值为 FALSE，所以整个公式返回值为 "不合格"。

2.1.3　日期和时间函数

在日常生活与工作中，经常会涉及日期和时间的计算。比如，某一产品是何时购买的？执行某一任务花了多少时间？这需要正确输入日期，并能够使用常用的日期和时间函数来解决问题。

1.　获取当前系统时间/日期

获得当前系统时间/日期的函数主要有 NOW( )和 TODAY( )。

其语法形式分别为：NOW( )和 TODAY( )。NOW( )可以提取计算机系统的当前日期以及时间，而 TODAY( )仅仅提取计算机系统的当前日期。

2.　获取日期/时间的部分字段值

如果需要单独的年份、月份、日数或小时的数据时，可以使用 HOUR( )、DAY( )、MONTH( )、YEAR( )函数直接提取需要的日期或时间数据，如图 2-9 所示。

常用的日期和时间函数见表 2-5。

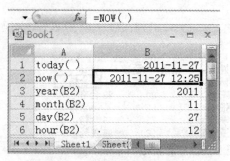

图 2-9 日期和时间函数示例

表 2-5 常用的日期和时间函数

函 数 名	功 能
DATE	返回特定日期的序列号
DATEVALUE	将文本格式的日期转换为序列号
MINUTE	将序列号转换为分钟
NETWORKDAYS	返回两个日期间的全部工作日数
SECOND	将序列号转换为秒
WEEKDAY	将序列号转换为星期日期
YEARFRAC	返回参数（start_date 和 end_date）之间的天数占全年天数的百分比

2.1.4 数学和三角函数

Excel 提供的数学与三角函数囊括了常用的数学公式与三角函数，在此重点为大家介绍一些实用的函数，其他数学和三角函数请参考帮助文档。

1. 求和函数 SUM

SUM 函数是 Excel 中使用最频繁的函数，其功能是返回某一单元格区域中所有数字之和。

SUM 函数的语法形式为：SUM(number1,number2，……)，其中，number1，number2，……为 1 到 255 个需要求和的参数。使用这些参数时注意：

（1）直接键入到参数表中的数字、逻辑值及数字的文本表达式将被计算；

（2）如果参数为一个数组或引用，则只计算其中的数字，数组或引用中的空白单元格、逻辑值、文本或错误值将被忽略；

（3）如果参数为错误值或为不能转换成数字的文本，将会导致错误。

例如，使用 SUM 函数计算出所有产品在各公司的销售总额，如图 2-10 所示。虽然销售额分布在工作表中的不同位置，但是在 SUM 的参数中可以指定多达 255 个数据区域，只要数据区域之间用逗号隔开即可，所以求和的公式为 "=SUM(B2:E3,B5:E6)"。

2. 条件求和函数 SUMIF

SUMIF 函数的功能是对满足某一条件的单元格区域求和。

SUMIF 函数的语法形式为：SUMIF（range，criteria，sum_range），其中，range 是进行条件判断的单元格区域；criteria 为确定对哪些单元格求和的条件，其形式可以为数字、表达式或文本。例如，条件可以表示为 20、"20"、">20" 等；sum_range 是需要求和的实际单元格区域。

图 2-10 使用 SUM 函数求销售总额

例如，如图 2-11 所示，想求出所有"长沙百盛"的销售总额，就应该将"销售点"字段所在的区域（B2:B8）设为条件判断区域 range；确定单元格相加条件 criteria 为"长沙百盛"，需要求和的实际单元格区域 sum_range 为"金额"字段所在的区域（E2:E8），所以，计算公式"=SUMIF(B2:B8, "长沙百盛", E2:E8)"。

图 2-11 SUMIF 函数示例

3. 计算数据乘积之和函数 SUMPRODUCT

SUMPRODUCT 函数的功能是在给定的几个数组中，将数组间对应的元素相乘，并返回乘积之和。

SUMPRODUCT 函数的语法形式为：SUMPRODUCT（array1，array2，array3，……），其中，array1，array2，array3，……为 2 到 255 个数组，其相应元素需要进行相乘并求和。

有销售情况表如图 2-12 所示。在 E3 单元格中输入公式"=SUMPRODUCT (B3:D3, $B$8:$D$8)"，等价于公式"=B3*$B$8+C3*$C$8+D3*$D$8"（其中$B$8 表示对 B8 单元格的绝对引用），得到销售员张三的销售金额，如图 2-13 所示。利用拖曳填充柄的办法可以填充其他单元格获得其他销售员的销售金额。

注意

（1）数组参数必须具有相同的维数，否则，函数 SUMPRODUCT 将返回错误值 #VALUE!。

（2）函数 SUMPRODUCT 将非数值型的数组元素作为 0 处理。

4. 按条件向上舍入函数 CEILING

CEILING 函数的功能是将参数 number 向上舍入（沿绝对值增大的方向）为最接近的 significance 的倍数。例如，某商品价格为 5.43 元，可以用公式"=CEILING (5.43,0.1)"将价格向上舍入为 5.5 元以便于收银。

图 2-12　销售情况表

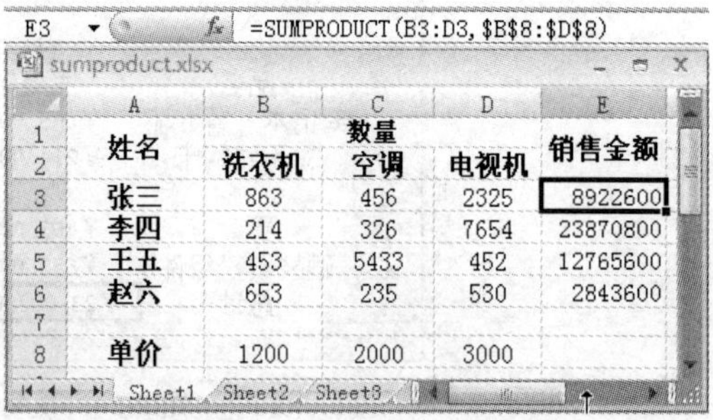

图 2-13　计算销售金额

CEILING 函数的语法形式为：CEILING（number，significance），其中，number 为要舍入的数值；significance 为用以进行舍入计算的基数。

例如，在电信行业按时长收费，假设以 10s 为一个时长，不足 10s 仍按一个时长计算，每个时长收费 0.1 元。计算如图 2-14 所示各端口的通话费用。

在 C2 单元格中输入公式 "=MINUTE (B2)*60+SECOND (B2)"，如图 2-14 所示（这里，该单元格应为 "常规" 数字格式）；在 D2 单元格输入公式 "=CEILING (C2/10,1)*0.1"，如图 2-15 所示。再拖曳填充柄填充其余单元格，计算出其他端口的收费情况。

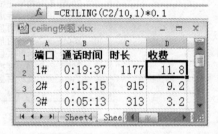

图 2-14　计算时长

图 2-15　计算收费

Excel 中常用的数学和三角函数见表 2-6。

表 2-6　　　　　　　　　　　常用的数学和三角函数

函　数　名	功　　能
ABS	返回数字的绝对值
EVEN	将数字向上舍入到最接近的偶数
EXP	返回 e 的 n 次方
FACT	返回数字的阶乘
FLOOR	向绝对值减小的方向舍入数字
INT	将数字向下舍入到最接近的整数
LN	返回数字的自然对数
LOG	返回数字的以指定底为底的对数
LOG10	返回数字的以 10 为底的对数
MDETERM	返回数组的矩阵行列式的值
MMULT	返回两个数组的矩阵乘积
MOD	返回除法的余数

函　数　名	功　　能
ODD	将数字向上舍入为最接近的奇数
POWER	返回数的乘幂
RAND	返回 0 和 1 之间的一个随机数

2.1.5　财务函数

财务函数一般用于财务数据计算，计算如贷款的支付额、投资的未来值和净现值，以及债券或股票的价值等。财务函数为财务分析提供了极大的便利，而且使用这些函数不必理解高级财务知识，只要填写参数值即可。

需要注意的是，在财务函数中，凡是投资的金额都应以负数形式表示，而收益以正数形式表示。

1. 投资计算函数 FV

日常生活中，经常会为某件事情去每个月存款，如孩子上大学的学费。此时利用 FV 函数就可以清楚计算存了一段时间后，户头上应该有多少钱。

FV 函数是基于固定利率及等额分期付款方式，返回某项投资的未来值。FV 函数的语法形式为：FV(rate，nper，pmt，pv，type)。

rate 为各期利率，是一固定值。例如，如果按 10%的年利率借入一笔贷款来购买汽车，并按月偿还贷款，则月利率为 10%/12（即 0.83%）。

nper 为总投资期，即该项投资的付款期总数。例如，对于一笔 4 年期按月偿还的汽车贷款，共有 4×12（即 48）个偿款期数，可以在公式中输入 48 作为 nper 的值。

pmt 为各期所应支付（或得到）的金额，其数值在整个期间（或投资期内）保持不变。通常，pmt 包括本金和利息，但不包括其他费用或税款。例如，¥10 000 的年利率为 12%的 4 年期汽车贷款的月偿还额为¥263.33，可以在公式中输入–263.33 作为 pmt 的值。如果省略 pmt，则必须包括 pv 参数。

pv 为现值（也称本金），现值为一系列未来付款的当前值的累积和，可以理解为在进行每期投资之前已经投入的额度。如果省略 pv，则假设其值为零，并且必须包括 pmt 参数。

type 为数字 0 或 1，0 表示付款时间是在期末，1 表示付款时间是在期初。省略 type 则默认其值为 0。

例如，某人在银行已有 1 000 元的存款，现在每月月初再存入 100 元，银行利率为 4%，如果连存 12 个月后，求其账户的存款，计算方式如图 2-16 所示。

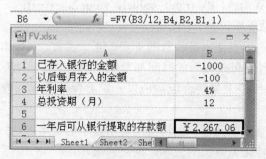

图 2-16　FV 函数示例

计算公式 "=FV (B3/12，B4，B2，B1，1)"，代入数值 "=FV(4%/12，12，−100，−1 000，1)"，计算结果为 2 267.06 元。

（1）FV 函数中的参数 rate 和 nper 单位应具有一致性。例如，同样是 4 年期年利率为 12%的贷款，如果按月支付，rate 应为 12%/12，nper 应为 4×12；如果按年支付，rate 应为 12%，nper 为 4。

（2）对于所有参数，支出的款项表示为负数；收入的款项表示为正数。

2. 投资年金现值函数 PV

PV 函数用来计算某项投资的年金现值。年金是在一段连续期间内的一系列固定的现金付款，例如汽车贷款或购房贷款就是年金，现值就是未来各期收益折算成现在的价值总和。如果投资回收的当前价值大于投资的价值，则这项投资是有收益的。投资后每年的收益在减去时间成本后，对于现在来说是否划算，可以利用 PV 函数进行计算。

PV 函数的语法形式为：PV(rate，nper，pmt，fv，type)。

rate 为各期利率。

nper 为总投资（或贷款）期，即该项投资（或贷款）的付款期总数。

pmt 为各期所应支付的金额，其数值在整个年金期间保持不变，通常 pmt 包括本金和利息，但不包括其他费用及税款。

fv 为未来值，或在最后一次支付后希望得到的现金余额，如果省略 fv，则假设其值为零（例如，一笔贷款的未来值即为零）。例如，如果需要在 18 年后支付¥50 000，则 ¥50 000 就是未来值。可以根据保守估计的利率来决定每月的存款额。如果忽略 fv，则必须包含 pmt 参数。

type 可以指定各期的付款时间是在期初还是期末。

例如，某人购买保险，如图 2-17 所示，该保险可以在今后 10 年内于每月末回报 600 元。此项年金的购买成本为 50 000 元，假定投资回报率为 5%。则该项年金的现值公式为

=PV(B2/12，B3*12，B1，0)，

计算结果为：¥−56 568.81。年金¥−56 568.81 的现值大于实际支付的¥50 000。因此，这是一项划算的投资。

3. 投资净现值函数 NPV

投资现值的 PV 函数中，投资的收益是固定的，如果投资收益不是固定的，即每期的收益可能不同，就只能采用 NPV 函数来进行计算了。NPV 函数通过使用贴现率以及一系列未来支出（负值）和收入（正值），返回一项投资的净现值。

NPV 函数的语法形式为：NPV (rate，value1，value2，……)。

rate 为某一期间的贴现率，是一固定值。

value1，value2，……代表支出及收入的 1 到 254 个参数，value1，value2，……在时间上必须具有相等间隔，而且支付及收入的时间都发生在期末。需要注意的是，NPV 按次序使用value1，value2，……来代表未来现金流，所以一定要保证支出和收入的数额按正确的顺序输入。

如果参数是数值、空白单元格、逻辑值或表示数字的文本表达式，则都会计算在内；如果参数是错误值或不能转化为数值的文本，则被忽略。

如果参数是一个数组或引用，则只有其中的数值部分计算在内，而忽略数组或引用中的

空白单元格、逻辑值、文字及错误值。

例如，如图 2-18 所示，假设预计投资 80 000 元开一家服装店，想要在未来 4 年中各年的收入分别为 10 000 元、20 000 元、40 000 元、60 000 元。如果每年的利率为 6%（相当于资金成本或折现率），则投资的净现值的公式为 "=NPV(B1, B3:B6)−B2"。

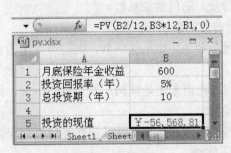

图 2-17　PV 函数示例

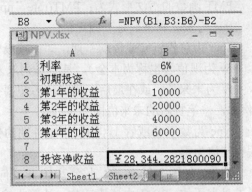

图 2-18　NPV 函数示例

（1）函数 NPV 假定投资开始于 value1 现金流所在日期的前一期，并结束于最后一笔现金流的当期。函数 NPV 依据未来的现金流来进行计算；如果第一笔现金流发生在第一个周期的期初，则第一笔现金必须添加到函数 NPV 的结果中，而不应包含在 values 参数中。

（2）函数 NPV 与函数 PV（现值）相似。PV 与 NPV 之间的主要差别在于：函数 PV 允许现金流在期初或期末开始；与可变的 NPV 的现金流数值不同，PV 的每一笔现金流在整个投资中必须是固定的。

4．利率计算函数 RATE

PV 函数可以计算投资的年金现值，但不能用百分比的形式表示出真正的投资收益比率，而 RATE 函数就可以计算出一组现金流的实际投资回报率。RATE 函数是通过迭代法计算得出结果的，则有可能无解或有多个解。如果在进行 20 次迭代计算后，函数 RATE 的两次相邻结果没有收敛于 0.000 000 1，则函数 RATE 将返回错误值 "#NUM！"。

RATE 函数的语法形式为 RATE(nper, pmt, pv, fv, type, guess)。

nper 为总投资期，即该项投资的付款期总数。

pmt 为各期付款额，其数值在整个年金期间保持不变，pmt 包括本金和利息，但不包括其他费用或税金，如果忽略了 pmt，则必须包含 fv 参数。

pv 为现值（也称为本金），即从该项投资开始计算时已经入账的款项，或一系列未来付款当前值的累积和。

fv 为未来值，或在最后一次付款后想要得到的现金余额，如果省略 fv 则假设其值为零（例如，一笔贷款的未来值即为零）。

type 为数字 0 或者 1，用以指定各期的付款时间是在期末还是期初。

guess 为预期利率（估计值），如果省略预期利率，则假设该值为 10%。如果函数 RATE 不收敛，请改变 guess 的值。通常当 guess 位于 0 和 1 之间时，函数 RATE 是收敛的。

例如，如图 2-19 所示，假设项目投资 20 000 元，每年收益 8 000 元，可持续收益 4 年。

公式为"=RATE（B3，B2，B1）"，计算得到项目的实际回报率为22%。

5. 年金函数 PMT

PMT 函数基于固定利率及等额分期付款方式，返回贷款的每期付款额，即"分期付款"。比如购房贷款时，PMT 可以计算每期的偿还额。

PMT 函数的语法形式为：PMT(rate，nper，pv，fv，type)。

rate 为贷款利率，是一固定值。

nper 为总投资（或贷款）期，即该项投资（或贷款）的付款期总数。

pv 为现值（也称为本金），是一系列未来付款当前值的累积和。

fv 为未来值，或在最后一次付款后想要得到的现金余额，如果省略 fv，则假设其值为零（例如，一笔贷款的未来值即为零）。

type 为数字 0 或者 1，用以指定各期的付款时间是在期末还是期初，如果省略 type，则假设其值为零。

例如，如图 2-20 所示，小徐 2010 年底向银行贷款 45 万元购房，银行贷款年利率为 6%，要求月末还款，10 年内还清贷款，计算小徐每月的还款额。

图 2-19　RATE 函数示例

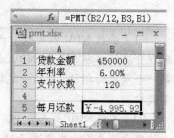

图 2-20　PMT 函数示例

6. 折旧计算函数 DB

企业在存活期间，不管是否生产和经营，其固定资产都会逐渐损耗。Excel 中计算折旧的函数主要包括 SLN、DB、DDB、VDB、SYD 等，这些函数均用来计算资产折旧，但采用了不同的折旧计算方法，具体选用哪种方法须视各单位情况而定。在此仅介绍 DB（固定余额递减法）函数的使用方法。

DB 函数的语法形式为：DB（cost，salvage，life，period，month）。

cost 为资产原值，也就是购买资产所付出的价钱。

salvage 表示资产在折旧期末的价值（也称为资产残值）。

life 为折旧期限（也称为资产的使用寿命）。

period 为需要计算折旧值的期间。period 必须使用与 life 相当的单位。

month 为第一年的月份数，如省略则默认为 12。

例如，如图 2-21 所示，新机器购买时的花费为 1 000 000 元，使用年限为 6 年，6 年以后机器还可以出售某些部件，价值为 100 000 元，当年购入的月份为 5 月份。如果想计算第二年的折旧金额，利用公式"=DB（B1，B2，B3，2，B4）"，得到结果为：¥276 599.58。

其他常用的财务函数见表 2-7。

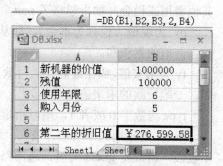

图 2-21　DB 函数示例

表 2-7　　　　　　　　　　　　　　　常用的财务函数

函　数　名	功　　能
DDB	使用双倍余额递减法或其他指定方法，返回一笔资产在给定期间内的折旧值
IPMT	返回一笔投资在给定期间内支付的利息
IRR	返回一系列现金流的内部收益率
MIRR	返回正和负现金流以不同利率进行计算的内部收益率
NPER	返回投资的期数
PPMT	返回一笔投资在给定期间内偿还的本金
SLN	返回固定资产的每期线性折旧费
SYD	返回某项固定资产按年限总和折旧法计算的每期折旧金额
VDB	使用余额递减法，返回一笔资产在给定期间或部分期间内的折旧值

2.1.6　统计函数

统计是指对某一现象有关的数据进行搜集、整理、计算和分析等。Excel 中的统计函数涵盖了统计学中各种专业计算方法。本节将对常用的统计函数列举实例进行介绍。

1. 计算平均值函数 AVERAGE 和 AVERAGEA

AVERAGE 函数用于计算一组参数的平均值。

AVERAGE 函数的语法形式为：AVERAGE(number1，number2，……)。

number1，number2，……是要计算其平均值的 1 到 255 个数字参数。这些参数可以是数字，或者是包含数字的名称、数组或引用。如果数组或引用参数包含文字、逻辑值或空白单元格，则这些值将被忽略；但包含零值的单元格将计算在内。

AVERAGEA 函数用于计算参数列表中数值的平均值（算术平均值）。

AVERAGEA 函数的语法为：AVERAGEA(value1，value2，……)。

value1，value2，……为需要计算平均值的 1 到 255 个单元格、单元格区域或数值。

参数可以是：数值、包含数值的名称、数组或引用、逻辑值（TRUE 和 FALSE）。

包含文本的数组或引用参数将作为 0 计算，空文本也作为 0 计算。

如果希望引用中的逻辑值和文本不参与运算，应使用 AVERAGE 函数。

例如，如图 2-22 所示，求 4 位同学某门课程的平均成绩，其中有一位同学缺考。B7 单元格使用公式"=AVERAGE（B2:B5）"，B8 单元格使用公式"=AVERAGEA（B2:B5）"，求得的结果是不同的。AVERAGE 函数计算时忽略了 B4 单元格中的"缺考"，即不计入 B4 单元格；而 AVERAGEA 函数计算

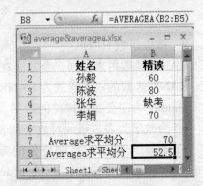

图 2-22　AVERAGE 和 AVERAGEA 函数示例

时则计入 B4 单元格，将 B4 单元格中的"缺考"文本当作 0 来计算，于是得到不同的结果。

2. 统计个数的函数 COUNT、COUNTA、COUNTIF

COUNT 函数返回包含数字的单元格个数或参数列表中的数字个数。利用函数 COUNT 可以计算单元格区域或数字数组中数字字段的输入项个数。

COUNT 函数的语法形式为 COUNT(value1，value2，……)。

value1，value2，……是可以包含或引用各种类型数据的 1 到 255 个参数，但只有数字类型的数据才计算在内。

有效的参数有：数字参数、日期参数、代表数字的文本参数、逻辑值和直接键入到参数列表中代表数字的文本。无效地将被忽略的参数有：错误值、不能转换为数字的文本、数组或引用中的空白单元格、逻辑值、文本。

COUNTA 函数的功能是用于返回参数列表中非空单元格的个数，其语法形式为：COUNTA (value1，value2，……)。利用该函数可以统计单元格区域或数组中包含数据的单元格个数。

COUNTIF 函数的作用是计算某区域中满足给定条件的单元格的个数。其语法形式为：COUNTIF (range，criteria)。

range 为需要计算其中满足条件的单元格数目的单元格区域。

criteria 为确定哪些单元格将被计算在内的条件，其形式可以为数字、表达式、单元格引用或文本。例如，条件可以表示为 32、"32"、">32"、"apples"或 B4，还可以在条件中使用通配符：问号（?）和星号（*）。问号匹配任意单个字符；星号匹配任意一串字符。

例如，如图 2-23 所示，如果想统计某班口语考试的"应考人数"、"实考人数"和"90 分以上人数"，同样针对单元格 B2 到 B7 区域，使用的函数是不一样的。

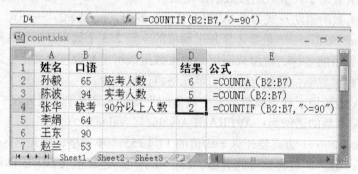

图 2-23　统计个数函数示例

3. 排位函数 RANK

RANK 函数用来返回一个数字在数字列表中的排位。

RANK 函数的语法形式为 RANK(number，ref，order)。

number 为需要找到排位的数字。

ref 为数字列表数组或对数字列表的引用。

order 为一数字，指明排位的方式。如果 order 为 0 或省略，则将 ref 当作按降序排列的数据清单进行排位；如果 order 不为零，则将 ref 当作按升序排列的数据清单进行排位。

RANK 函数对重复数的排位相同，但重复数的存在将影响后续数值的排位。假设在一组数据中，某数出现 2 次，排名为 4，则紧跟其后的数据排名为 6。

例如，如图 2-24 所示，如果根据总分排名，在 F2 单元格中输入公式 "=RANK(E2,$E$2:$E$6)"，其中表示区域的参数使用绝对引用$E$2:$E$6，获得 E2 单元格内的数据在区域 E2:E6 内的排名情况。读者还可看到，此例中有两个第二名，所以没有第三名。

4．返回泊松分布函数 POISSON

POISSON 函数用来返回泊松分布。泊松分布通常用于预测一段时间内事件发生的次数，比如一分钟内通过收费站的轿车的数量。

POISSON 函数的语法形式为 POISSON (x，mean，cumulative)。

x 是事件数；mean 是期望值；cumulative 为一逻辑值，确定所返回的概率分布形式。如果 cumulative 为 TRUE，函数 POISSON 返回泊松累积分布概率，即随机事件发生的次数在 0 到 x 之间（包含 0 和 1）；如果为 FALSE，则返回泊松概率密度函数，即随机事件发生的次数恰好为 x 的概率。

如果 x 不为整数，将被截尾取整。

如果 x 或 mean 为非数值型，函数 POISSON 返回错误值#VALUE!。

如果 x<0 或 mean<0，函数 POISSON 返回错误值#NUM!。

例如，如图 2-25 所示，假设某车间生产一批（100 件）产品，次品概率为 1%，该批产品验收合格的条件是次品数不能超过 5 件，利用 POISSON 函数计算该批产品的合格概率，在 B4 单元格输入公式 "=POISSON(B3，B1*B2，TRUE)"。

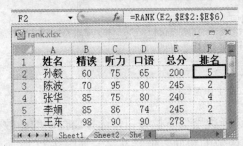

图 2-24　RANK 函数示例

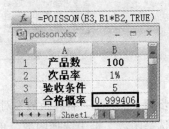

图 2-25　POISSON 函数示例

其他常用统计函数见表 2-8。

表 2-8　　　　　　　　　　　　常用统计函数

函　数　名	功　　　能
FDIST	返回 F 概率分布
FINV	返回 F 概率分布的反函数值
FREQUENCY	以垂直数组的形式返回频率分布
LARGE	返回数据集中第 k 个最大值
MAX	返回参数列表中的最大值
MODE	返回在数据集内出现次数最多的值
SMALL	返回数据集中的第 k 个最小值
STDEV	基于样本估算标准偏差
STDEVA	基于样本（包括数字、文本和逻辑值）估算标准偏差
VAR	基于样本估算方差
VARA	基于样本（包括数字、文本和逻辑值）估算方差

2.1.7 使用 Excel 帮助文档查询函数

前面分类别讲解了一部分 Excel 的常用函数，在此将其中常用函数的查询方法介绍给读者，方便大家在应用时能快速找到合适的函数。

要想深入了解某函数的实际用法，可以按照以下方式查询详细的函数说明。

步骤 1 单击"编辑栏"上的"插入函数"按钮 f_x，打开"插入函数"对话框，如图 2-26 所示。

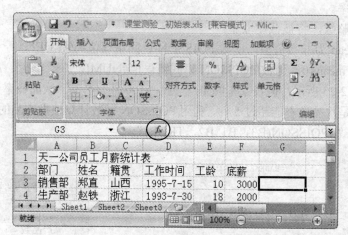

图 2-26 Excel 工作窗口

步骤 2 单击"插入函数"对话框的"或选择类别"下拉按钮，选择要查询的函数类别。在"选择函数"框中选择函数，单击"有关该函数的帮助"链接文字，如图 2-27 所示。

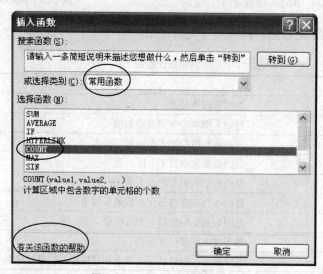

图 2-27 "插入函数"对话框

步骤 3 在"Excel 帮助"窗口中将显示有关该函数的详细说明及示例，如图 2-28 所示。

除了上述方法外，也可以在 Excel 主界面中单击功能键 F1，打开 Excel 帮助窗口，在该窗口右上角的"搜索"框内，直接输入要查询的函数名称，再从搜索结果中选择要查阅的信息项目链接即可，如图 2-29 所示。

图 2-28　"Excel 帮助"窗口

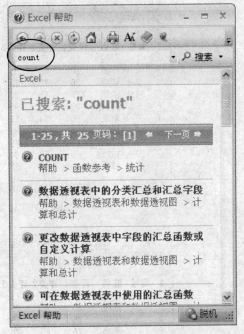

图 2-29　在 Excel 帮助窗口中查询 COUNT 函数

2.1.8　综合案例

在一些比赛中，常常看到这样一种计算选手得分的方法：在所有评委的评分中去掉一个最低分，再去掉一个最高分，然后对剩下的评分计算平均分，最后按平均分对选手进行排名。如何来实现这一评分过程呢？具体步骤如下。

（1）打开参赛选手的得分表，如图 2-30 所示。

编号	姓名	评委1	评委2	评委3	评委4	评委5	最低分	最高分	平均分	名次
1	孙毅	60	69	75	65	80				
2	陈波	80	88	95	90	85				
3	张华	85	78	75	80	75				
4	李娟	75	65	76	64	85				
5	王向东	98	95	90	90	95				
6	赵兰	90	74	78	90	78				
7	钱仲	95	90	85	85	65				
8	欧阳波	80	82	75	78	95				
9	林致远	65	60	84	69	94				
10	林茂	90	95	95	98	90				

图 2-30　参赛选手得分表

（2）计算 1 号选手的最低分，在单元格 H2 中输入公式"=MIN(C2:G2)"，如图 2-31 所示。

（3）计算 1 号选手的最高分。在单元格 I2 中输入公式"=MAX(C2:G2)"，如图 2-32 所示。

（4）计算 1 号选手的平均分。在单元格 J2 中输入公式"=(SUM(C2:G2)-H2-I2)/3"，如

图 2-33 所示。

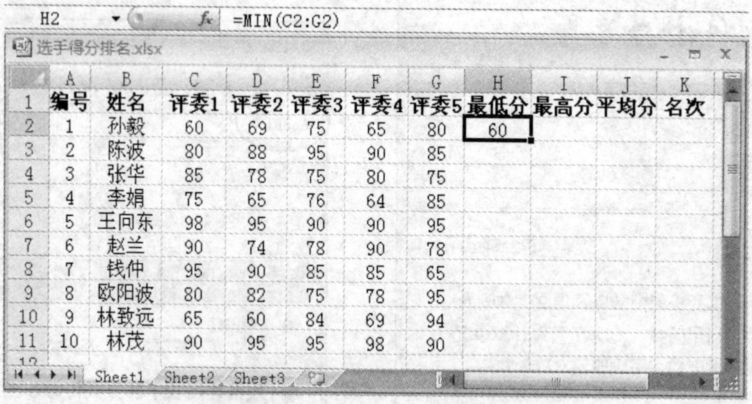

图 2-31　计算一位选手的最低分

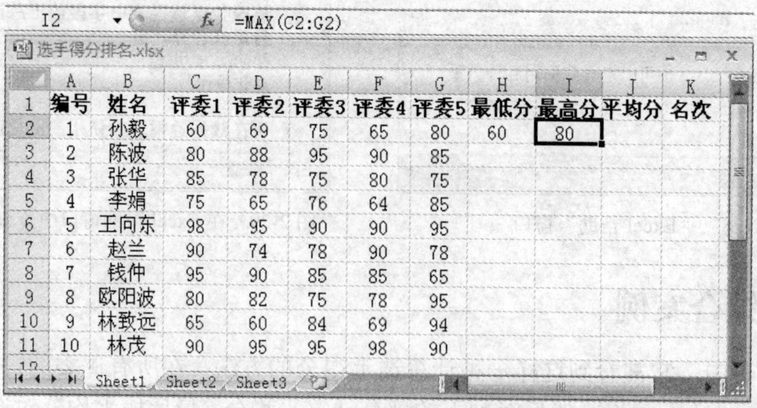

图 2-32　计算一位选手的最高分

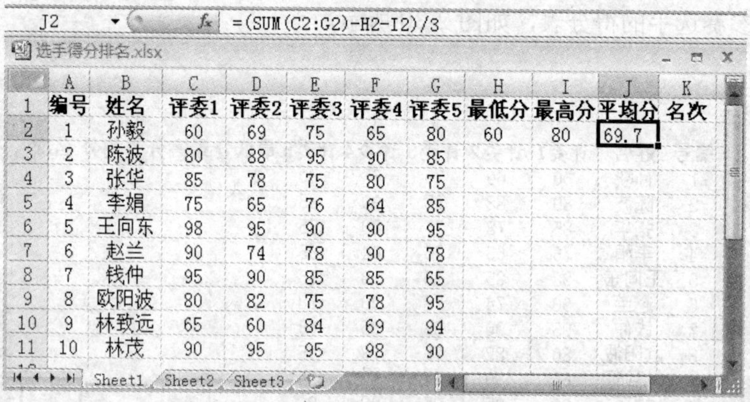

图 2-33　计算一位选手的平均分

（5）向下填充其他选手的最高分、最低分和平均分，如图 2-34 所示。

（6）根据平均分对选手成绩进行排名。在单元格 K2 中输入公式 "=RANK(J2，$J$2:$J$11)"，注意区域参数应该为绝对引用，随后向下填充其余单元格，可以看到，此题中有两个并列第一名，因而没有第二名，如图 2-35 所示。

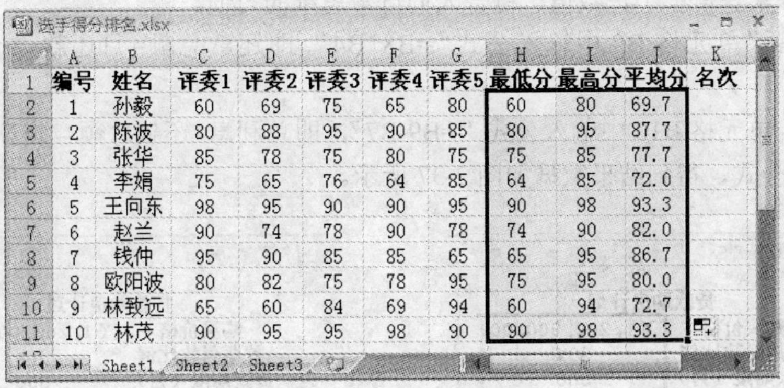

	A	B	C	D	E	F	G	H	I	J	K
1	编号	姓名	评委1	评委2	评委3	评委4	评委5	最低分	最高分	平均分	名次
2	1	孙毅	60	69	75	65	80	60	80	69.7	
3	2	陈波	80	88	95	90	85	80	95	87.7	
4	3	张华	85	78	75	80	75	75	85	77.7	
5	4	李娟	75	65	76	64	85	64	85	72.0	
6	5	王向东	98	95	90	90	95	90	98	93.3	
7	6	赵兰	90	74	78	90	78	74	90	82.0	
8	7	钱仲	95	90	85	85	65	65	95	86.7	
9	8	欧阳波	80	82	75	78	95	75	95	80.0	
10	9	林致远	65	60	84	69	94	60	94	72.7	
11	10	林茂	90	95	95	98	90	90	98	93.3	

图 2-34　填充其他选手的分数

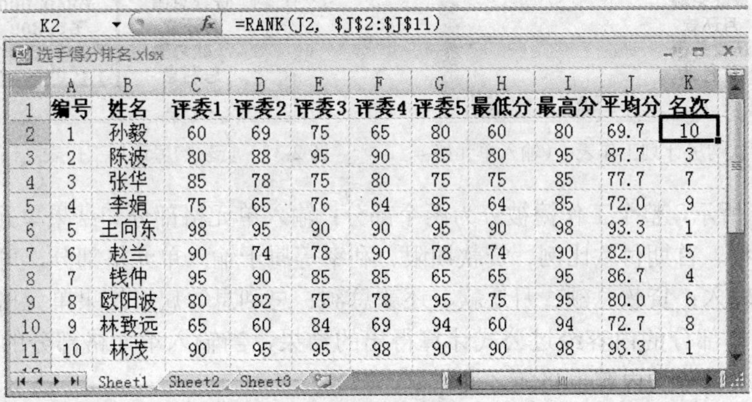

K2　=RANK(J2, $J$2:$J$11)

	A	B	C	D	E	F	G	H	I	J	K
1	编号	姓名	评委1	评委2	评委3	评委4	评委5	最低分	最高分	平均分	名次
2	1	孙毅	60	69	75	65	80	60	80	69.7	10
3	2	陈波	80	88	95	90	85	80	95	87.7	3
4	3	张华	85	78	75	80	75	75	85	77.7	7
5	4	李娟	75	65	76	64	85	64	85	72.0	9
6	5	王向东	98	95	90	90	95	90	98	93.3	1
7	6	赵兰	90	74	78	90	78	74	90	82.0	5
8	7	钱仲	95	90	85	85	65	65	95	86.7	4
9	8	欧阳波	80	82	75	78	95	75	95	80.0	6
10	9	林致远	65	60	84	69	94	60	94	72.7	8
11	10	林茂	90	95	95	98	90	90	98	93.3	1

图 2-35　计算选手的名次

2.2　假 设 分 析

假设分析就是问某些问题的过程，比如："如果产品的价格增加 5%会怎样？"，"如果原材料成本再下降 2%会怎样？"。假设分析是一种有效的方法，可以查看和比较由工作表中不同变化所引起的各种结果。

2.2.1　引例

某人想贷款买房，房屋总价为 120 万元，首付 30%，年利率为 6.5%，分 30 年还清。可以利用 Excel 提供的假设分析，来计算当利率发生变化或购房人的月还款额和总还款额等发生变化时，对购房人产生的影响。

针对此问题，可以采用手动假设分析法来建立相应的数学模型。

建立一个如图 2-36 所示的工作表。

"贷款总额"单元格 B7 中输入计算公式"=B2*(1−B3)"，即贷款总额=购买价格*（1−首期付款比例）。

"月还款"单元格 B8 中输入公式"=ABS(PMT(B5/12，B4，B7))"，即月还款=PMT（年利率/12，贷款期限，贷款总额）。因为 PMT 函数计算出来的月还款额为负数，所以通过求绝对值函数 ABS 来获得一个正数值，符合人们日常思维的习惯。

"还款总额"单元格 B9 中输入公式"=B8*B4"，即还款总额=月还款 * 贷款期限（月数）。

"总利息"单元格 B10 中输入公式"=B9-B7"，即总利息=还款总额 – 贷款总额。

根据以上公式，得到结果数据如图 2-37 所示。

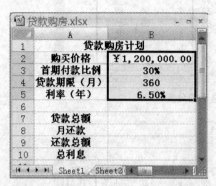 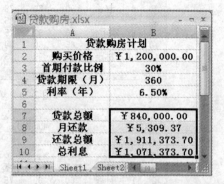

图 2-36　贷款购房计划工作表 （输入单元格）　　　图 2-37　贷款购房计划工作表（结果单元格）

如图 2-37 所示，整个工作簿被分为两个部分：输入单元格部分和结果单元格部分。工作簿中的购买价格、首期付款比例、贷款期限、利率等属于输入单元格部分，可以根据实际情况进行相应的输入；贷款总额、月还款、还款总额、总利息等属于结果单元格部分，它们是根据输入单元格部分的内容经过公式计算得出的结果，当输入单元格部分的内容发生变化时，结果单元格部分的内容也将随之变化。

人们常常会提出以下的假设分析问题：

- 如果购房款更低会怎样？
- 如果支付了更多的首付款会怎样？
- 如果贷款年限更长会怎样？
- 如果购房利率发生了变化会怎样？

对于这些疑问，可以通过简单地改变购买价格、首期付款比例、贷款期限、利率等数据，并观察贷款总额、月还款、还款总额、总利息等对应数值的变化，就能够对这些问题进行回答。

2.2.2　假设分析的分类

正如在上述贷款购房计划的案例中所看到的一样，Excel 不仅可以处理简单的案例，还可以处理比这个案例更加复杂的模型。在 Excel 2007 中，假设分析一般分为以下 3 种类型：

- 手动；
- 数据表；
- 方案管理器。

2.2.3　手动假设分析

手动假设分析就是在数据表中，用户自行改变某些输入单元格中的原有值，观察相应的公式单元格中的结果变化。这些变化组合起来，会产生很多种不同的结果。此方法使用起来较简单，不再赘述。

2.2.4　数据表假设分析

使用数据表进行假设分析就是：创建一个数据表，用户系统地更改其中一个或者多个输入单元格中的数值，观察选定的公式单元格中的结果。

1.　单输入数据表

以上述贷款购房计划为例，购房人想获知在不同利率下（假设利率在 5.5%～7.5%的范围之内，并且以 0.25%的幅度递增）的月还款、还款总额、总利息的变化情况。

可以创建单输入数据表来进行假设分析，具体做法如下。

（1）创建如图 2-38 所示的工作表。

	A	B	C	D	E	F	G	H
1	贷款购房计划							
2					贷款总额	月还款	还款总额	总利息
3	购买价格	￥1,200,000.00						
4	首期付款比例	30%		6.00%				
5	贷款期限（月）	360		6.25%				
6	利率（年）	6.50%		6.50%				
7				6.75%				
8				7.00%				
9	贷款总额	￥840,000.00		7.25%				
10	月还款	￥5,309.37		7.50%				
11	还款总额	￥1,911,373.70		7.75%				
12	总利息	￥1,071,373.70		8.00%				

图 2-38　单输入数据表

（2）在 E3 单元格中输入公式"=B9"；在 F3 单元格中输入公式"=ABS(PMT(B6/12，B5，B9))"；在 G3 单元格中输入公式"=B5*F3"；在 H3 单元格中输入公式"=G3-E3"，结果如图 2-39 所示。

	A	B	C	D	E	F	G	H
1	贷款购房计划							
2					贷款总额	月还款	还款总额	总利息
3	购买价格	￥1,200,000.00			￥840,000.00	￥5,309.37	￥1,911,373.70	￥1,071,373.70
4	首期付款比例	30%		6.00%				
5	贷款期限（月）	360		6.25%				
6	利率（年）	6.50%		6.50%				
7				6.75%				
8				7.00%				
9	贷款总额	￥840,000.00		7.25%				
10	月还款	￥5,309.37		7.50%				
11	还款总额	￥1,911,373.70		7.75%				
12	总利息	￥1,071,373.70		8.00%				

图 2-39　单输入数据表公式引用

（3）选择数据区域 D3:H12（注意：此处一定要选择正确的区域），单击"数据"菜单下的"假设分析"按钮 ，选择"数据表"选项，弹出"数据表"对话框如图 2-40 所示。在"输入引用列的单元格"的文本框中输入$B6，（也可单击该文本框右侧的按钮，然后到工作表中去选定 B6 单元格，则$B$6 将自动出现在文本框中）。

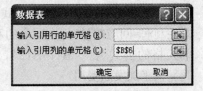

图 2-40　数据表对话框

注意

此处对话框是要确定新增输入数据 D4: D12 要替换的是原输入单元格中的哪个数据，所以此处必须指定相应原输入单元格引用。因为新增输入数据 D4: D12 显示在数据表的一列，所以，把原输入单元格的引用放在"输入引用列的单元格"的文本框中（反之，如果新增输入数据显示在数据表的一行，则应把原输入单元格的引用放在"输入引用行的单元格"的文本框中）。

（4）单击"数据表"对话框的"确定"按钮，将显示结果如图 2-41 所示。从该表中，即可以回答购房人想知道的在不同利率下的月还款、还款总额、总利息的变化情况。

	A	B	C	D	E	F	G	H
1	贷款购房计划							
2					贷款总额	月还款	还款总额	总利息
3	购买价格	￥1,200,000.00			￥840,000.00	￥5,309.37	￥1,911,373.70	￥1,071,373.70
4	首期付款比例	30%		6.00%	￥840,000.00	￥5,036.22	￥1,813,040.79	￥973,040.79
5	贷款期限（月）	360		6.25%	￥840,000.00	￥5,172.02	￥1,861,928.81	￥1,021,928.81
6	利率（年）	6.50%		6.50%	￥840,000.00	￥5,309.37	￥1,911,373.70	￥1,071,373.70
7				6.75%	￥840,000.00	￥5,448.22	￥1,961,360.64	￥1,121,360.64
8				7.00%	￥840,000.00	￥5,588.54	￥2,011,874.75	￥1,171,874.75
9	贷款总额	￥840,000.00		7.25%	￥840,000.00	￥5,730.28	￥2,062,901.07	￥1,222,901.07
10	月还款	￥5,309.37		7.50%	￥840,000.00	￥5,873.40	￥2,114,424.67	￥1,274,424.67
11	还款总额	￥1,911,373.70		7.75%	￥840,000.00	￥6,017.86	￥2,166,430.63	￥1,326,430.63
12	总利息	￥1,071,373.70		8.00%	￥840,000.00	￥6,163.62	￥2,218,904.07	￥1,378,904.07

图 2-41　单输入数据表结果

从上述例题中，可以总结创建一个单输入数据表的布局。该表可以放在工作簿的任意位置，表的左列是单输入单元格的多个值，最上面一行是一个或者多个公式的引用，如图 2-42 所示。

本列：单输入数据值	本行：公式或公式引用

图 2-42　单输入数据表样式

2．双输入数据表

某公司想引入一个电子邮件促销活动计划，通过该计划来销售其产品。通过如图 2-43 所示的表格来计算该活动所带来的净利润。

该邮件促销工作表中，每件商品的人工费用（0.15 元）、每件商品的发送费用（0.28 元）和每个回应的利润（25 元）是固定的；邮寄数量（300 000）和回应率（2.50%）是可变的；回应数量 B10 单元格的公式为"=B3*B4"，即回应数量=邮寄数量*回应率；毛利润 B11 单元格的公式为"=B10*B8"，即毛利润=回应数量*每个回应的利润；净利润 B14 单元格的公式为"=B11-B12"，即净利润=毛利润 – 人工加发送费用。

如果邮寄数量和回应率的值变化，就可以看到

	A	B
1	商品销售利润模型	
2		
3	邮寄数量	300000
4	回应率	2.50%
5		
6	每件商品的人工费用（固定）	￥0.15
7	每件商品的发送费用（固定）	￥0.28
8	每个回应的利润（固定）	￥25.00
9		
10	回应数量	7,500
11	毛利润	￥187,500.00
12	人工加发送费用	￥129,000.00
13		
14	净利润	￥58,500.00

图 2-43　邮件促销活动计划

净利润的变化。根据两个输入单元格中输入的数值，会发现净利润也可能为负值，即出现亏损。

可以创建双输入数据表来进行假设分析，具体做法如下。

（1）创建如图 2-44 所示的数据表。这是一个汇总了在不同的邮寄数量和（预期）回应率的组合下的净利润值表。双输入数据表位于 D2: I11 区域。单元格 D2 包含了一个引用净利润单元格的公式"=B11"。

	D2	▼	f_x	=B11				
	双输入数据表--初始.xlsx							
	A	B	C	D	E	F	G	H
1		商品销售利润模型						
2				58,500.00	1.50%	2%	2.50%	3.00%
3	邮寄数量	300000		200000				
4	回应率	2.50%		225000				
5	每件商品的人工费用（固定）	0.15		250000				
6	每件商品的发送费用（固定）	0.28		275000				
7	每个回应的利润（固定）	25.00		300000				
8	回应数量	7,500		325000				
9	毛利润	187,500.00		350000				
10	人工加发送费用	129,000.00		375000				
11	净利润	58,500.00		400000				

图 2-44　双输入数据表

（2）选择数据区域 D2:I11（此处注意一定要选择正确的区域），单击"数据"菜单下的"假设分析"按钮，选择"数据表"选项，弹出"数据表"对话框如图 2-45 所示。在"输入引用行的单元格"的文本框中输入$B$4，在"输入引用列的单元格"的文本框中输入$B$3。单击"确定"按钮。

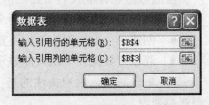

图 2-45　"数据表"对话框

（3）最终的计算结果如图 2-46 所示。

	A	B	C	D	E	F	G	H
1		商品销售利润模型						
2				58,500.00	1.50%	2%	2.50%	3.00%
3	邮寄数量	300000		200000	-11000	14000	39000	64000
4	回应率	2.50%		225000	-12375	15750	43875	72000
5	每件商品的人工费用（固定）	0.15		250000	-13750	17500	48750	80000
6	每件商品的发送费用（固定）	0.28		275000	-15125	19250	53625	88000
7	每个回应的利润（固定）	25.00		300000	-16500	21000	58500	96000
8	回应数量	7,500		325000	-17875	22750	63375	104000
9	毛利润	187,500.00		350000	-19250	24500	68250	112000
10	人工加发送费用	129,000.00		375000	-20625	26250	73125	120000
11	净利润	58,500.00		400000	-22000	28000	78000	128000

图 2-46　双输入数据表结果

如同单输入数据表一样，双输入数据表也是一个动态的数据表。可以通过改变单元格的数据，从而使其他单元格的数据随之发生变化。

从上述例题中，可以总结创建一个双输入数据表的布局。该表可以放在工作簿的任意位置，表的左列是第一个输入单元格的多个值，最上面一行是另一个输入单元格的多个值，表格左上角的位置存放一个公式或公式引用，如图 2-47 所示。

图 2-47　双输入数据表样式

单输入数据表和双输入数据表的区别见表 2-9。

表 2-9　　　　　　　　　　双输入数据表与单输入数据表的区别

双输入数据表	单输入数据表
一次只能显示一条公式的结果	一次能显示多条公式的结果
第一行放置的是另一个输入数据的值	第一行放置的是任意多个公式或公式引用
表的左上角单元格包含的是单一结果公式的引用	表的左上角单元格不被使用

2.2.5　方案假设分析

虽然数据表有很大的用处，但是也有一定的局限性。例如：

- 每次只能改变一个或者两个输入单元格中的数据；
- 创建一个数据表的过程不直观；
- 双输入数据表一次只能显示一条公式的结果；
- 更多时候，用户关注的是一些选定的组合，而不是显示两个单元格所有可能组合的整张数据表。

Excel 的方案管理器可以使用户很方便地进行假设分析，而且它可以是任意多的变量存储输入值的不同组合（方案管理器中称为"可变单元格"），并且为每一个组合命名。

以一个简单的生产模型为例。如图 2-48 所示，某公司生产 3 种产品，每一种产品的生产都需要不同的生产时间和原材料数量。

	A	B	C	D
1	生产模型			
2	单位时间成本	50		
3	单位原材料成本	77		
4				
5		产品A	产品B	产品C
6	单位产品的时间消耗	16	20	32
7	单位产品的原材料消耗	10	15	24
8				
9	产品成本	1570	2155	3448
10	销售价格	1805	2578	4210
11	单位产品利润	235	423	762
12	产量	36	18	12
13	每样产品的总利润	8460	7614	9144
14				
15	三种产品的总利润	25218		

图 2-48　一个简单的生产模型

该生产模型工作表中，单位时间成本（50 元）、单位原材料成本（77 元）、单位产品的时间消耗（3 种产品分别为 16、20、32）、单位产品的原材料消耗（3 种产品分别为 10、15、24）和销售价格（3 种产品分别为 1 805、2 578、4 210）是固定的。

产品成本的计算公式分别为：

产品 A：=B2*B6+B3*B7；产品 B：=B2*C6+B3*C7；产品 C：=B2*D6+B3*D7。

单位产品利润的计算公式分别为：

产品 A：=B10−B9；产品 B：=C10−C9；产品 C：=D10−D9。

每样产品的总利润的计算公式分别为：

产品 A：=B11*B12；产品 B：=C11*C12；产品 C：=D11*D12。

3 种产品的总利润的计算公式为：=B13+C13+D13。

对于公司管理层来说，非常关心关于产品的总利润的预测，但是又不能确定单位时间成本和原材料成本究竟会是多少。为此，他们确定了 3 个方案，见表 2-10。

表 2-10　　　　　　　　　　　一个简单生产模型的 3 个方案

方 案 名 称	单位时间成本	单位原材料成本
最佳情况	50	77
最差情况	58	82
最可能情况	54	79

利用 Excel 来建立方案步骤如下。

1. 定义方案

（1）单击"数据"菜单下的"假设分析"按钮，选择"方案管理器"选项，弹出"方案管理器"对话框如图 2-49 所示。

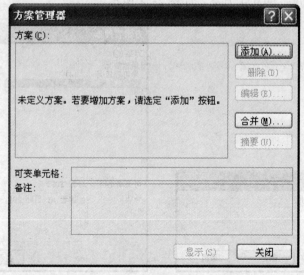

图 2-49　"方案管理器"对话框

（2）单击方案管理器的"添加"按钮，就可以编辑方案了。输入内容如图 2-50 所示，单击"确定"按钮。

● 方案名：方案的名字，最好是有意义的名称。

● 可变单元格：方案的输入单元格。此处允许输入多个单元格名称，各个单元格不必相邻，中间用逗号分隔。每个命名的方案既可以使用同样的输入单元格，也可以使用不同的输入单元格。本例中的可变单元格是：单位时间成本 B2 和单位原材料成本 B3。

- 备注：默认情况下，显示方案创建者的名字及创建日期，也可根据情况修改。

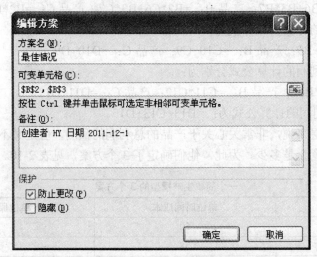

图 2-50　添加并编辑方案

（3）在弹出的"方案变量值"对话框中，根据提示，为前面对话框中指定的每个可变单元格输入相应的数值，如图 2-51 所示。单击"确定"按钮后，返回"方案管理器"对话框。此时，列表中将显示刚刚建立的方案。

（4）按照上述同样的操作，继续单击"添加"按钮，分别创建名称为"最佳情况"、"最差情况"、"最可能情况"的 3 个方案，如图 2-52 所示。

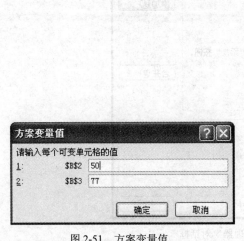

图 2-51　方案变量值

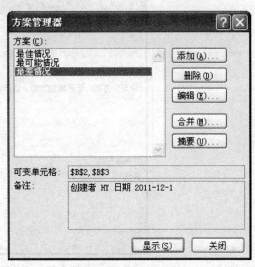

图 2-52　显示方案

2. 修改方案

如果需要修改方案，在"方案管理器"对话框中选定某方案名称，单击"编辑"按钮，将会出现如图 2-53 所示的"编辑方案"对话框，即可对相应信息进行修改。修改完毕后单击"确定"按钮回到"方案管理器"对话框。

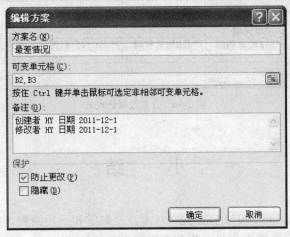

图 2-53　修改方案

3．生成方案报告

创建方案后，就可以生成摘要报告。具体步骤如下。

（1）单击"方案管理器"对话框中的"摘要"按钮，将弹出"方案摘要"对话框，如图 2-54 所示。有两种类型的报告可供选择：方案摘要和方案数据透视表。对于较简单的方案管理，大纲形式的方案摘要已经够用了；如果使用了许多定义有多结果单元格的方案，则数据透视表形式的报告更加灵活好用。

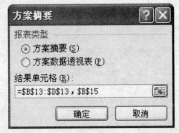

图 2-54　"方案摘要"对话框

（2）在"方案摘要"对话框中的结果单元格对话框中指定结果单元格（包含有用户感兴趣的公式），本例中选择 B13：D13 和 B15（多重选择），如图 2-54 所示。这里，最好给选择的单元格命名，这样方案摘要或者方案数据透视表中会把单元格的引用换成名字，例如，用单元格名字"产品 A 的总利润"来替代单元格引用"B13"，这样报表的可读性将更好。

（3）如果选择的报表类型是"方案摘要"，系统将创建一个新的名称为"方案摘要"的工作表来存储生成的摘要表。摘要表如图 2-55 所示。如果选择的报表类型是"方案数据透视表"，将生成数据透视表如图 2-56 所示。

方案摘要		当前值：	最佳情况	最可能情况	最差情况
可变单元格：					
	单位时间成本	50	50	54	58
	单位原材料成本	77	77	79	82
结果单元格：					
	产品A的总利润	8460	8460	5436	2052
	产品B的总利润	7614	7614	5634	3384
	产品C的总利润	9144	9144	7032	4632
	三种产品的总利润	25218	25218	18102	10068
注释："当前值"这一列表示的是在 建立方案汇总时，可变单元格的值。 每组方案的可变单元格均以灰色底纹突出显示。					

图 2-55　方案摘要报告

单位时间成本	(全部)	▼		
	结果单元格			
行标签 ▼	产品A的总利润	产品B的总利润	产品C的总利润	三种产品的总利润
最差情况	2052	3384	4632	10068
最佳情况	8460	7614	9144	25218
最可能情况	5436	5634	7032	18102

图 2-56　方案数据透视表

小　结

本章主要介绍了 Excel 2007 的常用函数（重点是数学和三角函数、财务函数和统计函数）、假设分析方法（重点是数据表假设分析和方案假设分析）。

第3章
Access 2007 数据库基本应用

Access 2007 是 Office 2007 办公套件的组件之一，通过它可以快速组织和管理数据库中的数据，如对数据进行保存、修改、查询和统计等操作，并能创建窗体和报表等，从而用不同的形式反映数据，提高工作人员的效率。本章主要介绍 Access 的基本应用，包括数据库的创建和使用方法、表的创建和使用方法、在表中创建主键和索引。

3.1 Access 2007 主要界面介绍

3.1.1 启动 Access 2007

选择"开始"→"所有程序"→"Microsoft Office"→"Microsoft Office Access 2007"命令，即可成功启动 Access 2007，进入"开始使用 Microsoft Office Access"界面。在此界面中可以方便初学者了解一些 Access 2007 的基本功能，也可以立即进行创建数据库的操作，该界面如图 3-1 所示。

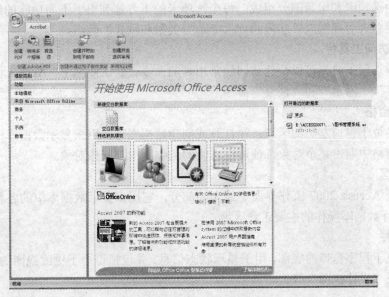

图 3-1 "开始使用 Microsoft Office Access"界面

3.1.2 Access 2007 主要工作界面

启动 Access 2007 后，新建一个数据库或者打开一个有表的数据库，就能进入 Access 2007 的主要工作界面。

例如，要创建一个新的数据库，可以单击"空白数据库"图标，确定数据库的保存位置和文件名后单击"创建"按钮，即可进入 Access 2007 的主界面，如图 3-2 所示。

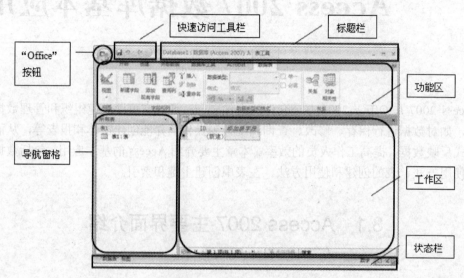

图 3-2　Access 2007 主界面

1. 标题栏

"标题栏"位于窗口的顶端，是 Access 应用程序窗口的组成部分，用来显示当前应用程序名称、编辑的数据库名称和数据库保存的格式。

2. 功能区

功能区由选项卡和组两部分组成。每个选项卡的下方都列出了不同功能的组。如"数据库"选项卡中包含"视图"、"字段和列"、"数据类型和格式"等组。

3. 快速访问工具栏

使用快速访问工具栏可以快速访问经常用到的命令。默认情况下，Access 快速访问工具栏包含"保存"、"撤销"和"恢复"命令。

4. 导航窗格

导航窗格位于窗口左侧的区域，在打开或创建数据库时，用来显示数据库中各对象的名称。在导航窗格中双击某个对象，便可在右侧的工作区中打开该对象。

5. 工作区

工作区是 Access 2007 工作界面中最大的部分，它用来显示数据库中的各种对象，是使用 Access 进行数据库操作的主要工作区域。

6. 状态栏

状态栏位于程序窗口的底部，用于显示状态信息，并包括可用于更改视图的按钮，如"数据表视图"或"设计视图"等。

3.2　数据库的创建与使用

在 Access 2007 中，对数据库的操作是最基本的操作。本节简单介绍如何在 Access 2007 中创建和使用数据库，包括创建数据库、打开和关闭数据库、备份和恢复数据库等。

3.2.1　数据库概述

数据库（Database）可以看作是存储在计算机内的一些相关数据的集合。例如，在一个图书管理数据库中，存储的常见数据包括图书馆书籍数据、读者档案数据、图书借阅记录等。

数据库管理系统（DBMS，Database Management System）是管理数据库的应用软件，是用户与数据库之间的接口，负责组织和处理数据库中的数据。

数据库系统（Database System）是指在电脑软件系统中引入数据库后构成的系统。一个完整的数据库系统必须包含存储数据的数据库，管理数据库的 DBMS，让数据库运行的计算机硬件设备和操作系统，以及管理和使用数据库的相关人员。

一般常说的数据库，其实指的是"数据库系统"。根据数据库所采用的数据模型不同，可以将其分为网状数据库、层次数据库、关系数据库和面向对象数据库等。利用 Access 2007 创建的数据库是一个关系数据库，通常情况下，一个 Access 数据库包括表、查询、窗体、报表、宏等，各个对象包含在"accdb"文件中。

3.2.2　创建数据库

在 Access 中创建数据库，有两种方法：一是使用模板创建，模板数据库可以原样使用，也可以对它们进行自定义，以便更好地满足需要；二是先建立一个空数据库，然后再添加表、窗体、报表等其他对象，这种方法较为灵活，但需要分别定义每个数据库元素。无论采用哪种方法，都可以随时修改或扩展数据库。

1．根据模板创建数据库

Access 提供了基本的数据库模板，使用它们可以加快数据库创建过程。模板是随即可用的数据库，其中包含执行特定任务时所需的所有表、窗体和报表。通过对模板的修改，可以使其符合自己的需要。

使用模板创建数据库的操作步骤如下。

●　启动程序：启动 Access 2007，或者单击"Office"按钮后选择"新建"命令，进入"开始使用 Microsoft Office Access"界面。

●　选择模板：在开始界面中的"模板类别"选择"本地模板"，选择"联系人"模板，在"文件名"文本框中输入要创建的数据库名称，单击右侧的文件夹按钮可以选择保存数据库的位置，如图 3-3 所示。

●　新建数据库：单击"创建"按钮，基于模板的数据库文件即创建成功。该文件具有一定的版式特征，内容为空白的，如图 3-4 所示。

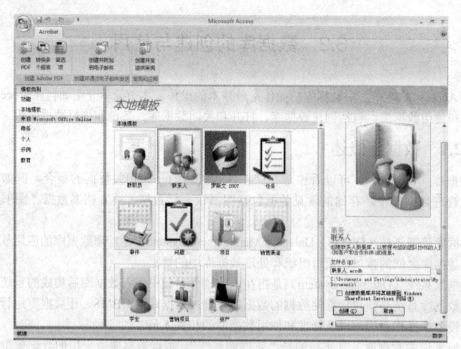

图 3-3　使用模板创建数据库

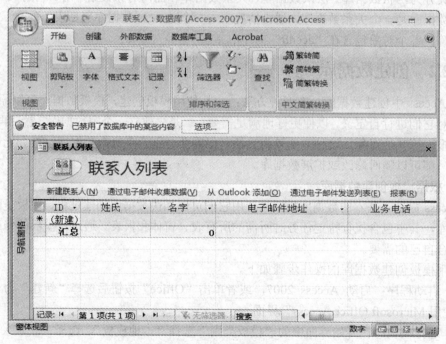

图 3-4　基于模板的数据库

● 输入内容：单击"ID"列中的"新建"超链接，将打开"联系人详细信息"窗口，在其中输入联系人信息，然后单击"关闭"按钮，如图 3-5 所示。

● 修改信息：联系人信息被输入到联系人列表中后，单击编号"1"超链接可以再次打开"联系人详细信息"窗口对信息进行修改，如图 3-6 所示。

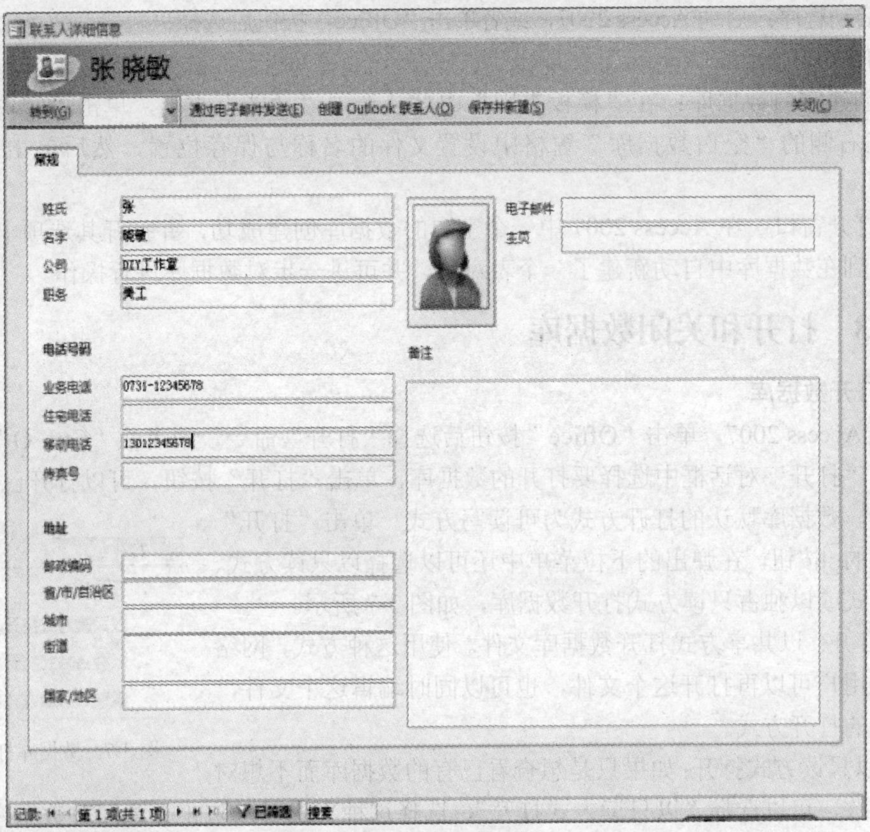

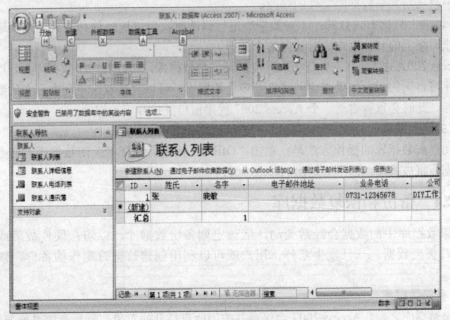

图 3-5　输入数据

图 3-6　修改数据

2. 创建空白数据库

创建空白数据库的操作步骤如下。

- 启动程序：启动 Access 2007，或者单击"Office"按钮后选择"新建"命令，进入"开始使用 Microsoft Office Access"界面。
- 创建空白数据库：在"模板类别"中默认选中"功能"类别，单击"空白数据库"选项，在右侧的"空白数据库"窗格中设置文件的名称与保存位置，然后单击"创建"按钮。
- 打开窗口：在 Access 2007 中一个空白的数据库创建成功，并打开其选项卡式窗口，此时可看到在数据库中自动新建了一个表对象，并可进一步对数据库进行操作。

3.2.3　打开和关闭数据库

1．打开数据库

启动 Access 2007，单击"Office"按钮后选择"打开"命令，或者按"Ctrl+O"组合键，在弹出的"打开"对话框中选择要打开的数据库，单击"打开"按钮，可以打开已经创建好的数据库。数据库默认的打开方式为可读写方式。单击"打开"按钮右侧的 按钮，在弹出的下拉菜单中还可以选择以只读方式、以独占方式或以独占只读方式打开数据库，如图 3-7 所示。

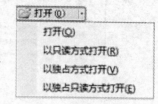

图 3-7　数据库打开方式

- 打开：以共享方式打开数据库文件。使用这种方式，网络上的其他用户可以再打开这个文件，也可以同时编辑这个文件，这是默认的打开方式。
- 以只读方式打开：如果只是想查看已有的数据库而不想对它进行修改，可以选择"以只读方式打开"，选择这种方式可以防止无意间对数据库的修改。
- 以独占方式打开：可以防止网络上的其他用户同时访问这个数据库文件，也可以有效地保护自己对共享数据库文件的修改。
- 以独占只读方式打开：不对数据库进行修改时，可以选择这种方式。选择这种方式可以防止网络上的其他用户同时访问这个数据。

Access 2007 的"打开"命令一次只能打开一个数据库，即打开一个数据库后，以前打开的数据库将自动关闭。如果需要同时打开多个数据库，可以直接双击电脑中存在的数据库文档的图标，此时会重新启动一个 Access 2007 程序窗口并打开该数据库。

2．关闭数据库

关闭当前数据库的操作方法是：单击"Office"按钮后选择"关闭数据库"命令。此时当前数据库将被关闭，但不会退出 Access 2007。

3.2.4　备份和恢复数据库

如果数据库中的数据会经常变动，应该定期备份数据库，以防在硬件故障或出现意外事故时丢失数据。一旦发生意外，用户就可以利用创建数据时制作的备份，恢复这些数据。

1．备份数据库

备份数据库之前，Access 2007 会保存并关闭所有打开的对象，然后压缩并修复数据库，最后在打开的对话框中指定备份文件的名称和位置即可开始备份数据库。完成后，Access 2007 会重新打开被它关闭的所有对象。具体步骤如下。

- 选择数据库：打开要备份的数据库。

● 开始备份：单击"Office"按钮后选择"管理"→"备份数据库"命令。

● 确认备份文件名：系统自动关闭所有对象，在打开的"另存为"对话框的"文件名"文本框中显示了默认的备份文件名，名称的组成为"数据库原始文件名_当前系统日期"。通常保留默认文件名，因为在通过备份还原数据或对象时，需要知道备份的原始数据库以及备份时间。

● 确认备份文件保存路径：在"保存位置"下拉列表框中选择备份文件的保存路径。

● 完成备份：单击"保存"按钮，数据库备份成功后，系统自动打开数据库中被关闭的所有对象。

2. 恢复数据库

当数据库中的数据受到破坏后，就可以通过还原的方法恢复备份的数据库。但 Access 2007 没有提供直接还原数据库的功能，所以只能通过间接的办法来解决。最常用的方法就是通过复制、粘贴操作，将备份数据库中的内容复制到当前数据库中。

3.2.5 设置数据库访问密码

数据库访问密码是指为打开数据库而设置的密码，它是一种保护 Access 数据库的简便方法。设置密码后，打开数据库时将显示要求输入密码的对话框，只有正确输入密码的用户才能打开数据库。

1. 设置密码

在设置密码之前，最好以独占的方式打开数据库，这样可以避免当前有其他用户共享该数据库，而无法设置密码。

设置数据库访问密码的操作步骤如下。

● 打开数据库：单击"Office"按钮后选择"打开"命令，在"打开"对话框中选择要打开的数据库，单击"打开"按钮右侧的·按钮，在弹出的下拉菜单中选择"以独占方式打开"。

● 设置密码：在"数据库工具"选项卡的"数据库工具"组中，单击"用密码进行加密"命令，在弹出的"设置数据库密码"对话框中的"密码"和"验证"文本框中输入相同的密码，单击"确定"按钮，如图 3-8 所示。

● 使用密码打开数据库：密码设置成功后，再次打开该数据库时，会弹出"要求输入密码"对话框，如图 3-9 所示。输入正确的密码，单击"确定"按钮，即可打开该数据库。

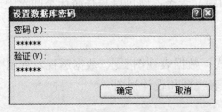

图 3-8 "设置数据库密码"对话框

图 3-9 "要求输入密码"对话框

2. 取消密码

对于设置过密码的数据库，"用密码进行加密"按钮将变为"解密数据库"按钮。单击该按钮，在打开的"撤销数据库密码"对话框的"密码"文本框中输入已设置的密码后，单击"确定"按钮，即可取消密码。

3.3 表的创建与使用

创建数据库后，可以在表中存储数据。表是 Access 2007 数据库最基本的对象，其他的数据库对象，如查询、窗体和报表等都是在表的基础上建立并使用的。因此，表的结构是否合理，可以说是整个数据库的关键所在。本节主要介绍表的基础知识、表的创建、主键和索引的创建以及如何在表中输入数据并进行编辑。

3.3.1 表概述

1. 表的结构

表是数据库最基本的组件，是存储数据的基本单元，是由不同的列、行组合而成的二维表格，如图 3-10 所示。每一列代表某种特定的数据类型，称之为字段，例如"学号"、"姓名"、"性别"等；每一行由各个特定的字段值组成，称之为记录。

学生信息							
学号	姓名	性别	出生日期	籍贯	专业	班级	添加新字段
S001	孙毅	男	1992-05-05	湖南	物理	w01班	
S002	陈波	男	1991-06-10	湖南	化学	h03班	
S003	张华	男	1994-09-18	广东	计算机	j02班	
S004	李娟	女	1992-03-15	浙江	化学	h03班	
S005	王向东	男	1988-10-21	河北	物理	w01班	
S006	赵兰	女	1992-01-12	湖南	计算机	j02班	
S007	欧阳波	男	1990-07-18	广东	设计	s05班	
S008	王勇	男	1989-05-10	湖南	艺术	y04班	
S009	赵晓燕	女	1993-03-04	湖南	设计	s05班	
S010	李浩	男	1990-09-21	四川	计算机	j02班	
S011	刘洁	女	1992-03-17	湖北	物理	w01班	
S012	刘希	女	1989-08-07	四川	计算机	j02班	

图 3-10 "学生信息"表的数据表视图

字段中存放的信息种类很多，包括文本、数字、日期、货币、OLE 对象（声音、图像等）以及超级链接等，每个字段包含了一类信息。大部分表中都要设置主码，以唯一地表示一条记录。在表内还可以定义索引，以加快查找速度。

一个数据库中可以建立多个表，通过在表之间建立关系，就可以将存储在不同表中的数据联系起来供用户使用。

2. 表的视图

Access 2007 数据库中的表主要有 4 种视图模式：数据表视图 ▦ 、数据透视表视图 ▦ 、数据透视图视图 ▦ 和设计视图 ✎ ，常用的是数据表视图和设计视图。

（1）数据表视图

数据表视图是 Access 2007 默认的显示视图，在该视图模式下可以添加、编辑或查看表中的数据，对记录进行排序和筛选，更改表的外观，更改表的结构。如图 3-10 所示即为"学生信息管理系统"数据库中"学生信息"表的数据表视图。

（2）设计视图

设计视图主要用于修改表的属性，包括修改字段名和数据类型、设置字段大小和格式、添加说明等。如图 3-11 所示为"学生信息管理系统"数据库中"学生信息"表的设计视图。

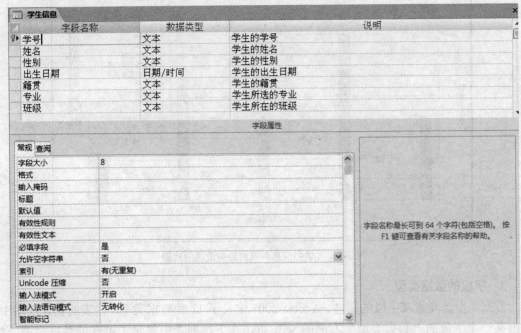

图 3-11　"学生信息"表的设计视图

（3）数据透视表视图

该视图以数据透视表的方式显示表中的数据。如图 3-12 所示为"学生信息管理系统"数据库中"学生信息"表的数据透视表视图。

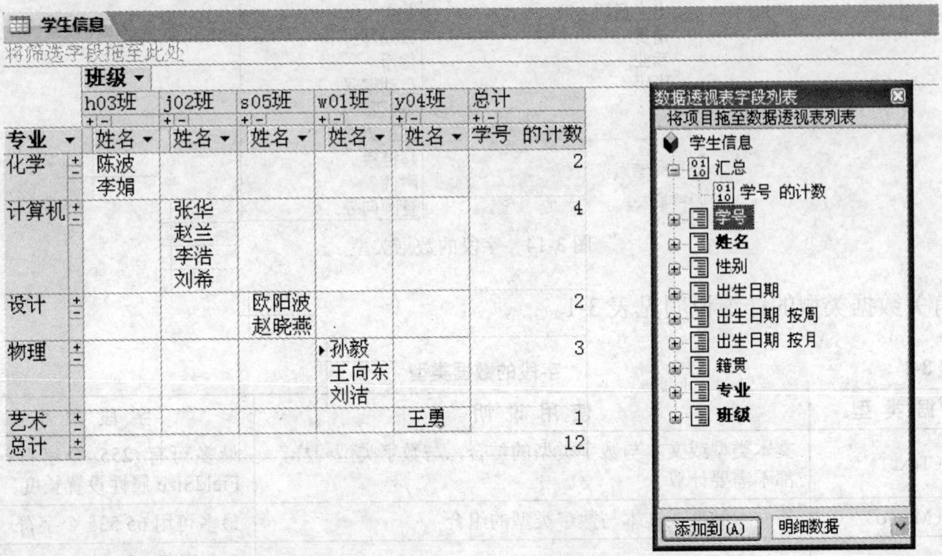

图 3-12　"学生信息"表的数据透视表视图

（4）数据透视图视图

该视图以数据透视图的方式显示表中的数据。如图 3-13 所示为"学生信息管理系统"数据库中"学生信息"表的数据透视图视图。

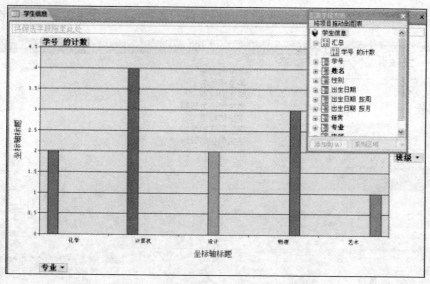

图 3-13 "学生信息"表的数据透视图视图

3. 字段的数据类型

数据类型是变量或字段的属性。Access 2007 定义了 11 种数据类型，在表的设计视图中，单击某一个字段的"数据类型"右侧的 ✅ 按钮，在下拉列表中显示了可选的数据类型，如图 3-14 所示。

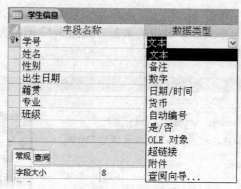

图 3-14 字段的数据类型

有关数据类型的详细说明见表 3-1。

表 3-1   字段的数据类型

数 据 类 型	使 用 说 明	字 段 大 小
文本（Text）	文本类型或文本与数字类型的结合，与数字类型一样，都不需要计算	最多可有 255 个字符，或由 FieldSize 属性设置长度
备注（Memo）	长文本类型或文本与数字类型的组合	最多可用 65 535 个字符
数字（Number）	用于数学计算中的数值数据	1 个字节、2 个字节、4 个字节或 8 个字节
日期/时间（Date/Time）	日期/时间数值的设定范围为 100~9 999 年	8 个字节
货币（Currency）	用于数学计算的货币数值与数值数据，包含小数点后 1～4 位，整数位最多有 15 位	8 个字节

续表

数 据 类 型	使 用 说 明	字 段 大 小
自动编号 （Auto Number）	每当向表中添加一条新的记录时，由 Access 指定的一个唯一的顺序号（每次递增 1）或随机数，自动编号字段不能更新	4 个字节
是/否（Yes/No）	"是" 和 "否" 的数值与字段只包含两个数值（True/False 或 On/Off）中的一个	1 位
OLE 对象 （OLE Object）	联接或内嵌于 Access 数据表中的对象，可以是 Excel 电子表、Word 文件、图形、声音或其他二进制数据	最多可用 10 亿字节，受限于所用的磁盘空间
超级链接 （Hyperlink）	超级链接可以是某个文件的路径 UNC 路径或 URL	最长为 65 535 个字节
附件（Attachment）	可以将多个文件存储在单个字段之中，也可以将多种类型的文件存储在单个字段之中	最多可以附加 2GB 的数据，单个文件的大小不得超过 256MB
查阅向导 （Lookup Wizard）	创建字段，该字段将允许使用组合框来选择另一个表或一个列表中的值。从数据类型列表中选择此选项，将打开向导以进行定义	通常为 4 个字节

3.3.2　创建表

设计数据库时，应在创建任何其他数据库对象之前先创建数据库的表。虽然新建数据库后，系统将自动在其中打开一个名为 "表 1" 的表，但有时还需要另外创建表。下面将介绍 3 种创建表的方法：使用模板创建表、使用设计视图创建表和使用数据表视图创建表。这 3 种创建表的方法各有各的优点，适用于不同的场合。

1. 使用设计视图创建表

数据表由表结构和表内容两部分组成，需要先建立表结构，然后才能输入数据。表结构设计主要包括：字段名称、字段类型和字段属性的设置。

在 Access 2007 中，设计表结构的主要工具是设计视图（又称为表设计器）。使用数据表设计视图，不仅可以创建表，而且可以修改已有表的结构。使用设计视图创建表的主要步骤如下。

（1）创建一个数据库。

（2）在 "数据表" 选项卡的 "视图" 组中单击 "视图" 按钮下方的 ![] 按钮，在弹出的下拉菜单中选择 "设计视图" 命令，如图 3-15 所示。

（3）在打开的 "另存为" 对话框中输入表名（如 "学生信息表"），单击 "确定" 按钮。

（4）在打开的数据表设计视图的 "字段名称" 列中输入字段名（如 "学号"）；"数据类型" 列选择字段的数据类型（如 "文本"）；"说明" 栏中输入有关此字段的说明；窗口下部的 "字段属性" 区用于设置字段的属性（例如，设置文本字段的 "字段大小" 来控制允许输入的最大字符数），如图 3-16 所示。

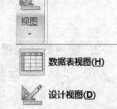

图 3-15　"视图" 按钮

（5）用相同的方法设置数据表中其他字段的名称和相应的数据类型。

（6）在快速访问工具栏中单击 "保存" 按钮保存创建的表。在 "设计" 选项卡的 "视图" 组中单击 "视图" 按钮下方的 ![] 按钮，在弹出的下拉菜单中选择 "数据表视图" 命令，将其切换到数据表视图，等待输入数据，如图 3-17 所示。

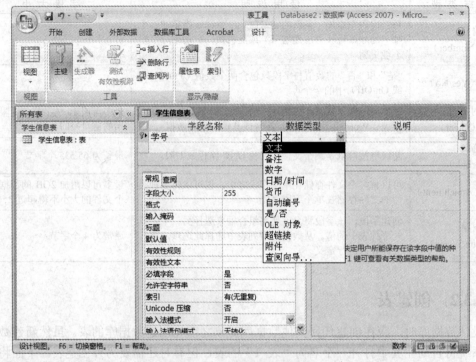

图 3-16　设置字段类型和属性

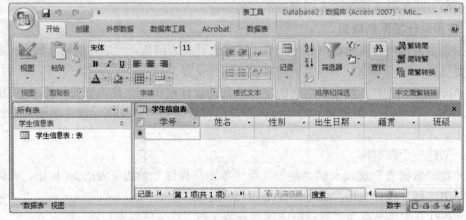

图 3-17　设计好的"学生信息表"

2. 使用数据表视图创建表

用户可以直接在数据表视图中定义表的相应字段来创建表，其主要步骤如下。

（1）在"创建"选项卡的"表"组中单击"表"按钮，在当前数据库中创建一个新的空白表。

（2）在"数据表"选项卡的"字段和列"组中单击"插入"按钮，在数据表视图中即可看到插入了"字段 1"列，如图 3-18 所示。

（3）在"数据表"选项卡的"字段和列"组中单击"重命名"按钮，字段名"字段 1"变为可编辑状态，输入新的字段名，按回车键确认。

图 3-18　添加新字段

（4）用相同的方法插入其余字段并对字段重命名。

（5）保存该数据表，完成表的创建。

3. 使用模板创建表

Access 2007 提供了多种表的模板，如"联系人"、"任务"、"问题"等，用户可以利用这些模板创建符合自己要求的新表。使用模板创建表的操作步骤如下。

（1）在"创建"选项卡的"表"组中单击"表模板"按钮，在弹出的下拉列表中选择相应的模板，如图 3-19 所示。

（2）一个基于所选表模板的新表随即插入到当前数据库中。

4. 设置字段属性

每个字段的可用属性取决于为该字段所选的数据类型。要设计一个合理的数据表，需要根据表中字段对应的实际数据的大小修改相应的属性。在 Access 2007 中，字段的"常规"属性见表 3-2。

图 3-19　表模板

表 3-2　"常规"属性选项卡

属　　性	作　　用
字段大小	设置文本、数据和自动编号类型的字段中数据的范围，可设置的最大字符数为 255
格式	控制显示和打印数据格式，选择预定义格式或输入自定义格式
小数位数	指定数据的小数位数，默认值是"自动"，范围是 0～15
输入法模式	确定当焦点移至该字段时，准备设置的输入法模式
输入掩码	用于指导和规范用户输入数据的格式
标题	在各种视图中，可以通过对象的标题向用户提供帮助信息
默认值	指定数据的默认值，"自动编号"和"OLE"数据类型无此项属性
有效性规则	一个表达式，用户输入的数据必须满足该表达式
有效性文本	当输入的数据不符合有效性规则时，要显示的提示性信息
必填字段	该属性决定是否允许出现 Null 值
允许空字符串	决定"文本"和"备注"字段是否可以等于零长度字符串（""）
索引	决定是否建立索引及索引的类型
Unicode 压缩	指定是否允许对该字段进行 Unicode 压缩

3.3.3　创建主键和索引

主键（也称主码）是用于唯一标识表中每条记录的一个或一组字段。在 Access 2007 中，每个表都必须有一个主键。在被设为主键的字段中不能输入重复的数值或 Null（空）值。

1. 创建主键

在 Access 2007 中，可以定义 3 种主键：自动编号主键、单字段主键和多字段主键。

（1）自动编号主键

创建一个空表时，在其中设置字段后，系统会提示设置自动编号为主键。在输入记录时，自动编号字段会自动输入连续的数字编号。

（2）单字段主键

基于单个字段创建的主键称为单字段主键。在表中，如果某一字段的值能唯一标识一条记录，就可以将此字段指定为主键。如果选择作为主键的字段有重复值或 Null（空）值，Access 2007 将提示不可设置为主键。

如果用户需要为某个表创建一个单字段主键，具体操作方法为：打开需要创建主键的表，将其切换到设计视图，选择需要创建为主键的字段，在"设计"选项卡的"工具"组中单击"主键"按钮即可，此时在其行选定器上将出现一个"主键"图标。

（3）多字段主键

基于多个字段创建的主键称为多字段主键。当表中没有可以创建为单主键的字段时，需要将两个或更多的字段指定为多字段主键。例如，在"学生信息管理系统"数据库中，由于一个学生可以选修多门课，而一门课可以被多个学生选择，因此在"学生成绩"表中，"学号"与"课程编号"字段的值可能都不是唯一的。此时如果将"学号"与"课程编号"两个字段的组合指定为多字段主键，就有唯一的值，并成为每一条选课记录的标识。

如果用户需要为某个表创建一个多字段主键，具体操作方法为：打开需要创建主键的表，将其切换到设计视图，按住"Ctrl"键的同时选择需要创建为主键的多个字段，在"设计"选项卡的"工具"组中单击"主键"按钮即可，如图 3-20 所示。

图 3-20　创建主键

2. 删除主键

当不需要某个字段为主键或要设置其他字段为主键时，需要将原来字段的主键删除。

如果要删除单字段主键，只需选择主键字段，在"设计"选项卡的"工具"组中再次单击"主键"按钮即可。

如果要删除多字段主键，选择其中的任意一个主键字段，单击"主键"按钮即可删除。

此外，选择需要创建为主键或删除主键的字段，单击鼠标右键，在弹出的快捷菜单中选择"主键"命令也可以创建或删除主键。

删除主键不会删除表中的一个或多个字段，它仅仅取消了该字段唯一标识记录的功能。在删除主键之前，必须确保它没有参与任何表关系，否则系统会提示错误信息。

3. 创建索引

为字段创建索引就如同给一本书添加目录，它可以加快在表中排序或搜索的速度。在 Access 2007 中，可以创建单字段索引或多字段索引。

（1）创建单字段索引

通常可以将经常用于查找或排序的单个字段设置为单字段索引，其操作步骤如下。

打开需要创建索引的表，将其切换到设计视图，选择需要创建索引的字段，在"字段属性"窗格的"常规"选项卡中单击"索引"属性框，再在其下拉列表框中选择"有（有重复）"或"有（无重复）"选项即可，如图 3-21 所示。

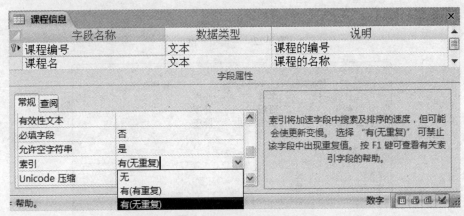

图 3-21　创建单字段索引

在"索引"下拉列表框中选择"无"选项表示没有索引；选择"有（有重复）"选项表示创建索引，并且允许该字段有重复值；选择"有（无重复）"选项表示创建索引，并且不允许该字段有重复值。

（2）创建多字段索引

如果要同时搜索或排序两个或两个以上的字段，可以创建多字段索引。Access 将首先使用定义在索引中的第一个字段进行排序，如果记录在第一个字段中的值相同，则使用索引中的第二个字段进行排序，依次类推。创建多字段索引的操作步骤如下。

● 打开需要创建索引的表，将其切换到设计视图。

● 选择需要创建索引的字段，在"设计"选项卡的"显示/隐藏"组中单击"索引"按钮，打开"索引：数据表名"窗口，如图 3-22 所示。如果当前表已定义了主键，Access 自动在"索引"窗口的第一行显示出主键索引的名称、字段名称以及排序次序。

● 在"索引名称"列中输入索引名称；在"字段名称"列中，单击右边向下箭头，从下拉列表中选择索引的第一字段；在"排序次序"列中，选择"升序"或"降序"选项。

● 根据需要继续定义其他需要索引的字段，完成后如图 3-23 所示。

4. 删除索引

索引可以加快在数据库中进行搜索的速度，但是在进行追加等需要大量更新记录的操作时，会减缓数据操作的速度。对于不常排序或搜索的字段，可以将其索引删除，以加快更新记录的速度。删除索引的操作步骤为：将表切换到设计视图中，单击"设计"选项卡的"显示/隐藏"组中的"索引"按钮，在打开的"索引：数据表名"窗口中选择需要删除索引的一个或多个字段所在的行，按"Delete"键即可删除。

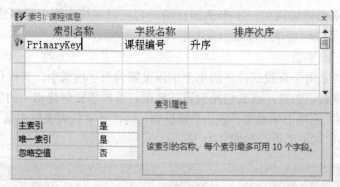

图 3-22 "索引"窗口

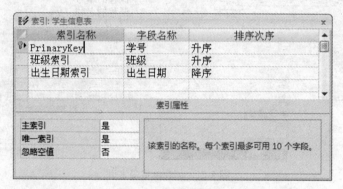

图 3-23 完成索引创建

5. 创建表关系

Access 是一个关系型数据库，用户创建了所需要的表后，还要建立表之间的关系，Access 凭借这些关系来连接表或查询表中的数据。

（1）创建关系

在表之间创建关系，可以确保 Access 将某一表中的改动反映到相关联的表中。一个表可以和多个其他表相关联，而不是只能与另一个表组成关系对。表间关系的类型有：一对一、一对多和多对多 3 种。

创建表关系的操作步骤如下。

● 打开数据库，在"数据库工具"选项卡的"显示/隐藏"组中单击"关系"按钮。如果在数据库中已经创建了关系，关系窗口中将显示出这些关系，如图 3-24 所示；如果数据库中还没有定义任何关系，Access 会弹出"显示表"对话框，如图 3-25 所示。如果直接单击"设计"选项卡的"关系"组中的"显示表"按钮，也将弹出"显示表"对话框。

● 在"显示表"对话框中选择一个或多个表或查询，然后单击"添加"按钮，将表或查询添加到关系窗口中，单击"关闭"按钮关闭"显示表"对话框。

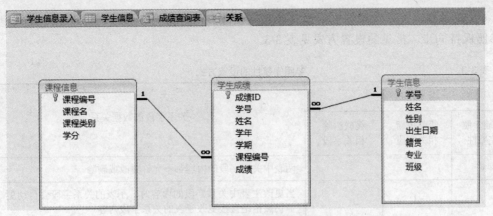

图 3-24　"关系"窗口

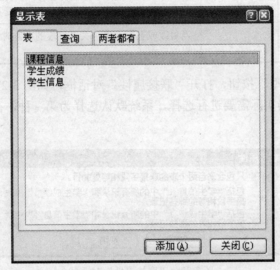

图 3-25　"显示表"对话框

● 将字段（通常为主键）从一个表（主表）拖放到另一个表（子表）的公共字段（外键）上。例如，建立学生信息表与学生成绩表的关系，单击学生信息表的"学号"字段且按住不放，然后把它拖到学生成绩表中"学号"字段上。当释放鼠标时，系统打开"编辑关系"对话框，如图 3-26 所示。

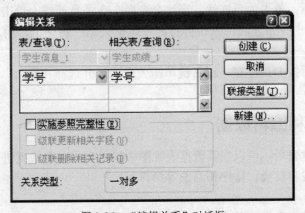

图 3-26　"编辑关系"对话框

● 在"编辑关系"对话框中设置参照完整性，保证数据一致性，防止出现孤立记录并使参照保持同步。常见的设置方式见表 3-3。

表 3-3 参照完整性的设置方式

复选框选项			关系字段的数据关系
实施参照 完整性	级联更新 相关字段	级联删除 相关字段	
√			两表中关系字段的内容都不允许更改或删除
√	√		当更改主表中关系字段的内容时，子的关系字段会自动更改。但仍然拒绝直接更改子表的关系字段内容
√		√	当删除主表中关系字段的内容时，子表的相关记录会一起被删除。但直接删除子表中的记录时，主表不受其影响
√	√	√	当更改或删除主表中关系字段的内容时，子表的关系字段会自动更改或删除

● 单击"联接类型"按钮，打开"联接属性"对话框，如图 3-27 所示，在此选择联接的方式。用户可以根据实际需要进行选择，系统默认选择为第一种，在此选择系统默认设置并"确定"。

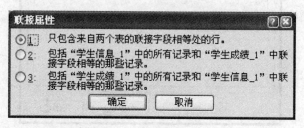

图 3-27 "联接属性"对话框

● 在"编辑关系"对话框中，单击"创建"按钮，建立关系的字段之间会显示一条连线，表示已创建好表之间的关系。

● 关闭"编辑关系"对话框，保存设定的关系。

（2）编辑与删除表间关联

对已存在的关系，单击关系连线，连线会变黑。在关系连线上单击鼠标右键并选择"编辑关系"，或直接双击关系连线，系统会打开"编辑关系"对话框，用户可以对创建的关系进行修改。

单击关系连线后按 Delete 键，或右键单击关系连线并选择"删除"命令，可删除表间的关系。

3.3.4　输入和编辑数据

在数据库中创建表后，可以在其数据表视图中输入数据并对数据进行编辑，包括对记录的添加与删除、查找和替换、排序和筛选等操作。

1．添加记录

将数据插入数据表的操作称为"添加"。Access 提供了两种添加记录的方式：直接在表中输入数据和导入外部数据，这里介绍如何在表中输入数据。

打开数据库后，在左侧的导航窗格中直接双击某数据表，即可打开该表，进入数据表视图进行数据的输入。在表的左下方是"记录导航器"，它有 5 个按钮及 1 个显示数字，各有不同的含义，如图 3-28 所示。

在 Access 数据表中输入数据的方法与在 Excel 工作表中输入数据的方法类似，单击字段名下方需要输入数据的单元格，将文本插入点定位到其中便可直接输入数据。Access 是以记录为单位进行存储的。在输入数据过程中，用户可以从数据表最左侧的"行选择器"来判断数据是否已经存储。如果输入数据后没有按"Enter"键，可看到"行选择器"上有一支铅笔的图案，表示数据是暂时存放在内存中，而非计算机中的硬盘。当完成输入并按下"Enter"键，原有的图案会消失，表示数据已被存储。如果在"行选择器"上显示"*"图案，表示正等待添加一条记录，如图 3-29 所示。

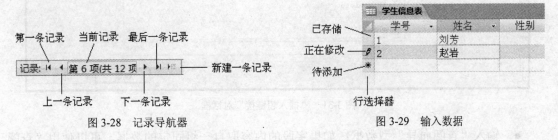

图 3-28 记录导航器 　　　　　　　图 3-29 输入数据

● "自动编号"数据："自动编号"数据类型的数据是在添加新记录时自动给生成的，并且不能修改。

● 输入"是/否"型数据：对"是/否"型字段，输入数据时显示一个复选框。选中表示输入"是（−1）"，不选中表示输入了"否（0）"。

● 输入"日期/时间"型数据：对"日期/时间"型数据，不需要将整个日期全部输入，系统会按输入掩码来规范输入格式，按格式属性中的定义显示数据。例如，在出生年月字段中输入"92-10-3"，若格式属性设置"长日期"，则会自动显示为"1992 年 10 月 3 日"。

● 输入"OLE 对象"型数据：OLE 对象类型的字段使用插入对象的方式输入数据。当光标位于该字段时，右键单击鼠标并选择快捷菜单中的"插入对象"命令，打开"插入对象"对话框，选择对象插入到字段中，如图 3-30 所示。

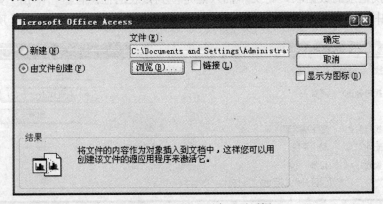

图 3-30 "插入对象"对话框

● 输入"超链接"型数据：当光标位于该字段时，右键单击鼠标并选择"超链接"下的"编辑超链接"命令，打开"插入超链接"对话框，如图 3-31 所示。在对话框中可以选择链接到"原有文件或网页"及"电子邮件地址"，根据需要选择输入"超链接"型字段的数据。

图 3-31 "插入超链接"对话框

● 输入"查阅向导"型数据：如果字段的内容取自一组固定的数据，可以使用"查阅向导"数据类型。

2. 删除记录

删除记录的操作方法主要有以下 3 种。

● 将鼠标移动到"行"选择器上，当鼠标光标变为➡形状时，单击鼠标左键选择要删除的记录行，按"Delete"按钮，在打开的提示对话框中单击"是"按钮进行删除。

● 选择要删除的记录行，单击"开始"选项卡的"记录"组中的"删除"按钮✕ 删除 ▾，在打开的提示对话框中单击"是"按钮进行删除。

● 选择要删除的记录行，单击鼠标右键，在弹出的快捷菜单中选择"删除记录"命令，在打开的提示对话框中单击"是"按钮进行删除。

3. 查找记录

打开要查找记录的数据表，将文本插入点定位到该表的任意位置，单击"开始"选项卡的"查找"组中"查找"按钮🔍，将弹出"查找和替换"对话框，如图 3-32 所示。

图 3-32 "查找和替换"对话框

在"查找内容"中输入待查找的信息，在"查找范围"下拉列表框中选择查找范围，单击"查找下一个"按钮，在数据表中将定位到被找到的记录，也可以在数据表中实现数据的替换，操作方法与查找类似，这里不再赘述。

4．排序数据

默认情况下，Access 以主键作为排序依据。如果表中没有设置主键，则以输入的原始次序作为排序依据。

（1）单一字段排序

若要对表中的单个字段排序，先选择该字段的任意一个单元格，然后单击"开始"选项卡的"排序和筛选"组中的"升序"按钮 $\frac{A}{Z}$↓ 或"降序"按钮 $\frac{Z}{A}$↓，在数据表视图中可以看到记录按照该字段排序显示，并在该字段名称右侧多了一个向上或向下的箭头符号表示升序或降序。

若要将记录恢复到原来的顺序，可以单击"开始"选项卡的"排序和筛选"组中的"清除所有排序"按钮，取消排序。

（2）多字段排序

如果要将两个以上的字段排序，则需要单击"开始"选项卡的"排序和筛选"组中的"高级"按钮，在下拉列表框中选择"高级筛选/排序"命令，此时弹出"查询筛选窗口"，如图 3-33 所示。

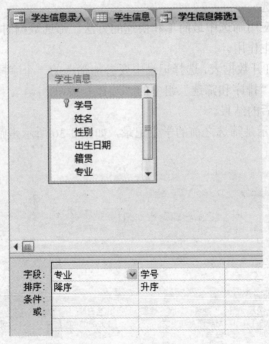

图 3-33   查询筛选窗口

如图 3-33 所示，该窗口分为上下两半，上半部分为数据源区（如当前为"学生信息"表），下半部分用来设置排序的条件（如第一排序字段为按"专业"降序排列，第二排序字段为按"学号"升序排列）。

设定好各字段的排序方式后，单击"开始"选项卡的"排序和筛选"组中的"切换筛选"按钮，将窗口切换回数据表视图，显示执行排序后的结果，如图 3-34 所示。

学生信息	学生信息筛选1					
学号	姓名	性别	出生日期	籍贯	专业	班级
S008	王勇	男	1989-05-10	湖南	艺术	y04班
S001	孙毅	男	1992-05-05	湖南	物理	w01班
S005	王向东	男	1988-10-21	河北	物理	w01班
S011	刘洁	女	1992-03-17	湖北	物理	w01班
S007	欧阳波	男	1990-07-18	广东	设计	s05班
S009	赵晓燕	女	1993-03-04	湖南	设计	s05班
S003	张华	男	1994-09-18	广东	计算机	j02班
S006	赵兰	女	1992-01-12	湖南	计算机	j02班
S010	李浩	男	1990-09-21	四川	计算机	j02班
S012	刘希	女	1989-08-07	四川	计算机	j02班
S002	陈波	男	1991-06-10	湖南	化学	h03班
S004	李娟	女	1992-03-15	浙江	化学	h03班

图 3-34　显示排序结果

如果在"查询筛选窗口"中要清除已有的排序条件，单击"开始"选项卡的"排序和筛选"组中的"高级"按钮 高级，在下拉列表框中选择"清除网格"命令，则已设置的排序条件被清除。

5. 筛选数据

筛选的目的是让数据经过特定条件的搜索之后，将不符合选择范围的数据剔除，仅显示符合条件的数据。

（1）按选定内容筛选

按选定内容筛选是应用筛选中最简单和快速的方法。筛选数据时，字段值必须有一条符合的数据，筛选才能产生作用。

在数据表视图中，打开数据表，选择记录中要参加筛选的一个字段中的全部或部分内容，单击"开始"选项卡的"排序和筛选"组中的"选择"按钮 选择，在下拉列表框中选择筛选方式，即可看到筛选后的结果。

例如：如图 3-35 所示是筛选之前的学生记录，如图 3-36 所示是筛选出籍贯中包含"湖"字的学生记录。

图 3-35　筛选之前的学生记录

图 3-36　筛选籍贯中含"湖"字的学生记录

如果要清除筛选，只需在完成筛选的窗口中单击"开始"选项卡的"排序和筛选"组中的"切换筛选"按钮 ，即可回到筛选前的状态。

（2）普通筛选（使用筛选器筛选）

在数据表视图中，单击字段右侧的 按钮可展开筛选列表，直接设置筛选条件，单击"确定"按钮即可完成筛选。

（3）高级筛选

使用高级筛选可以设置筛选的字段或条件，还可以设置记录的排序方式等。在"开始"选项卡的"排序和筛选"组中单击"高级"按钮 ，在打开的对话框中进行设置即可。

6. 数据的导入和导出

在实际操作过程中，时常需要将 Access 表中的数据转换成其他的文件格式，如文本文件（.txt）、Excel 文档（.xls）、dBase（.dbf）、HTML 文件（.html）等，相反，Access 也可以通过"导入"的方法，直接应用其他应用软件中的数据。

（1）导入数据

使用导入操作可以将外部源数据变为 Access 格式。导入操作的主要步骤如下。

● 打开当前的 Access 数据库，即目标数据库。

● 单击"外部数据"选项卡的"导入"组中的相应命令按钮，确定导入的文件格式（如单击"Excel"按钮 ）。

● 在弹出的"获取外部数据"窗口中选择需要导入的文件名，并指定数据在当前数据库中的存储方式和存储位置，如图 3-37 所示。

● 单击"确定"按钮，进入"导入数据表向导"对话框，按照向导提示进一步选择数据、确定主键、为导入的新表命名、单击"完成"按钮，完成导入操作，此时可在数据库窗口看见新添加了一个表。

由于导入外部数据的类型不同，导入的操作步骤也会有所不同，但基本方法是一致的。

（2）导出数据

在数据库窗口中，选定某个数据表，单击"外部数据"选项卡的"导出"组中的相应命令按钮确定导出的文件格式，在打开的"导出"对话框中确定文件的存储位置、文件名及文件类型，单击"确定"按钮即可完成数据导出操作，如图 3-38 所示。

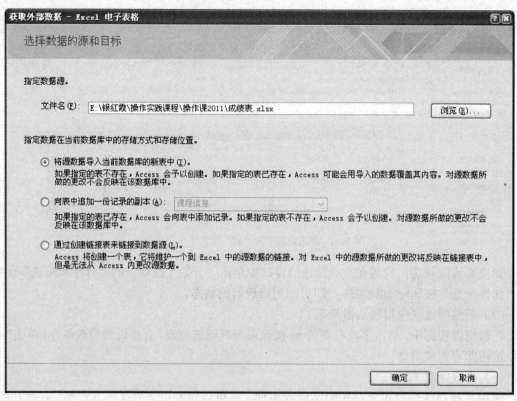

图 3-37 "获取外部数据"窗口

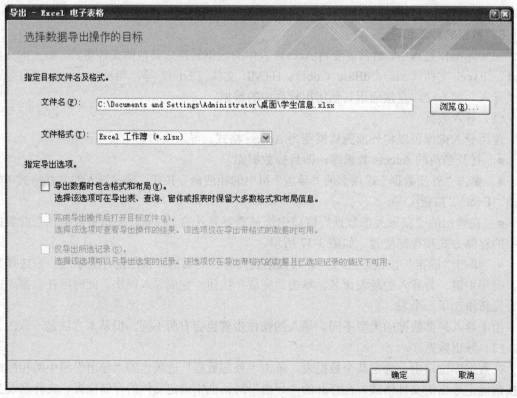

图 3-38 "导出"对话框

小　　结

　　本章主要介绍 Access 2007 数据库的基本操作。第一部分介绍 Access 2007 的主要工作环境。第二部分介绍 Access 数据库的创建、打开、关闭、备份、恢复和设置密码保护等操作。第三部分介绍表的创建、打开、关闭等基本操作，在表中创建和删除主键，为字段设置索引，创建、编辑与删除表之间的关联，对表中的记录进行添加、删除、查找、排序和筛选、导入和导出等操作。

第4章
Access 2007 数据库高级应用

在 Access 2007 中，表是创建其他数据库对象的基础。在了解 Access 创建数据库、表的基本操作方法后，本章将介绍查询的创建与使用方法，窗体的创建和使用方法，报表的创建和打印操作，从而可以用不同的形式反映数据，提高工作人员的效率。

4.1 查询的创建与使用

查询是数据库中最重要和最常见的应用，它作为 Access 数据库中的一个重要对象，可以让用户根据指定条件对数据库进行检索，筛选出符合条件的记录，构成一个新的数据集合，从而方便用户对数据库进行查看和分析。本小节将介绍选择查询的创建和使用方法。

4.1.1 查询概述

查询可以从一个或多个表中检索数据，并可执行各种统计计算。执行查询时，Access 会将表或查询中的数据提取出来，显示在数据表中。

Access 2007 提供了多种查询，大致上可以分为如下五类。

● 选择查询：选择查询是最常用的查询方式，它可以从一个或多个表或者其他的查询中获取数据，又将更新后的记录结果以表显示。查询的结果会以动态集合方式存储起来，用户可以对这些数据进行查看、修改、分析等动作，也就是说，选择查询存储的是查询条件而不是查询后的结果，如此才能随着表中记录而改变。

● 交叉表查询：交叉表查询是一种特殊形式的选择查询，它会将数据以行、列交叉的二维方式显示出来，就像一个电子表格一样，具有摘要数据的功能。

● 参数查询：参数查询可以在运行查询的过程显示对话框，通过提示用户输入相关信息来设定查询规则，它扩大了查询的灵活性。

● 操作查询：操作查询就是在一个操作中对查询中所生成的动态集进行更改的查询。操作查询可分为生成表查询、追加查询、更新查询和删除查询。操作查询只能更改和复制用户的数据，而不能返回数据记录。

● SQL 查询：SQL 是一种结构化查询语言，SQL 查询就是使用 SQL 语言创建的查询，它又可以分为联合查询、传递查询和数据定义查询与子查询等。

4.1.2　创建查询

创建查询的方法主要有两种：通过"简单查询向导"创建和在设计视图中创建。而使用查询设计视图，不仅可以完成查询设计，也可以修改已有的查询，而且设计视图的功能更丰富、强大。

1．通过查询向导创建查询

使用查询向导可以提示用户逐步完成创建查询的工作，其主要步骤如下。

（1）打开数据库，单击"创建"选项卡的"其他"组中的"查询向导"按钮 ，弹出"新建查询"向导对话框，如图 4-1 所示。

（2）选择"简单查询向导"，单击"确定"按钮，在弹出的"简单查询向导"对话框中根据提示依次进行添加字段、确定明细/汇总查询方式、指定查询标题等操作，单击"完成"按钮即可在"数据表"视图中显示查询结果。

（3）如果在"新建查询"向导对话框中选择"交叉表查询向导"，则可以将创建的查询的字段分成两组，一组以列标题的形式显示在表的顶端，一组以行标题的形式显示在表的最左侧。用户可以在行列交叉的位置对数据进行汇总、求平均值或其他统计运算，并将结果显示在行列的交叉位置。

（4）如果在"新建查询"向导对话框中选择"查找重复项查询向导"，用户可以查看数据库中一个或多个字段中具有相同值的记录。

（5）两个表如果建立了关联关系，表中的记录就会有一定的对应关系，而如果在"新建查询"向导对话框中选择"查找不匹配项查询向导"，就可以将两个表之间没有对应的记录找出来。

2．通过设计视图创建查询

用户可以直接在设计视图中创建查询，对于创建好的查询，也可以进入设计视图进行更改。其创建方法如下。

（1）打开数据库，单击"创建"选项卡的"其他"组中的"查询设计"按钮 ，弹出"显示表"对话框，如图 4-2 所示。

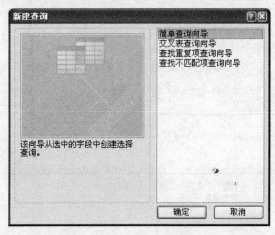

图 4-1　"新建查询"向导对话框

图 4-2　"显示表"对话框

（2）选择查询基于的原始表，单击"添加"按钮，将表添加到"查询"窗口中。单击"显示表"对话框中的"关闭"按钮关闭对话框，进入设计视图状态下的"查询"窗口，如图 4-3 所示。该窗口分为两部分，上半部分显示查询所使用的表对象，下半部分定义查询设计的表格（又称为"设计网格"）。

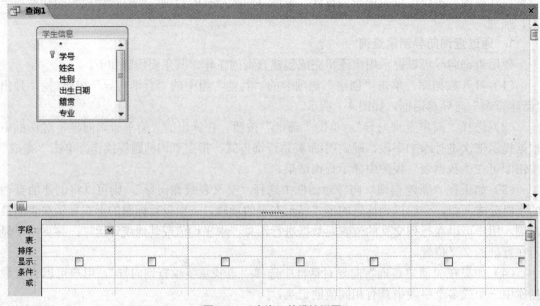

图 4-3 "查询"的设计视图

（3）将表中所需的字段依次拖放到下方"设计网格"的"字段"行中，即可在新建的查询中添加字段。添加字段后，在"设计网格"的"表"行中将自动显示该字段所在的表名，如图 4-4 所示。

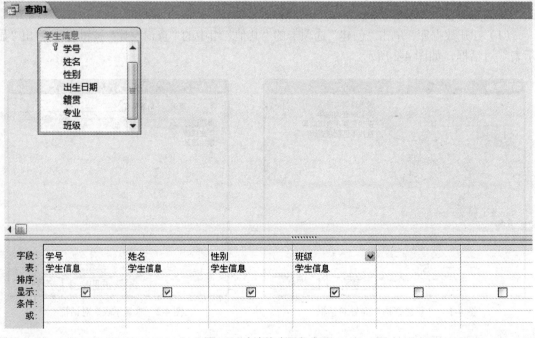

图 4-4 在查询中添加字段

（4）设计完毕，在"查询"窗口的查询名称旁单击鼠标右键，在弹出的快捷菜单中选择"保存"命令，在打开的"另存为"对话框中为查询命名，单击"确定"按钮完成创建。

（5）单击"设计"选项卡的"结果"组中的"运行"按钮，即可浏览查询结果。

4.1.3　编辑查询

创建查询后，如果生成的查询不满足要求，用户还可以根据实际情况对已有的查询进行编辑。通过单击"开始"选项卡的"视图"组中的"视图"按钮，可以返回"设计视图"对查询进行修改。

1．移动与删除字段

在创建好的查询中，如果字段位置需要调整，可以将其移动至合适的位置。只需在查询设计视图中选择要移动的字段列，按住鼠标左键向左右拖动，可看到一条黑色竖线随鼠标移动，释放鼠标后字段即移动到竖线所示的位置。如图 4-5 所示，释放鼠标后将把"性别"字段移动到"姓名"字段之前。

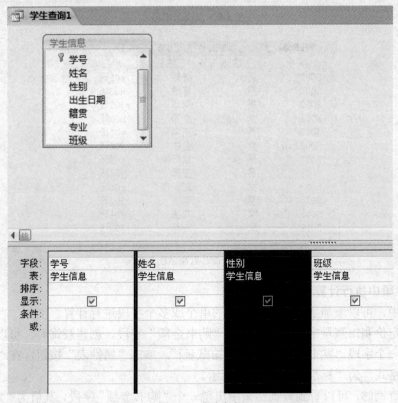

图 4-5　移动字段

如果添加了错误的字段，可以将其删除。只需在查询设计视图中选择要删除的字段列，在其上方的灰色区域单击鼠标右键，在弹出的快捷菜单中选择"剪切"命令即可。

2．重命名字段

Access 允许对创建的查询的字段进行重命名操作，具体步骤为：进入查询设计视图，单击"设计"选项卡的"显示/隐藏"组中的"属性表"按钮 属性表，在打开的"属性表"窗格的"常规"选项卡的"标题"文本框中输入重命名的标题（如图 4-6 所示），将其切换到数据表视图即可查看重命名的字段（如图 4-7 所示）。

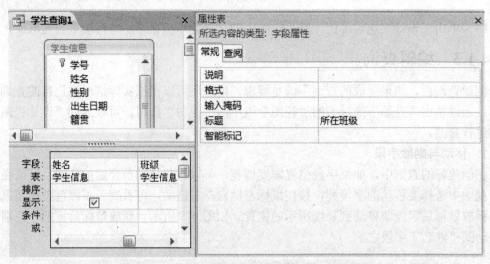

图 4-6 重命名字段

学号	性别	姓名	所在班级
S001	男	孙毅	w01班
S002	男	陈波	h03班
S003	男	张华	j02班
S004	女	李娟	h03班
S005	男	王向东	w01班
S006	女	赵兰	j02班
S007	男	欧阳波	s05班
S008	男	王勇	y04班
S009	女	赵晓燕	s05班
S010	男	李浩	j02班
S011	女	刘洁	w01班
S012	女	刘希	j02班

图 4-7 查看重命名的效果

3. 在字段中执行计算

在查询中，可以添加字段列，对其中的单个或多个字段进行计算。例如，在"图书"表中有图书的定价和馆藏量字段，但并没有"购书金额"字段，创建查询时，可以在查询设计视图中添加一个字段"购书金额: [定价]*[馆藏量]"，单击"属性表"按钮，在"属性表"窗格中设置"格式"为"标准"，如图 4-8 所示。

运行该查询时，可以看到查询结果中出现一个"购书金额"字段，其值为"定价"和"馆藏量"的乘积，如图 4-9 所示。

说明　定义执行计算的字段时，其字段名的设置方式为"新字段名:计算表达式"，对于出现在计算表达式中的字段，必须在其左右加上[ ]，以便区分。

4. 设置查询条件

实际的查询往往需要指定一定条件，使查询结果中仅包含满足查询条件的记录，这种带条件的查询需要通过设置查询条件表达式来实现。

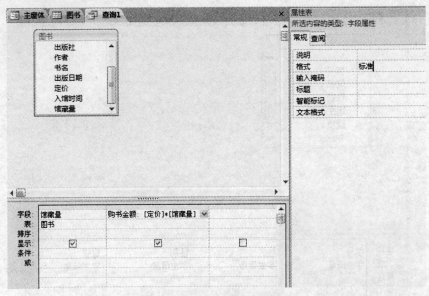

图 4-8　在字段中执行计算

书名	出版日期	定价	馆藏量	购书金额
Java程序设计	2008-08-08	￥45.00	12	540.00
英语阅读听说训练	2008-12-18	￥40.00	11	440.00
AutoCAD机械设计	2008-12-28	￥67.00	5	335.00
应用文写作	2008-03-18	￥34.00	50	1,700.00
大学英语	2008-01-03	￥23.00	32	736.00
托福英语辅导	2008-12-31	￥43.00	11	473.00
软件工程	2008-12-04	￥28.00	33	924.00
大学生体育	2008-09-30	￥35.00	100	3,500.00

图 4-9　查看计算的结果

（1）设置查询条件

在查询设计视图的设计网格中，"条件"行以及"或"行用于设置查询条件。例如，要查询男学生的信息，可以在"性别"字段条件行中输入：="男"，运行查询即可显示所有男学生的信息，如图 4-10 所示。

（2）常用查询操作符及查询条件表达式

● 关系运算符：包括 >、<、>=、<=、=、<>。用关系运算符连接的两个表达式构成关系表达式，结果为一个逻辑值 True 或者 False。

例如，查找成绩大于等于 80 分的学生，在"成绩"字段条件行中输入：>=80。

● 逻辑运算符：包括 And、Or、Not。逻辑运算主要用于对真、假判断，结果为一个逻辑值 True 或者 False。

例如，查找计算机专业的男学生：专业="计算机" And 性别="男"。

字符型数据要用一对单引号或者双引号括起来，与变量名或字段名进行区分。

● Between……And……：用于指定一个字段值的取值范围。

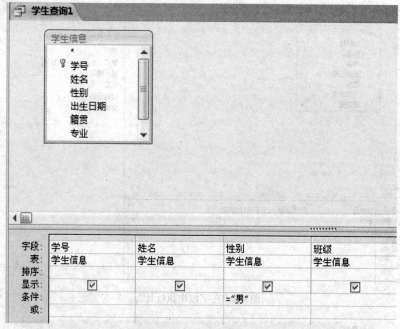

图 4-10 设置查询条件

例如，查找 1992 年出生的学生，在"出生日期"字段条件行中输入：Between #1992-01-01# and #1992-12-31#。

#是日期型数据的定界符，这样系统就不会将该数据认为是文本或其他数据类型。

● In：用于指定一个字段值的列表，列表中的任何一个值都可与查询的字段相匹配。
    例如，查找计算机专业或物理专业的学生，在"专业"字段条件行中输入：In ("计算机 "，"物理")
● Is：指定所在字段中是否包含数据，Is Null 表示查找该字段没有数据的记录，Is Not Null 表示查找该字段有数据的记录。
● Like：查找相匹配的文字，用通配符来设定文字的匹配条件。"？"代表任意一个字 符，"*"代表任意多个字符，"#"代表任意一个数字。
    例如，查找姓"李"的学生，在"姓名"字段条件行中输入：Like "李*"。

5. 使用生成器

Access 提供了"生成器",方便用户创建比较复杂的表达式。

在查询设计视图中,用鼠标右键单击某个字段的"条件"行,在弹出的快捷菜单中选择"生成器"命令(如图 4-11 所示),将弹出"表达式生成器"对话框(如图 4-12 所示)。

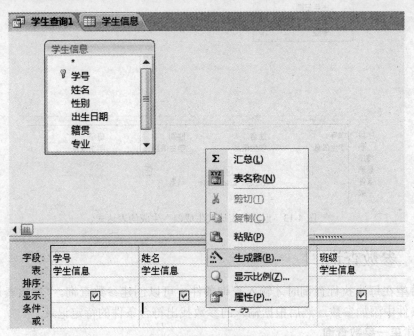

图 4-11　选择"生成器"命令

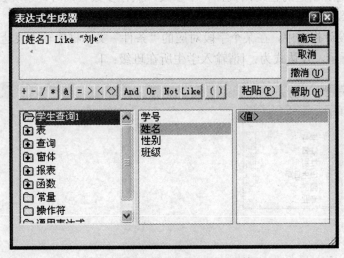

图 4-12　"表达式生成器"对话框

在"表达式生成器"中设置完成表达式后,单击"确定"按钮回到查询设计视图,可以看到刚设置的表达式在该字段的"条件"行中出现,如图 4-13 所示。

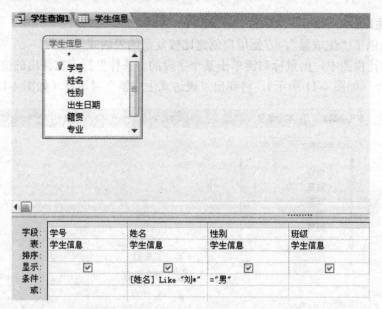

图 4-13　返回"表达式生成器"生成的表达式

4.1.4　参数查询

如果希望在每次执行查询时才输入查询条件，可以创建参数查询。"参数查询"其实是在预设的条件中添加参数，然后根据输入的参数找出符合条件的特定记录。

1. 创建单一参数查询

单一参数查询对创建的查询只设置一个参数，执行参数查询时，系统会显示一个对话框提示用户输入参数的值。其创建步骤如下。

（1）在查询设计视图中，在某个字段对应的"条件"文本框中输入表达式：[查询提示信息]，如图 4-14 所示，表达式为：[请输入学生所在班级：]。

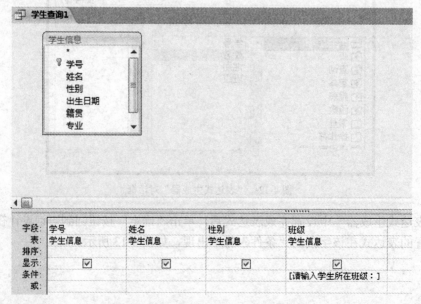

图 4-14　在"条件"文本框中输入表达式

（2）单击"设计"选项卡的"结果"组中的"运行"按钮，在打开的"输入参数值"对话框中可看到提示信息，如图 4-15 所示。

（3）在提示信息下面的文本框中输入查询条件，单击"确定"按钮，在数据表视图中即可看到查询的结果，如图 4-16 所示。

图 4-15　"输入参数值"对话框

图 4-16　参数查询结果

2．创建多参数查询

多参数查询对创建的查询设置多个参数，执行多参数查询时，需要对被设置的多个参数都输入值后才能查询到需要的记录。

创建多参数查询的步骤与创建单一参数查询的步骤基本相同，只是需要分别在多个字段的"条件"文本框中各自输入表达式，如图 4-17 所示为多参数查询的设计视图和运行结果。

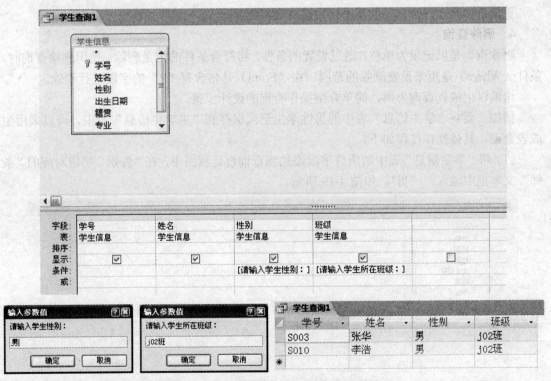

图 4-17　多参数查询的设计视图和运行结果

4.1.5　操作查询

操作查询可以针对数据库的众多记录，进行追加、更新、删除或生成表查询。这些操作查询的相关命令，都放在"设计"选项卡的"查询类型"组中，如图 4-18 所示。

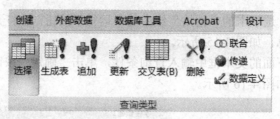

图 4-18　"查询类型"组

操作查询与选择查询最大的不同点在于：执行操作查询时会针对数据库的记录进行改变；而选择查询只是将数据通过设置条件以动态方式显示出来，并不会对数据库的内容进行改变。

1. 生成表查询

生成表查询将查询所得记录，以产生一个新数据表方式添加到当前的数据库，或者是另一个数据库，它是将现有的数据记录复制一份。

2. 追加查询

追加查询是将现有表的记录添加到另一个表，表可以是当前打开的数据库，也可以是另外一个数据库。

使用追加查询时，必须注意两个表之间的字段属性相符，否则会产生错误。

3. 更新查询

更新查询是针对数据表的某个字段进行数据更新。

4. 删除查询

删除查询是以记录为单位，通过设置的条件，将符合条件的记录删除。使用删除查询时，条件（Where）是用来设置删除的范围，由（From）是将含有"＊"的字段进行删除。

这里以生成表查询为例，简单介绍操作查询的设计步骤。

例如，要将"学生信息"表中的男性学生记录保存到"男学生信息"表中，可以采用生成表查询。具体操作过程如下。

（1）将"学生信息"表中的所有字段添加到查询设计视图中，在"性别"字段对应的"条件"文本框中输入：="男"，如图 4-19 所示。

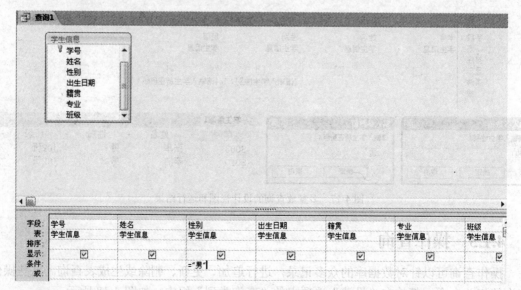

图 4-19　"男学生信息"查询设计视图

（2）在"设计"选项卡的"查询类型"组中单击"生成表"按钮，在打开的"生成表"对话框的"表名称"下拉列表框中输入"男学生信息"，选择生成到当前或另一数据库，单击"确定"按钮，如图 4-20 所示。

图 4-20　"生成表"对话框

（3）在"设计"选项卡的"结果"组中单击"运行"按钮，在打开的提示对话框中单击"是"按钮确认，如图 4-21 所示。

（4）保存创建的查询，打开"男学生信息"表即可查看查询结果。

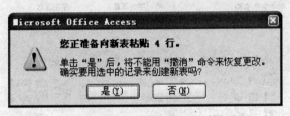

图 4-21　"生成表"提示对话框

4.1.6　SQL 联合查询

1．SQL 语言

SQL 是结构化查询语言（Structured Query Language）的缩写。SQL 包括数据定义、数据查询、数据操纵和数据控制 4 个部分，是一种功能齐全的数据库语言。SQL 命令动词见表 4-1，其中最基本的命令是 SELECT，其作用是从数据表中选择数据。

表 4-1　　　　　　　　　　　　　　　SQL 命令动词

SQL 功能	命 令 动 词
数据定义	CREATE、DROP、ALTER
数据查询	SELECT
数据操纵	INSERT、UPDATE、DELETE
数据控制	GRANT、REVOKE

2．Access 的 SQL 视图

当在查询设计视图中创建查询时，Access 将自动在后台生成等效的 SQL 语句。当查询设计完成后，单击"设计"选项卡的"结果"组中的"视图"按钮下方的 ▼ 按钮，在弹出的下拉菜单中选择"SQL 视图"，就可以在"SQL 视图"中浏览查询对应的 SQL 语句，如图 4-22 所示。

同样地，如果在"SQL 视图"中编写 SQL 语句，并将该查询保存后，单击"设计"选项卡的"结果"组中的"运行"按钮也能进行查询操作，系统将自动切换到数据表视图显示查询结果。

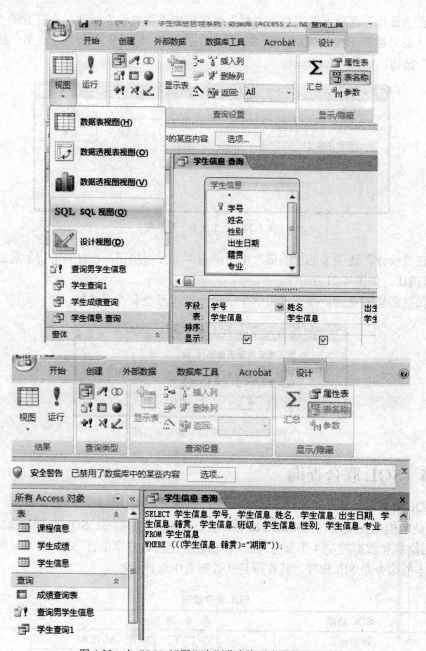

图 4-22 在"SQL 视图"中浏览查询对应的 SQL 语句

3. SELECT 语句

SELECT 查询是数据库的核心操作，其命令格式为：

SELECT   <字段名 1   [AS 别名 1] > [,<字段名 2   [AS 别名 2] >]……

FROM   <表名或视图名列表>

[WHERE   <条件表达式>]

[GROUP   BY   <分组属性名> [HAVING <组选择条件表达式>]]

[ORDER   BY   <排序属性名>] [ASC | DESC]

SELECT 语句的含义是，从指定的表或视图中找出符合条件的记录，按目标列表达式的设定，选出记录中的字段值形成查询结果。

> ● <目标列表达式>：要查询的数据，一般是列名或表达式，AS 短语为字段或表达式指定别名。
> ● FROM 子句：数据来源，即从哪些表、查询、视图中查询。
> ● WHERE 子句：查询条件，即选择满足条件的记录。
> ● GROUP BY 子句：对查询结果进行分组。
> ● HAVING 子句：限定分组的条件，必须在 GROUP BY 子句后用。
> ● ORDER BY 子句：对查询结果进行排序，ASC 表示升序，DESC 表示降序。
> ● 在 Access 中，SQL 语句中的英文不区分大小写。

4. SQL 联合查询

Access 提供了 3 种 SQL 查询：联合、传递和数据定义，这里介绍"联合查询"。联合查询使用 UNION 语句来合并两个或更多个相似的查询结果，其语法格式为：

SELECT 语句1 UNION SELECT 语句2

在联合查询中，用户可以依据需求联合多个查询，这要求所有的查询必须具有相同的输出字段数、采用相同的顺序并包含相同或兼容的数据类型。在运行联合查询时，来自每个查询相应字段中的数据将合并到一个输出字段中。

例如，在"教师信息"表和"学生信息"表中查找男教师和男学生的职工号或学号、姓名、性别，SQL 联合查询语句及运行该语句后的查询结果如图 4-23 所示。

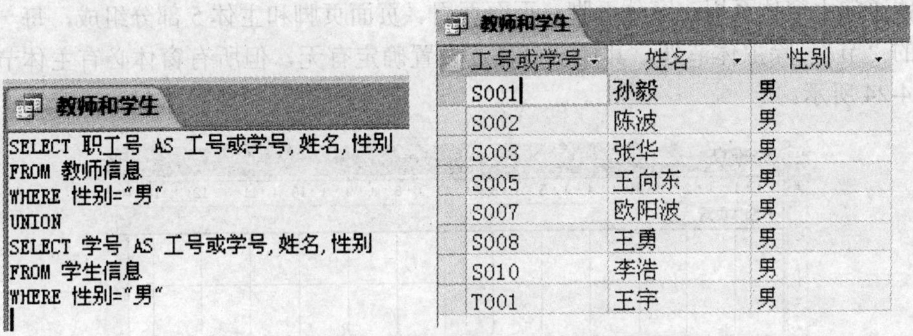

图 4-23 SQL 联合查询语句与查询结果

4.2 窗体的创建与使用

在 Access 数据库中，窗体是一种主要用于输入和显示数据的数据库对象。开发人员用窗体作为容器，以控件为工具，不仅可以设计出适合用户操作的界面，还可以通过使用宏或 VBA 为在窗体或控件上发生的事件添加自定义的事件响应，从而实现业务的逻辑流程处理。

4.2.1 窗体概述

1. 窗体的作用

窗体的主要作用是管理数据库中的数据，通过窗体用户可以方便地对数据库中的数据进行浏览、添加、查找、修改等操作，也可以在窗体中设计如命令按钮等控件，通过响应控件的事件实现更多功能。

2. 窗体的视图

为了能够以各种不同的角度与层面来查看窗体的数据源，Access 为窗体提供了多种视图，不同视图的窗体以不同的形式来显示数据源。

- 设计视图：窗体的设计视图可以编辑窗体中需要显示的任何元素，包括需要显示的文本及其样式、控件的添加和删除及图片的插入等；还可以编辑窗体的页眉和页脚，以及页面的页眉和页脚等；此外还可以绑定数据源和控件。窗体的创建和修改一般都在设计视图中进行。

- 窗体视图：窗体视图是完成窗体设计后的效果图，如果要查看当前数据库中的某个窗体，可以在导航窗格的窗体列表中双击窗体对象，即可打开它的窗体视图。

- 布局视图：布局视图是用于修改窗体的最直观的视图，可用于设置控件的属性以及调整控件的大小。在布局视图中，窗体实际正在运行，因此，用户看到的数据与它们在窗体视图中的显示外观非常相似。

- 数据表视图：窗体的数据表视图和普通表的数据表视图几乎完全相同，窗体的数据表视图采用行、列的二维表格方式显示数据表中的数据记录。

- 数据透视表视图：窗体的数据透视表视图通过指定视图的行字段、列字段和汇总字段来形成新的显示数据记录，方便进行数据的分析和汇总。

- 数据透视图视图：窗体的数据透视图视图以更直观的图形方式来显示数据。

3. 窗体的构成

窗体通常由窗体页眉、窗体页脚、页面页眉、页面页脚和主体 5 部分组成，每一部分称为窗体的"节"，除主体节外，其他节可通过设置确定有无，但所有窗体必有主体节，其结构如图 4-24 所示。

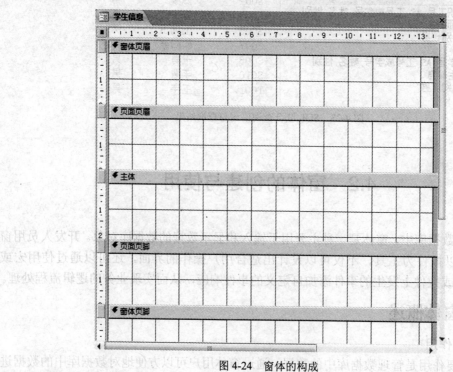

图 4-24　窗体的构成

窗体页眉：位于窗体的顶部位置，一般用于显示窗体标题、窗体使用说明或放置窗体任务按钮等。

页面页眉：只显示在应用于打印的窗体上，用于设置窗体在打印时的页头信息，例如，标题、图像、列标题、用户要在每一打印页上方显示的内容。

主体：是窗体的主要部分，绝大多数的控件及信息都出现在主体节中，通常用来显示记录数据，是数据库系统数据处理的主要工作界面。

页面页脚：用于设置窗体在打印时的页脚信息，例如，日期、页码、用户要在每一打印页下方显示的内容。

窗体页脚：功能与窗体页眉基本相同，位于窗体底部，一般用于显示对记录的操作说明、设置命令按钮。

需要说明的是，窗体在结构上由以上 5 部分组成，在设计时主要使用标签、文本框、组合框、列表框、命令按钮、复选框、切换与选项按钮、选项卡、图像等控件对象，以设计出面向不同应用与功能的窗体。

4.2.2　创建窗体

在 Access 2007 中，创建窗体的方法有使用向导创建和使用设计视图创建两种。

1. 使用向导创建窗体

（1）创建基于单表的窗体

基于单表的窗体即窗体中的数据来源于一张表。

使用向导创建基于单表的窗体的具体步骤如下。

● 打开数据库，选择某个数据表。

● 单击"创建"选项卡的"窗体"组的"其他窗体"按钮，在弹出的下拉菜单中选择"窗体向导"选项，如图 4-25 所示。

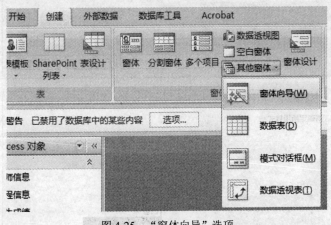

图 4-25　"窗体向导"选项

● 在打开的"窗体向导"对话框的"表/查询"下拉列表中选择作为窗体数据源的表或查询的名称。

● 在"可用字段"列表框中选择需要在新建窗体中显示的字段。使用">"按钮逐个添加或使用">>"按钮全部添加到"选定字段"列表框。使用"<"按钮或"<<"按钮将选定字段还原到"可用字段"列表框，如图 4-26 所示。

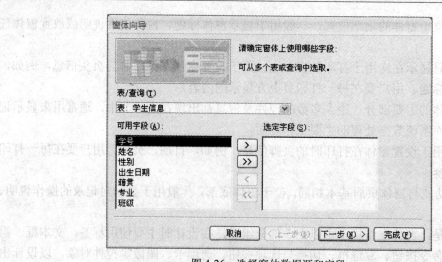

图 4-26　选择窗体数据源和字段

- 单击"下一步"按钮，选择窗体的布局格式和样式，如图 4-27 所示。
- 单击"下一步"按钮，为窗体指定标题。

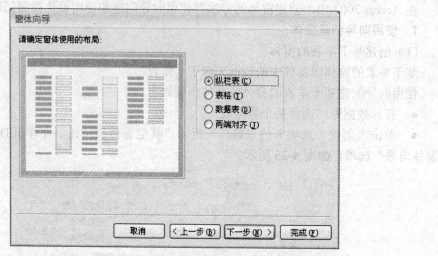

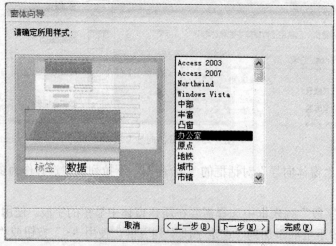

图 4-27　选择窗体的布局和样式

● 单击"完成"按钮，保存窗体，完成窗体的创建，如图 4-28 所示。

以"窗体向导"产生的窗体，会自动进入"窗体视图"模式。

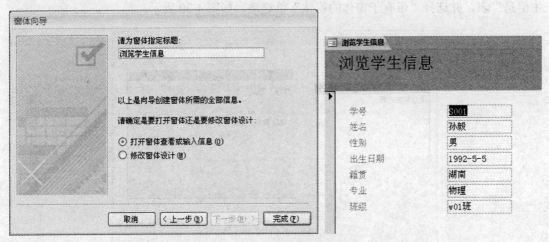

图 4-28   指定窗体标题并浏览窗体

（2）创建基于多表的窗体

有时需要创建基于多表的窗体，即创建的窗体中的数据来源于多张表（比如要查看学生的基本信息以及学生的选课成绩，数据来自于"学生信息"和"学生成绩"两个表），则在创建窗体之前，要确保主表与子表之间建立了"一对多"的关系。

使用向导创建基于多表的窗体的具体步骤如下。

● 打开数据库，选择某个数据表。

● 单击"创建"选项卡的"窗体"组的"其他窗体"按钮，在弹出的下拉菜单中选择"窗体向导"选项。

● 在打开的"窗体向导"对话框的"表/查询"下拉列表中选择作为窗体数据源的第一个表或查询的名称（例如"表：学生信息"），选择可用字段；再打开"表/查询"下拉列表中选择作为窗体数据源的第二个表或查询的名称（例如"表：学生成绩"），同样选择可用字段，如图 4-29 所示。

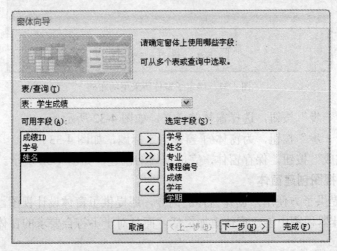

图 4-29   选择窗体的多个数据源和字段

● 单击"下一步"按钮，确定窗体查看数据的方式。由于"学生信息"表和"学生成绩"表之间具有一对多关系，"学生信息"表位于一对多关系中的"一"方，所以应选择"学生信息"表，并选择"带有子窗体的窗体"单选项，如图 4-30 所示。

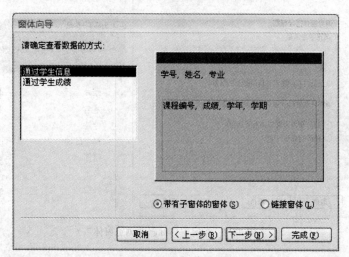

图 4-30　确定查看数据方式

● 单击"下一步"按钮，要求确定子窗体所采用的布局。有两个可选项："表格"和"数据表"，选中其中一项，如图 4-31 所示。

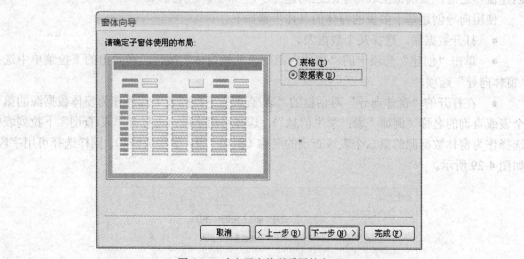

图 4-31　确定子窗体所采用的布局

● 单击"下一步"按钮，选择窗体的样式，如图 4-32 所示。
● 单击"下一步"按钮，为窗体/子窗体指定标题，如图 4-33 所示。
● 单击"完成"按钮，保存窗体，完成窗体的创建，如图 4-34 所示。

2. 使用设计视图创建窗体

Access 不仅提供了方便用户创建窗体的向导，还提供了窗体设计视图。与使用向导创建窗体相比，在设计器视图中创建窗体更加灵活。而且对于不符合要求的窗体，还可以在设计视图中进行修改。

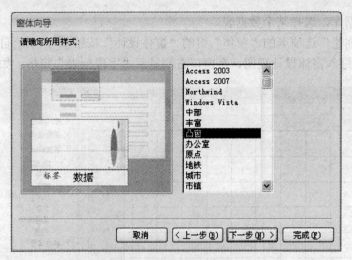

图 4-32　选择窗体的样式

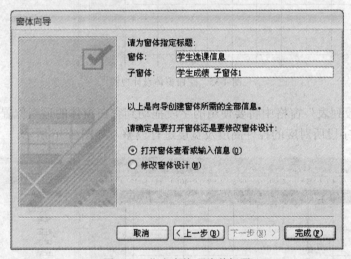

图 4-33　指定窗体/子窗体标题

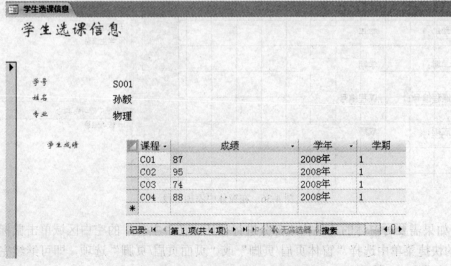

图 4-34　浏览基于多表的窗体

- 打开数据库，选择某个数据表。
- 单击"创建"选项卡的"窗体"组的"窗体设计"按钮 📄，系统自动创建出没有任何内容的窗体并进入窗体设计视图，在窗口右侧显示"字段列表"窗格，如图 4-35 所示。

图 4-35　空白窗体设计视图

- 在"字段列表"窗格中将要使用的字段拖动到空白窗体的适当位置，即可在窗体中添加该字段，对字段所对应的控件高度及宽度进行调整，如图 4-36 所示。

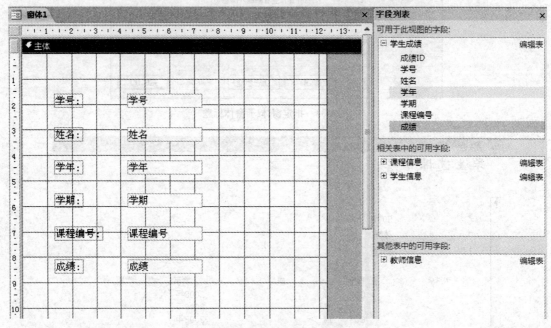

图 4-36　在窗体中添加字段

- 如果需要对窗体的其他构成部分进行设计，在"主体"的空白区域单击鼠标右键，在弹出的快捷菜单中选择"窗体页眉/页脚"或"页面页眉/页脚"选项，即可继续完善窗体的创建，如图 4-37 所示。

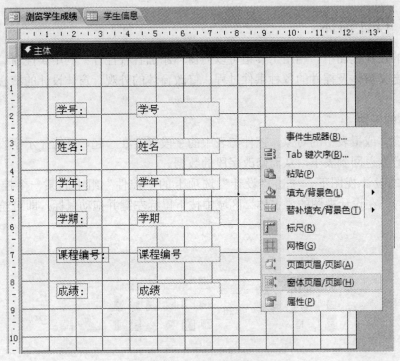

图 4-37　增加窗体组成部分

● 单击"设计"选项卡的"视图"组的"视图"按钮，选择"窗体视图"，查看创建的窗体的效果，如图 4-38 所示。

● 单击"保存"按钮，在弹出的"另存为"对话框中为窗体命名，单击"确定"按钮完成窗体的创建，如图 4-39 所示。

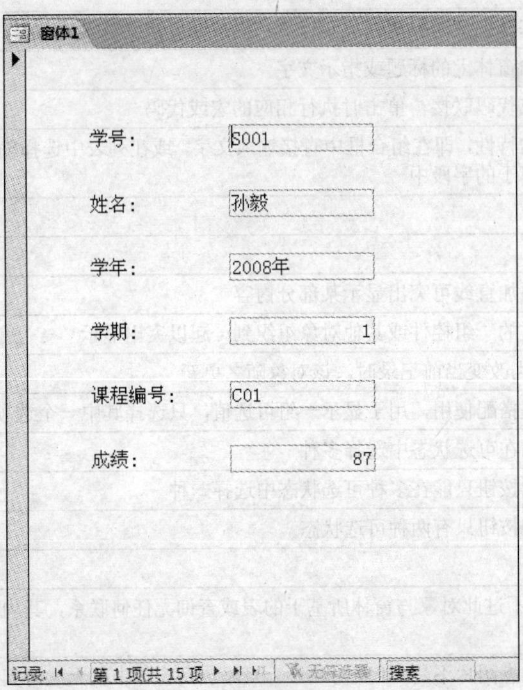

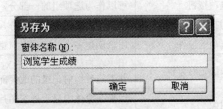

图 4-38　浏览窗体

图 4-39　保存窗体

89

4.2.3 设计窗体

在窗体的设计视图中，利用工具箱可以向窗体添加各种控件；利用属性窗口可以设置控件的属性、定义窗体及控件的各种事件过程、修改窗体的外观。窗体设计的核心即是对控件的设计。

1. 窗体的控件

控件是窗体或报表中的对象。控件与表中的字段绑定在一起，既能显示字段数据，又能将控件中的数据返回到表中，从而修改字段的数据。

在窗体的设计视图下，单击"设计"选项卡的"控件"组中的某一个控件按钮（如图 4-40 所示），在设计视图的"主体"区域中按下鼠标左键并拖动鼠标，即可绘制一个控件对象。

图 4-40 "控件"组

Access 提供了很多控件，最常用的有标签、文本框、命令按钮、组合框、列表框和选项组，各控件功能见表 4-2。

表 4-2   常用窗体控件及其功能描述

控件名称	功 能
文本框	用来显示、输入或编辑窗体的基础记录源数据，显示计算结果，或者接受输入的数据
标签	用来显示说明性文本的控件，如窗体上的标题或指示文字
按钮	用来完成各种操作，一般与宏或代码联接，单击时执行相应的宏或代码
组合框	该控件结合了文本框和列表框的特性，即在组合框中直接输入文字，或在列表中选择输入项，然后将所做选择添加到所基于的字段中
列表框	显示可滚动的选项列表
子窗体/子报表	用来显示来自多表的数据
直线	用来向窗体中添加直线，通过添加直线可突出显示某部分内容
矩形	用于向窗体中添加矩形，将相关的一组控件或其他对象组织到一起以突出显示
绑定对象框	用来在窗体中显示 OLE 对象，当改变当前记录时，该对象随之更新
选项组	与复选框、选项按钮或切换按钮搭配使用，用于显示一组可选值，只选择其中一个选项
复选框	可以作为选项组的一部分，可以在可选状态中选择多种
选项按钮	可以作为选项组的一部分，选项按钮只能在多种可选状态中选择一种
切换按钮	可以作为选项组的一部分，切换按钮只有两种可选状态
选项卡控件	用来创建多页的选项卡对话框
未绑定对象框	用来在窗体中显示 OLE 对象，不过此对象与窗体所基于的表或查询无任何联系，其内容并不随着当前记录的改变而改变
图像	用来在窗体中显示静态图片。静态图片不是 OLE 对象，一旦添加到窗体中就无法对其进行编辑

续表

控 件 名 称	功　　　能
插入/删除分页符	通过插入分页符控件，在打印窗体上开始一个新页
标题	本身是"标签"，会自动添加在"窗体页眉"节中
插入页码	可以在窗体中显示页码
日期和时间	可以在窗体中显示日期和时间
使用控件向导	用来启动或关闭控件向导，控件向导能够协助用户进行设置
选择控件	当选择控件显示为被选择状态时，表示可用来选择窗体中的控件；如果选择其他控件时，选择控件才会显示弹起状态
插入 AetiveX 控件	用于向窗体中添加 AetiveX 控件

2．对象的属性

在 Access 中，通过对对象属性的设置，可以改变对象的外观、结构和行为等。由于对象不同，其相应的属性也会有差异。在窗体的设计视图中，对象属性的设置一般包括控件属性和窗体属性两部分。

（1）控件的属性

在窗体设计视图中，每当使用"设计"选项卡的"控件"组向窗体添加某个控件后，可随时设置该控件的属性。通常采用以下两种方式打开控件的"属性表"窗格。

● 鼠标右键单击该控件，在弹出的快捷菜单中，选择"属性"选项，即可在窗口右侧显示"属性表"窗格，如图 4-41 所示。

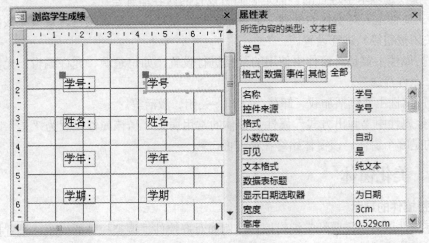

图 4-41　"属性表"窗格

● 选中某个控件，单击"设计"选项卡的"工具"组中的"属性表"按钮，即可在窗口右侧显示"属性表"窗格。

控件属性分为格式属性、数据属性、事件属性和其他属性。

● 格式属性主要包括控件的标题、高度、宽度、边距、字体格式和背景样式等的设置。

● 数据属性主要是对控件的数据来源、格式、输入掩码、默认值、有效性规则、可用性以及是否锁定等进行设置。

● 事件属性是为某个控件定义动作。对控件设置事件属性的方法是：在"属性表"窗格的"事件"选项卡中，单击某一个事件的文本框右侧的 按钮，在弹出的"选择生成器"

对话框中选择"代码生成器"选项，单击"确定"按钮，即可在打开的 Visual Basic 编辑器的代码窗口中编写相应的事件代码，如图 4-42 所示。

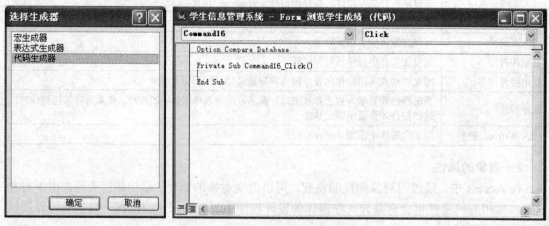

图 4-42　编写控件的事件代码

- 其他属性可以对控件的附加特征（如控件的名称、自动更正、控件提示文本等）进行设置。

（2）窗体的属性

窗体的属性和控件的属性一样，也是在"属性表"窗格的"格式"、"数据"、"事件"、"其他"和"全部"选项卡中进行的，但是它们所设置的内容却有差异。

- 格式属性主要对窗体的外观（如背景图片、滚动条、导航按钮、最大化按钮、最小化按钮、关闭按钮等）进行设置。

- 数据属性主要是对窗体中使用的数据进行设置，如记录源、允许编辑、允许添加、允许删除、允许筛选等。

- 事件属性主要包括加载、卸载、打开、关闭、激活等。

- 其他属性中"弹出方式"属性是窗体的常用属性，当该属性设置为"是"时，无论当前操作的是哪个窗体，该窗体始终在最前面。

4.2.4　美化窗体

1. 调整控件的显示

创建完控件以后，需要经常编辑控件。例如对齐控件、调整控件的间距、设置控件背景色以及设置控件属性等。

（1）选择多个控件

要选择多个控件，首先按下 Shift 键，然后依次单击所要选择的控件。

在选择多个控件时，如果已经选择了某控件后又想取消选择此控件，只要在按住 Shift 键的同时再次单击该控件即可。

（2）对齐控件

首先选择要对齐的控件，然后单击"排列"选项卡的"控件对齐方式"组中的"靠左"、"靠右"、"靠上"、"靠下"或"对齐网格"按钮，如图 4-43 所示。

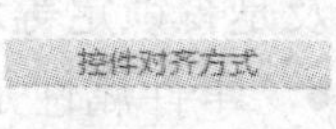

图 4-43　控件对齐方式

如果选定的控件在对齐之后可能重叠，Access 会将这些控件的边相邻排列。

（3）调整控件大小

单击要调整大小的一个控件或多个控件，通过下列 3 种方式可以调整控件的大小，如图 4-44 所示。

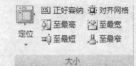

图 4-44 调整控件大小

- 鼠标拖动控制句柄，直到控件大小调整合适时松开鼠标。

- 鼠标右键单击所选择的某个控件，在快捷菜单中选择"属性"命令，在窗口右侧的"属性表"窗格中单击"格式"选项卡，分别在"宽度"和"高度"文本框中输入控件的宽度和高度。

- 单击"排列"选项卡的"大小"组中的"正好容纳"、"至最高"、"至最短"、"至最宽"、"至最窄"按钮。其中，"正好容纳"将根据控件内容确定控件的宽度和高度。

（4）修改控件间隔和层次

选中要调整的控件，单击"排列"选项卡的"位置"组中的"置于顶层"和"置于底层"按钮，可以改变控件的层次关系，如图 4-45 所示。

图 4-45 调整控件位置

选中要调整的控件，单击"排列"选项卡的"位置"组中的"使水平/垂直间距相等"、"增加水平/垂直间距"、"减少水平/垂直间距"按钮，可以调整控件的间隔，如图 4-45 所示。

2. 自动套用格式

Access 为窗体提供了许多可套用的格式，用户可以根据需要选择，从而使窗体的外观设计更加美观、方便、快捷。

在窗体的设计视图中，单击"排列"选项卡的"自动套用格式"组中的"自动套用格式"按钮，在弹出的下拉菜单中选择某种窗体格式（如图 4-46 所示），单击"设计"选项卡的"视图"按钮切换到"窗体视图"，即可查看套用格式后的窗体效果。

图 4-46 自动套用格式

4.3 报表的创建与打印

通过窗体可以获取数据内容，而使用报表则能输出数据内容。

4.3.1 报表概述

1. 报表的作用

报表的主要作用就是从数据库中获取相关数据，再把这些数据打印出来，其数据源可能是来自数据表或查询。报表既可以输出到屏幕上，也可以传送到打印设备。

2. 报表的视图

报表包含设计视图、布局视图、打印预览视图和报表视图 4 种视图。

- 设计视图：通过设计视图可以创建报表，也可以更改已有报表的结构。
- 布局视图：通过布局视图可以调整控件的位置、大小并添加分组级别和汇总等。此外，在布局视图中还可以添加新的字段、设置报表和控件的属性。
- 打印预览视图：通过打印预览视图可以查看报表上每一页的数据，也可以查看报表的整个页面设置。
- 报表视图：报表设计完成后，可切换到报表视图查看记录，也可以打印出报表视图。此外，在该视图中还可以直接对报表应用筛选器，筛选出符合条件的数据。

3. 报表的构成

报表结构如图 4-47 所示，通常由以下几部分构成。

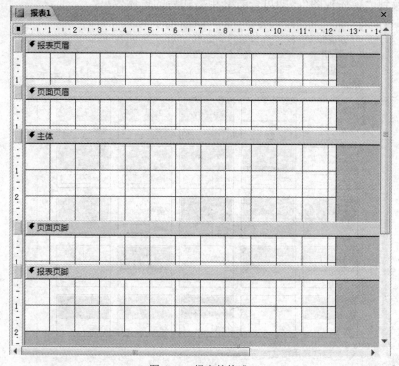

图 4-47 报表的构成

● 报表页眉：以大的字体将该份报表的标题放在报表顶端，只有报表的第一页才出现报表页眉内容。

● 页面页眉：页面页眉中的文字或字段，通常会打印在每页的顶端。

● 主体：用于处理每一条记录，其中的每个值都要被打印。主体区段是报表内容的主体区域，通常含有计算的字段。

● 页面页脚：页面页脚通常包含页码或控件。

● 报表页脚：用于打印报表末端，通常使用它显示整个报表的计算汇总等。

除了以上通用部分之外，在分组和排序时，有可能需要"组页眉"和"组页脚"节。可单击"设计"选项卡的"分组和汇总"组的"分组和排序"按钮，选定分组字段后，设置"有页眉节"和"有页脚节"，在设计视图上即会出现相应的组页眉和组页脚。

4.3.2　创建报表

1．使用"基本报表"方式创建报表

打开数据库，选择某个数据表后，单击"创建"选项卡的"报表"组中的"报表"按钮，可以打开报表的布局视图，显示该数据表的报表布局，如图 4-48 所示。单击"格式"选项卡的"视图"组中的"视图"按钮，切换到"报表视图"中查看创建的报表数据。

学号	姓名	性别	出生日期	籍贯	专业	班级
S001	孙毅	男	1992-5-5	湖南	物理	w01班
S002	陈波	男	1991-6-10	湖南	化学	h03班
S003	张华	男	1994-9-18	广东	计算机	j02班
S004	李娟	女	1992-3-15	浙江	化学	h03班
S005	王向东	男	1988-10-21	河北	物理	w01班
S006	赵兰	女	1992-1-12	湖南	计算机	j02班
S007	欧阳波	男	1990-7-18	广东	设计	s05班
S008	王勇	男	1989-5-10	湖南	艺术	y04班
S009	赵晓燕	女	1993-3-4	湖南	设计	s05班
S010	李洁	男	1990-9-21	四川	计算机	j02班
S011	刘洁	女	1992-3-17	湖北	物理	w01班
S012	刘希	女	1989-8-7	四川	计算机	j02班

图 4-48　学生信息报表布局

这是最简单的创建报表的方式，它不需要用户做任何操作，可以直接在现有数据表或查询的基础上生成报表，但是这种报表不能提供用户所需的报表布局和样式，采用以下的"报表向导"则可以解决这个缺陷。

2. 使用向导创建报表

使用向导创建报表的具体步骤如下。

● 打开数据库选择某个数据表，单击"创建"选项卡的"报表"组的"报表向导"按钮 报表向导。

● 在打开的"报表向导"对话框中按步骤依次完成添加数据源的字段、设置分组、设置排序、确定布局方式、确定报表样式、指定报表标题等操作，如图 4-49 所示。

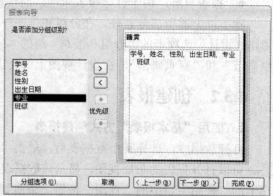
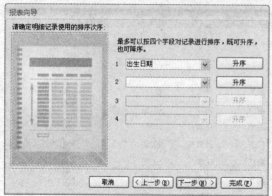
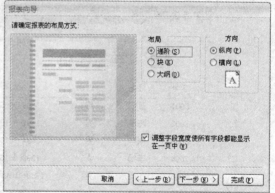
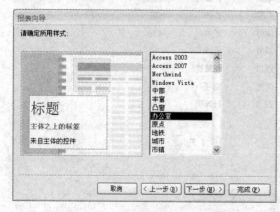
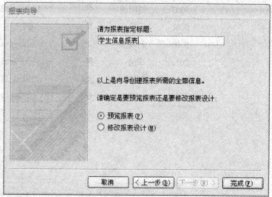

图 4-49　使用向导创建报表

● 单击"完成"按钮，保存报表，完成报表的创建，如图 4-50 所示。

3. 使用设计视图创建报表

可以用设计视图创建符合用户要求的复杂报表，其操作步骤如下。

籍贯	出生日期	学号	姓名	性别	专业	班级
广东						
	1990-7-18	S007	欧阳波	男	设计	s05班
	1994-9-18	S003	张华	男	计算机	j02班
河北						
	1988-10-21	S005	王向东	男	物理	w01班
湖北						
	1992-3-17	S011	刘洁	女	物理	w01班
湖南						
	1989-5-10	S008	王勇	男	艺术	y04班
	1991-6-10	S002	陈波	男	化学	h03班
	1992-1-12	S006	赵兰	女	计算机	j02班
	1992-5-5	S001	孙毅	男	物理	w01班
	1993-3-4	S009	赵晓燕	女	设计	s05班
四川						
	1989-8-7	S012	刘希	女	计算机	j02班
	1990-9-21	S010	李浩	男	计算机	j02班

图 4-50　完成后的报表

● 打开数据库选择某个数据表，单击"创建"选项卡的"报表"组的"报表设计"按钮，系统自动创建出没有任何内容的报表并进入报表设计视图，在窗口右侧显示"字段列表"窗格。

● 在"字段列表"窗格中将要使用的字段拖动到空白报表的适当位置，也可以将"设计"选项卡的"控件"组中的所需控件添加进报表中，并在报表中对控件的高度及宽度进行调整。

● 在报表"主体"的空白区域单击鼠标右键，在弹出的快捷菜单中选择"报表页眉/页脚"或"页面页眉/页脚"选项，可以在报表的其他组成部分中完善报表的创建。

● 单击"保存"按钮，在弹出的"另存为"对话框中为报表命名，单击"确定"按钮完成报表的创建，切换到"报表视图"可以浏览报表的最终效果。

4.3.3　编辑报表

1. 为报表添加日期和页码

（1）添加日期和时间

在某个报表的设计视图中，如果要添加日期和时间，可以单击"日期和时间"控件按钮，在弹出的"日期和时间"对话框中（如图 4-51 所示）设定日期和时间的格式，单击"确定"按钮，则可看到日期和时间控件默认出现在"报表页眉"节中，如图 4-52 所示。

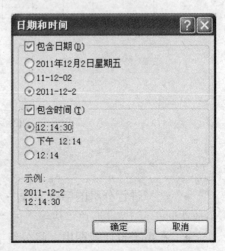

图 4-51　"日期和时间"对话框

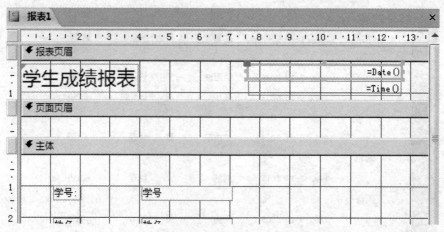

图 4-52　日期和时间控件

（2）添加页码

在某个报表的设计视图中，如果要添加页码，可以单击"页码"控件按钮，在弹出的"页码"对话框中（如图4-53所示）设定页码的格式和位置，单击"确定"按钮，则可看到页码控件出现在视图中，如图4-54所示。

2．为报表设置分组、排序与分类汇总

分组是指按某个字段值进行归类，将字段值相同的记录分在同一组之中；排序是指按某个字段值将记录排序。其操作步骤如下。

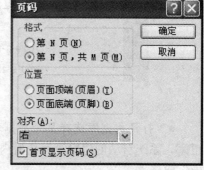

图 4-53　"页码"对话框

● 在报表的设计视图中，单击"设计"选项卡的"分组和汇总"组的"分组和排序"按钮（分组和排序），在窗口下方的"分组、排序和汇总"区域单击"添加组"按钮，如图4-55所示。

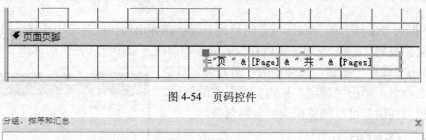

图 4-54　页码控件

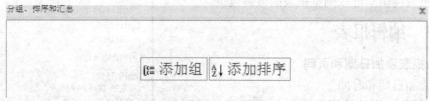

图 4-55　添加组

● 选择进行分组的字段和排序方式，单击"更多"按钮，选择"有页脚节"、"将整个组放在同一页上"、汇总"成绩"的"平均值"、显示在"组页脚中"，如图4-56所示。

● 在报表设计视图中，将分组字段的控件拖放至组页眉中，即可切换到"报表视图"浏览报表的分组效果，如图4-57所示。

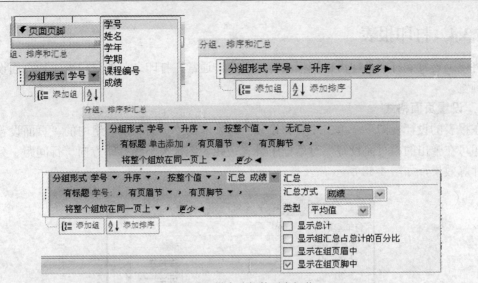

图 4-56 设定分组的更多细节

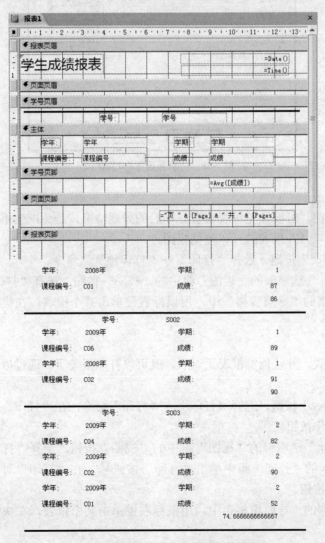

图 4-57 分组后的报表视图及浏览结果

4.3.4 打印报表

将电脑连接到打印机便可以把报表打印出来，通常在打印之前要对报表进行页面设置和打印预览。

1. 设置页面格式

在报表的设计视图下，单击"页面设置"选项卡的"页面布局"组中的"页面设置"按钮，即可在弹出的"页面设置"对话框中设置边距、纸张大小、打印方向、行间距、列数、列尺寸等效果，如图 4-58 所示。

图 4-58 "页面设置"对话框

2. 预览报表

在打印报表之前，可以预览报表查看打印后的外观情况，避免产生不必要的错误。通过以下几种方法均可以打开报表的打印预览视图。

- 单击"Office"按钮，选择"打印"→"打印预览"命令。
- 单击"设计"选项卡的"视图"组中的"视图"按钮，选择"打印预览"视图。
- 在窗口左侧的"导航窗格"中，用鼠标右键单击某个报表，在快捷菜单中选择"打印预览"命令。

3. 打印报表

设置好页面格式，并且预览报表无误后，就可以打印报表了。通过以下几种方法均可以打印报表。

- 单击"Office"按钮，选择"打印"→"打印"命令，在"打印"对话框中设置打印参数后单击"确定"按钮。
- 单击"设计"选项卡的"视图"组中的"视图"按钮，选择"打印预览"视图，在"打印预览"选项卡的"打印"组中单击"打印"按钮，在"打印"对话框中设置打印参数后单击"确定"按钮。
- 在窗口左侧的"导航窗格"中，用鼠标右键单击某个报表，在快捷菜单中选择"打印"命令。

小　　结

　　本章第一部分主要介绍 Access 2007 查询的创建和编辑、参数查询、操作查询以及 SQL
查询。第二部分主要介绍 Access 2007 窗体的构成；使用窗体向导创建基于单表或多表的窗
体，使用窗体设计视图创建或修改窗体；在窗体中常用控件的功能以及控件属性的设置；通
过对齐控件、调整控件的间距、设置控件大小、窗体自动套用格式等对窗体进一步美化。第
三部分主要介绍 Access 2007 报表的构成；使用报表向导创建报表或在报表设计视图中创建、
修改报表；在报表中添加日期、时间或页码，为报表设置分组、排序和分类汇总；预览和打
印报表。

第二部分
多媒体技术

第 5 章
多媒体技术概论

信息交流是人类生活必不可少的一个重要环节。科学技术的飞速发展使信息交流方式产生了日新月异的变化，其中多媒体技术被认为是继造纸术、印刷术、电报电话、广播电视、计算机之后，人类处理信息手段的又一大飞跃，是计算机技术的一次革命。多媒体技术已广泛应用到通信、工业、军事、教育、音乐、美术、建筑、医疗等领域，为这些领域的研究和发展带来了勃勃生机，并改变着人们的学习、工作、娱乐等生活方式。

5.1 多媒体技术的基本概念

5.1.1 多媒体的相关概念

1. 信息与媒体

信息是人们头脑中对现实世界中客观事物以及事物之间联系的抽象反映，它向我们提供了关于现实世界实际存在的事物和联系的有用知识。

媒体是信息表示和传输的载体。在计算机领域中，媒体有两种含义：一是指存储信息的实体，如磁盘、光盘、半导体存储器等，一般称为媒质；二是指信息的载体，如数字、文本、声音、图形、图像等，一般称为媒介。多媒体计算机技术中的媒体指的是后者。

2. 媒体的分类

国际电信联盟（ITU）曾对媒体进行如下划分。

① 感觉媒体（Perception Medium）。直接作用于人的感官，令人直接产生感觉（视、听、嗅、味、触）的媒体称为感觉媒体，如语言、音响、音乐、文字、图形、动画、活动影像等。

② 表示媒体（Presentation Medium）。为了对感觉媒体进行有效的加工、处理和传输，而人为研究、构造的媒体称为表示媒体，其目的是更有效地将感觉媒体从一地向另一地传送，便于加工和处理。表示媒体包括各种编码方式，如语言编码、文本编码以及静止和运动图像编码等。

③ 显示媒体（Display Medium）。显示媒体是指显示感觉媒体的物理设备，即把进出主设备（如电脑）的数据信号用人能感知的视听信号显示出来的器材。显示媒体又分为两种，一种是输入显示媒体，如话筒、摄像机、光笔、键盘等；另一种是输出显示媒体，如显示器、扬声器、打印机等。

④ 传输媒体（Transmission Medium）。传输媒体是指将媒体从一处传输到另一处的物理载体，如同轴电缆、光纤、双绞线以及电磁波等。

⑤ 存储媒体（Storage Medium）。用于存储表示媒体，即存放感觉媒体数字化后的代码的媒体称为存储媒体，如磁盘、光盘、磁带、纸张等。

3. 常见的感觉类媒体

在多媒体技术中所说的媒体一般指感觉媒体，感觉媒体通常分为 3 种。

（1）视觉类媒体

视觉是人类感知信息最重要的途径，人类从外部世界获取的信息的 70%是通过视觉获得的。视觉类媒体包括图像、图形、符号、视频、动画等。

① 图像，即位图图像。人们将所观察到的景物按行列方式进行数字化，将图像的每一点都化为一个数值表示，所有这些值就组成了位图图像。位图图像是所有视觉表示方法的基础。

② 图形。图形是图像的抽象，它反映了图像上的关键特征，如点、线、面等。图形的表示不是直接描述图像的每一点，而是描述产生这些点的过程和方法，即用矢量来表示，如用两个点表示一条直线，只要记录两个点的位置，就能画出这条直线。

③ 符号。由于符号是人类创造出来表示某种含义的，所以是比图形更高一级的抽象，符号包括文字和文本。人们只有具有特定的知识，才能解释特定的符号，才能解释特定的文本（例如语言）。在计算机中，符号的表示是用特定值来实现的，如 ASCII 码、中文国标码等。

④ 视频。又称动态图像，是一组图像按照时间顺序的连续表现，视频的表示与图像序列、时间有关。

⑤ 动画。动画也是动态图像的一种。与视频不同的是，动画采用的是计算机产生出来或人工绘制的图像或图形，而不像视频采用的是直接采集的真实图像。动画包括二维动画、三维动画、真实感三维动画等多种形式。

（2）听觉类媒体

人类从外部世界获取的信息的 20%是通过听觉获得的。听觉类媒体包括语音、音乐和音响。

语音是人类为表达思想通过发音器官发出的声音，是人类语言的物理形式。音乐与语音相比更规范，是符号化了的声音。音响则指自然界除语音和音乐以外的所有声音。

（3）触觉类媒体

触觉类媒体通过直接或间接与人体接触，使人能感觉到对象的位置、大小、方向、方位、质地等性质。计算机可以通过某种装置记录参与者的动作及其他性质，也可以将模拟的自然界的物质通过电子、机械的装置表现出来。

4. 多媒体、多媒体技术与多媒体计算机

2001 年，国际电信联盟对多媒体含义的描述为：使用计算机交互式综合技术和数字通信网络技术处理多种表示媒体——文本、图形、图像和声音，使多种信息建立逻辑连接，集成为一个交互式系统。从中可见多媒体不仅指多种媒体，而且包含处理和应用它们，使之融为一体的一整套技术。

多媒体技术（Multimedia Computing Technology）可以定义为：计算机综合处理文本、图形、图像、音频与视频等多种媒体信息，使多种信息建立逻辑连接，集成为一个系统并且具有交互性。因此，"多媒体"与"多媒体技术"是同义词。

多媒体计算机是指具有多媒体处理功能的计算机。

5.1.2　多媒体技术的特点

多媒体技术是一门综合性的高新技术，它是微电子技术、计算机技术、通信技术等相关学科综合发展的产物。多媒体技术的主要特点有：集成性、实时性、交互性、媒体的多样性等。

1. 集成性

多媒体技术的集成性，包含多媒体信息的集成和多媒体设备的集成两个方面。多媒体信息的集成指声音、文字、图形、图像等的集成。多媒体设备的集成指计算机、电视、音响、摄像机、DVD 播放机等设备的集成。这些不同功能、不同种类的设备集成在一起共同完成信息处理工作。

2. 实时性

多媒体技术的实时性又称为动态性，是指在多媒体系统中声音及活动的视频图像是实时的，多媒体系统提供了对这些与时间相关的媒体进行实时处理的能力。

3. 交互性

多媒体技术的交互性是指人可以通过多媒体计算机系统对多媒体信息进行加工、处理并控制多媒体信息的输入、输出和播放。交互性向人们提供了更加有效的控制和使用信息的手段，增加对信息的注意和理解，延长信息的保留时间，使人们获取信息和使用信息的方式由被动变为主动。交互性是多媒体计算机与其他像电视机、激光唱机等家用声像电器有所差别的关键特征。高级交互应用中人们可以完全进入到一个与信息环境一体化的虚拟信息空间自由遨游，而普通家用电视无交互性，即用户只能被动收看，不能介入到媒体的加工和处理之中。

4. 媒体的多样性

媒体的多样性也称信息媒体的多样化。人类对于信息的接收主要通过视觉、听觉、触觉、嗅觉和味觉 5 种感觉器官，其中前三者占了 95%以上的信息量。以前计算机处理的信息媒体局限于文本与数字，多媒体技术提供了多维信息空间下的视频与音频信息的获取和表示的方法，广泛采用图像、图形、视频、音频等信息形式，扩大了计算机所能处理的信息空间范围，使得人们的思维表达有了更充分、更自由的扩展空间。

5.2　多媒体技术的研究内容

多媒体技术涉及的范围很广，研究内容很深，是多种学科和技术交叉的领域。目前，对多媒体技术的研究和应用开发，主要有以下几个方面：数据压缩、多媒体的软硬件平台、数据存储、多媒体数据的表示、组织与管理技术、多媒体创作和编辑工具、多媒体通信与分布式处理、虚拟现实技术和智能多媒体技术等。

1. 多媒体数据压缩技术

信息时代的重要特征是信息的数字化，而数字化的数据量相当庞大，特别是数字化的图像和视频要占用大量的存储空间，并给信道的传输带宽及计算机的处理速度带来很大的压力。多媒体数据压缩技术是解决这些问题的有效方法，尤其是高效的压缩和解压缩算法是多媒体系统运行的关键。

2. 多媒体软硬件平台

多媒体软件和硬件平台是实现多媒体系统的物质基础。硬件平台一般要求有高速的 CPU、较大的内存和外存，并配有光驱、声卡、显卡、网卡、音像输入/输出设备等。声卡、显卡是处理音频、视频信息的扩展卡，在其上有专用的音频和视频处理芯片，也可把这些板卡集成在系统主板上。目前，多核处理器、多媒体专用芯片的开发都是硬件研究的主要内容之一。软件平台以操作系统为基础，目前广泛应用的操作系统像 Windows、Unix、Linux 等都支持多媒体功能。在此之上是为处理不同类型的媒体及开发不同的应用系统的各种工具软件。在多媒体软件和硬件平台中，每一项重要的技术突破都直接影响到多媒体技术的发展与应用进程。

3. 多媒体数据存储技术

多媒体信息需要大量的存储空间，高效快速的存储设备是多媒体系统的基本部件之一。硬盘是计算机重要的存储设备，现在，单个硬盘的容量已达到上百个 GB。磁盘陈列技术也得到了广泛的应用，光盘系统包括 CD、DVD 等，都是目前较好的多媒体数据存储设备。

由于 Internet 的普及与高速发展，数据的快速增长促使硬件的存储能力必须不断提高。新的存储体系和方案不断出现，存储技术也日益分化为两大类：直接连接存储技术（DAS，Direct Attached Storage）和存储网络技术（Storage Network）。典型的存储网络技术有网络附加存储（NAS，Network Attached Storage）和存储区域网（SAN，Storage Area Network）两种。

4. 多媒体数据库与基于内容的检索技术

多媒体数据库是数据库技术与多媒体技术结合的产物。与传统数据库相比，多媒体数据库中的数据不仅仅是字符、数字，还包含图形、图像、声音、视频等多种媒体信息。对于这些数据的管理难以用传统的数据库管理技术来实现，需要建立多媒体数据库，通过多媒体数据库管理系统进行管理。由于多媒体数据库中包含大量的图形、图像、声音、视频等非格式化的数据，这些数据具有连续、形式多样、海量等特点，对它们的检索比较复杂，往往需要根据媒体中表达的情节内容进行检索。为了适应这一需求，人们提出了基于内容的多媒体信息检索思想。基于内容的检索是指根据媒体和媒体对象的内容及上下文联系在大规模多媒体数据库中进行检索，其研究目标是提供在没有人类参与的情况下能自动识别或理解图像重要特征的算法。目前，基于内容的多媒体信息检索的主要工作集中在识别和描述图像的颜色、纹理、形状和空间关系上，对于视频数据，还有视频分割、关键帧提取、场景变换探测以及故事情节重构等问题。

5. 超文本与超媒体技术

超文本是一种新型的信息管理技术，它采用了非线性的网状结构，使使用户能更快、更精确地找到需要的信息。超媒体是一种用于表示、组织、存储、访问多媒体文档的信息管理技术，是超文本概念在多媒体文档中的推广。超媒体是天然的多媒体信息管理方法，它一般采用面向对象的信息组织与管理形式。

6. 多媒体通信与分布式处理

20 世纪 90 年代起，计算机系统以网络为中心，多媒体技术、网络技术和通信技术相结合，出现了许多新的研究内容，如适合于多媒体通信和分布式计算的高速、高带宽网络系统；

多媒体网络要求的实时交互特性、服务质量（QoS）保证、交换技术和同步机制；计算机网、电信网和电视网的融合和接入网技术；多媒体网络上的通信服务、CSCW、分布式计算、网络计算等应用。

7. 虚拟现实技术

虚拟现实（VR，Virtual Reality）技术是近年来十分活跃的技术领域，是多媒体发展的最高境界。所谓虚拟现实技术，就是采用计算机技术生成一个逼真的视觉、听觉、触觉及嗅觉的感觉世界，用户可以用人的自然技能对这个生成的虚拟实体进行交互考察。虚拟现实技术是计算机软/硬件、传感技术、机器人技术、人工智能及心理学等技术的综合。虚拟现实技术以其更高的集成性和交互性，将给用户以更加逼真的体验，可以广泛应用于模拟训练、科学可视化等领域。

8. 智能多媒体技术

智能多媒体技术是一种更加拟人化的高级智能计算，是多媒体技术与人工智能的结合。要利用多媒体技术解决计算机视觉和听觉方面的问题，必须引入知识，这必然要引入人工智能的概念、方法和技术。例如，在游戏节目中能根据操作者的判断，智能地改变游戏的进程与结果，而不是简单的程序转移，智能多媒体技术将把多媒体技术与人工智能两者的发展推向一个崭新的阶段。

5.3 多媒体技术的发展与应用

5.3.1 多媒体技术的发展

1. 启蒙发展阶段

多媒体技术最早起源于 20 世纪 80 年代中期。1984 年，美国 Apple 公司在研制 Macintosh 计算机时，为了增加图形功能，方便用户使用，创造性地使用了位图（Bitmap）、窗口（Window）、图符（Icon）等技术，开发了图形用户界面，同时引入鼠标作为交互输入设备。图形用户界面从此开始风行，这是多媒体技术的萌芽。在此基础上，Apple 公司在 1987 年推出了超级卡（Hypercard），以卡片为节点，每一卡片不仅描述字符，还包括了图形、图像与声音，这使得 Macintosh 计算机成为能处理多种信息媒体的计算机。

世界上第一台多媒体计算机 Amiga，是美国 Commodore 公司于 1985 年首先推出的。Amiga 计算机以 Motorola M68000 为 CPU，并配置用于视频处理、音响处理和图形处理的 3 个专用芯片。Amiga 计算机具有自己专用的操作系统，能够处理多任务，并具有下拉菜单、多窗口、图符等功能，同时还配备了包括绘制动画、制作电视片头及作曲等大量应用软件。

1985 年，Microsoft 公司推出了"视窗"（Windows）操作系统，这是一个多任务的图形操作环境。它使用鼠标驱动的图形菜单，是一个用户界面友好的多层窗口操作系统。之后，Microsoft 公司陆续推出更加完善的多个版本，如 Windows 3.1、Windows NT、Windows 95、Windows 98、Windows 2000、Windows XP、Windows 2003、Windows Vista 等。

1986 年，荷兰 Philips 公司和日本 Sony 公司联合推出了交互式紧凑光盘系统（CD-I，Compact Disc Interactive），同时还公布了 CD-ROM 的文件格式。这项技术对大容量存储光盘的发展产生了巨大影响，并经过 ISO 认可成为国际标准。大容量光盘的出现为存储表示声音、文字、图形、图像等高质量的数字化媒体提供了有效的手段。

1987 年，美国 RCA 公司推出了交互式数字视频系统 DVI（Digital Video Interactive）。它以计算机技术为基础，用标准光盘来存储和检索静态图像、活动图像、声音等数据。RCA 后来把 DVI 技术卖给了 GE 公司，后者又把这一技术卖给了 Intel 公司。1989 年，Intel 公司把 DVI 技术开发成一种可普及的商品。DVI 系统的特点是：以 IBM PC/AT、386、486 或兼容机为平台，在其内置 Intel 专用芯片构成的 DVI 接口板，包括 DVI 视频板、DVI 音频板、DVI 多功能板，同时配置 CD-ROM 驱动器、带放大器的音响等组成 DVI 用户系统。

与多媒体硬件产品开发几乎同时进行的是多媒体系统的开发工作，比较著名的有 Xerox 公司的多媒体会议系统、Apple 公司的多媒体辅助教育项目、美国布朗大学的超媒体系统以及美国麻省理工学院（MIT）多媒体实验室在"未来学校"、"未来报纸"等方面所做的开创性工作。

2．应用和标准化阶段

自 20 世纪 90 年代以来，多媒体技术逐渐成熟，多媒体技术从以研究开发为重心转到以应用为重心。随着多媒体技术应用的广泛深入，提出了对多媒体相关技术标准化的要求。1990 年由 IBM、Intel、Philips 等 14 家厂商联合组成多媒体市场协会，制定了多媒体 PC（MPC，Multimedia Personal Computer）标准：1991 年 11 月提出第一个标准 MPC-1，1993 年 5 月提出了 MPC-2，1995 年 6 月提出了 MPC-3。随着应用要求的不断改进，多媒体功能已成为 PC 的基本功能，MPC 的新标准已无断续发布的必要。

多媒体计算机的关键技术是关于多媒体数据的编码/解码技术。随着各种多媒体数据编码/解码技术和算法的出现，国际标准的颁布实施有力推动了多媒体技术的发展。在数字化图像压缩方面的国际标准主要如下。

① JPEG（Joint Photographic Experts Group）标准。这是静态图像压缩编码国际标准，于 1991 年通过，称为 ISO/IEC10918 标准。

② MPEG（Moving Picture Experts Group）系列标准。这是运动图像压缩编码国际标准，于 1992 年第一个动态图像编码标准 MPEG-1 颁布，1993 年 MPEG-2 颁布。MPEG 系列的其他标准还有：MPEG-4、MPEG-7、MPEG-21。

③ H.26X 标准。这是视频图像压缩编码国际标准，主要用于视频电话和电视会议，可以较好的质量来传输更复杂的图像。

数字化音频标准也相继推出，如 ITU 颁布的 G721、G727、G728 等标准。

计算机软硬件技术的新发展，特别是网络技术的迅速发展和普及，使得多媒体计算机与电话、电视、图文传真等通信类电子产品相结合，形成新一代多媒体产品，为人类生活、工作提供了全新的信息服务。

5.3.2 多媒体技术的应用领域

多媒体技术是一种实用性很强的技术，当使用者通过人机接口访问任何种类的电子信息时，多媒体都可以作为一种适当的手段。多媒体大大改善了人机界面，集图、文、声、像处理于一体，更接近人们自然的信息交流方式，同时增强了信息的记忆效率。多媒体技术不仅使计算机产业日新月异，而且也改变了人们传统的学习、思维、工作和生活方式。

1．多媒体在商业

商业领域的多媒体应用包括演示、培训、营销、广告、数据库、目录、即时消息和网络通信等。多媒体在办公室的应用已经变得司空见惯，指纹采集设备被用于职工考勤，图像采集设备被用于视频会议，即时通信、E-mail 和视频会议中常将演示文档作为附件发送，笔记本电脑和高分辨率的投影仪成为常用的多媒体演示设备，移动电话和 PDA 使得通信和商业活动更加高效。

2．多媒体在学校

多媒体在学校教育的应用是影响最为深远的，它突破了传统教学方法，从根本上影响和改变传统教育的过程，它使得教学手段、教学方法、教材观念与形式、课堂教学结构以至教学思想与教学理论都发生了变革。例如，教材不仅有文字、静态图像，还具有动态图像和语音等。学习不仅在教室中进行，还可通过互联网进行"多媒体远程教学"，"网络学习"。教学模型正在从"传授"或者"被动学习"转变为"经验学习"或者"主动学习"。多媒体在学校的应用，还促使了学校管理手段和方法的现代化。

3．多媒体在家庭

多媒体已经进入家庭。例如，专门的数字视听产品，如 CD、VCD、DVD 等设备大量进入了家庭。利用家里安装的可视电话，人们可以和远在千里之外的亲人"面对面"交谈；数字电视及视频点播（VOD，Video On Demand）使人们不仅可看电视，还可以选择节目内容或进行信息检索；通过多媒体计算机，人们在家中可以通过网络进行信息交流、信息查询、网上购物、在家办公、求医问药等。

4．多媒体在公共场所

在购物中心、医院、火车站、博物馆、机场、宾馆等公共场所，多媒体作为独立的终端或者查询设备提供信息以及帮助，还可以与手机、PDA 等无线设备进行连接。例如，旅游景点的导游系统、购物中心的导购系统、金融信息的咨询系统、银行的自动柜员机等。

5.3.3　多媒体技术的前景

多媒体技术的发展趋势可以概括为两个方面：一是网络化，二是智能化。

随着技术的发展，多媒体技术的应用已不限于在 PC 上，通过与宽带网络通信等技术相互结合，使多媒体技术进入科研设计、企业管理、办公自动化、远程教育、远程医疗、检索咨询、文化娱乐、自动测控等领域。多媒体信息识别技术、网络技术、通信技术的发展，将构成一个立方体化的网络系统。

图像理解、语音识别、多媒体信息组织与检索、虚拟现实等基于内容的技术正在蓬勃发展，未来的计算机不仅能够传递多媒体信息，而且能够识别多媒体信息、理解多媒体信息，人与计算机的交互方式可以通过语言、行为等自然方式进行。

5.4　多媒体计算机系统组成

多媒体系统（Multimedia System）是指能综合处理多种信息媒体的计算机系统。一般多媒体系统由多媒体硬件系统、多媒体软件系统两个部分组成，如图 5-1 所示。最初的多媒体计算机只是在普通计算机上加配声卡和光驱，并装上相应的软件，使其能处理与播放声音。硬件是多媒体系统的物质基础，是软件的载体，软件是多媒体系统的核心，两者相辅相成，缺一不可。

软件系统	多媒体应用软件
	多媒体创作软件
	多媒体数据处理软件
	多媒体操作系统
	多媒体驱动软件
硬件系统	多媒体输入/输出控制卡及接口
	多媒体计算机硬件
	多媒体外围设备

图 5-1　多媒体系统组成

5.4.1　多媒体软件系统

多媒体软件具有综合使用各种媒体的能力，能够灵活地调度多种媒体数据，并能进行相应的传输和处理，且使各种媒体硬件配合地工作。多媒体软件的主要任务就是要使用户方便地控制多媒体硬件，并能全面有效地组织和操作各种媒体数据。一般来说，多媒体系统的软件主要包括如下。

（1）多媒体驱动软件

多媒体驱动软件是多媒体计算机软件中直接和硬件打交道的软件，它完成设备的初始化，完成各种设备操作以及设备的关闭等。驱动软件通常常驻内存，一种多媒体硬件需要一个相应的驱动软件。

（2）多媒体环境支撑软件

在多媒体信息的播放过程中，音频信号要保持连续，视频图像要以固定的速率显示，而且还要保持两者之间的同步。这样，多任务实时操作系统和接口管理系统是多媒体不可少的软件支撑环境。目前，较为通用的计算机上的支撑软件主要采用 Microsoft Windows 系统等。

（3）媒体数据处理软件

多媒体数据处理软件是多媒体数据的采集软件，主要包括数字化声音的录制和编辑软件、MIDI 文件的录制与编辑软件、全运动视频信息的采集软件、动画生成编辑软件、图像扫描及处理软件等。

（4）多媒体创作软件

多媒体创作工具软件是主要用于创作多媒体特定领域的应用软件，是多媒体专业人员在多媒体操作系统之上开发的，如 Microsoft Multimedia Viewer。与一般编程工具不同的是，多媒体创作工具软件能对声音、文本、图形和图像等多媒体信息流进行控制、管理和编辑，按用户要求生成多媒体应用软件。功能齐全、方便实用的创作工具软件是多媒体技术广泛应用的关键所在。

（5）多媒体应用软件

应用软件是在系统软件的基础上开发出来的，这是多媒体开发人员利用所提供的开发平台或创作工具，组织编排大量的多媒体数据而成的最终多媒体产品。

上层软件建立在下层软件的基础之上，开发的顺序由下至上。一般来说，驱动软件、多媒体操作系统、数据处理软件和创作软件都是由计算机专业人员完成的，驱动软件和数据处理软件与硬件设备有关，数据处理软件和创作软件有时也可集成在一起，多媒体应用软件则需各类专业人员配合才能完成。

5.4.2　多媒体硬件系统

多媒体硬件系统由多媒体计算机硬件、多媒体输入/输出控制卡及接口和多媒体外围设备组成。从整体上来划分，一个完整的多媒体硬件系统主要由计算机主机、音频设备、图像设备、视频设备、各种输入/输出设备、大容量存取设备及通信设备等组成，如图 5-2 所示。

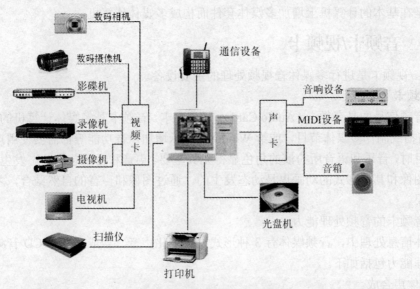

图 5-2　多媒体硬件系统组成

（1）计算机主机

计算机主机部分是整个多媒体硬件系统的核心，它包括 CPU、内存、总线、磁盘驱动系统、显示系统、用户输入/输出系统等。由于多媒体涉及的数据量非常大，而多媒体信息表现的生动性和实时性又要求计算机能迅速、实时地处理这些庞大的数据。所以，多媒体技术对主机的要求在不断提高，需要有一个或多个处理速度较快的中央处理器（CPU），足够大的内存空间，高分辨率的显示系统（由视频卡和显示器组成）及较为齐全的外设接口等。

（2）音频设备

音频设备负责采集、加工、处理波表、MIDI 等多种形式的音频素材，需要的硬件有录音设备、MIDI 合成器、高性能的音频卡、音箱、话筒、耳机等。

（3）图像设备

图像设备负责采集和加工处理各种格式的图像素材，需要的硬件有静态图像采集卡、数字化仪、数码相机、扫描仪等。

（4）视频设备

视频设备负责多媒体计算机图像和视频信息的数字化获取和回放，对机器速度、存储要求较高，需要的硬件设备有动态图像采集卡、数字录像机以及海量存储器等。

（5）基本输入/输出设备

基本输入/输出设备负责多媒体数据的输入与输出，其中视频/音频输入设备包括数码相机、数码摄像机、录像机、扫描仪、影碟机、话筒、录音机、激光唱盘等；视频/音频输出设备包括显示器、电视机、投影仪、打印机、扬声器、立体声耳机等；人机交互设备包括键盘、鼠标、触摸屏、手写笔等；数据存储设备包括 CD、DVD、磁盘、打印机、可擦写光盘等。

（6）大容量存储设备

多媒体数据的存储设备主要有大容量硬盘、光存储设备等。

（7）通信设备

通信设备负责多媒体计算机之间的数据交换，主要硬件有网卡、调制解调器、交换机等。

一般用户如果要拥有多媒体计算机大概有两种途径：一是直接购买具有多媒体功能的计算机，二是在基本的计算机上增加多媒体套件而构成多媒体计算机。

5.4.3 音频卡/视频卡

音频卡/视频卡是进行多媒体音视频处理的主要设备。

1. 音频卡

处理音频信号的是音频卡（Audio Card），又称声卡。音频卡是多媒体计算机的基本设备，在 PC 上演播或制作多媒体节目，或给 Windows 演示增加声音功能等都需要使用声卡。开发多媒体节目时，音乐和语音所扮演的角色显得尤其重要。声音和音乐总是动态发生与变化的，同时视频图像和其他形式的动画也是动态发生的，通过图像和声音的自然结合，才可能产生良好的效果。

（1）音频卡的音频处理能力

多媒体信息处理中，音频媒体有 3 种形式：数字化声音、合成音乐和 CD 音频。音频卡的音频处理能力包括如下。

① 立体声合成。

② 模拟混音。

③ 立体声方式的 D/A 转换和 A/D 转换。

④ 数字信号处理（DSP）。

⑤ MIDI 接口和 CD-ROM 接口。

⑥ 输出功率放大。

音频卡上，内置扬声器输出插孔可以与立体声扬声器、立体声放大器的线路输入（Line In）或耳机连接。线路输入插孔连接录音机、CD 播放器或其他设备的线路输出（Line Out）端，用于声音录制。话筒输入孔连接话筒，用于话筒输入声音的方式。MIDI 连接端口/操作杆端口连接 MIDI 设备或标准的 PC 操作杆。操作杆端口与 PC 标准游戏控制适配器或游戏 I/O 端口相同，用 15 针 D 形连接器可连接任何模拟操作杆。

（2）音频卡的性能指标

① 采样深度

有 8 位和 16 位两种。16 位声卡比 8 位声卡保真度更高。

② 最高采样频率

一般声卡提供 11.025kHz、22.05kHz、44.1kHz 的采样频率，更高档的声卡可达 48kHz。

③ MIDI 合成方式

MIDI 文件的回放需要通过声卡的 MIDI 合成器合成为不同的声音，合成的声音有 FM（调频）和 Wave Table（波表）两种。

2．视频卡

视频卡是一种多媒体视频信号处理平台，它可以通过汇集视频源、声频源和激光视盘机（Laser Video Disc Player）、录像机（VCR）、摄像机（Camera）的信息，经过编辑或特技处理而产生漂亮的画面。

（1）视频卡的主要功能

视频卡是一种对实时视频图像进行数字化、冻结、存储和输出处理的工具。视频卡的功能还包括图像的放大修整、按比例绘制、像素显示调整、捕捉特定镜头、若干视频源图像叠合等。此外，还可以在视频图形适配器（VGA，Video Graphics Array）上开窗口并与 VGA 信号叠加显示和压缩处理。视频卡一般提供以下功能。

① 全活动数字图像的显示、抓取、录制、支持 Microsoft Video for Windows。

② 可以从 VCR、摄像机、LD、TV 等视频源中抓取定格，存储输出图像。

③ 近似真彩色 YUV 格式图形缓冲区，并可将缓冲区影射到高端内存。

④ 可按比例缩放、剪切、移动、扫描视频图像。

⑤ 色度、饱和度、亮度、对比度及 R、G、B 三色比例可调。

⑥ 可用软件选择端口地址和中断请求（IRQ，Interrupt Request）中断。

⑦ 具有若干个可用软件相互切换的视频输入源，以其中一个作活动显示。

（2）视频卡的特性

① 视频输入源：可通过软件从 3 个复合视频信号输入口中选择视频源，支持 NTSC、PAL 或 SECAM 制式。

② 窗口和叠加：窗口定位及定位尺寸精确到单个像素，通过图形色键将 VGA 图形和视频叠加。

③ 屏蔽：色键控制，亮度和彩色信号屏蔽。

④ 图像获取：支持 JPEG、PCX、TIFF、BMP、MMP、GIF 及 TARGA 文件格式，640×480 分辨率（VGA），支持 2 000 000 种真色彩。

⑤ 图像处理：活动及静止比例缩放，视频图像的定格、存取及载入，图像的剪辑和改变尺寸，色调、饱和度、亮度和对比度的控制。

小　结

从远古时代的"结绳记事"、"占卦卜筮"到后来的"鱼雁传书"、"烽火报捷"，再到印刷术的发明，现代科学技术的进步，人类文明一直与媒体的变革紧密联系，可以这样说，没有媒体的更新与进步，就没有人类文明的繁荣与传承。在多媒体技术中，媒体（Medium）是一个重要的概念。本章讲述了媒体的定义及媒体分类，还介绍了多媒体、多媒体技术、多媒体计算机的概念，并对多媒体技术的主要特点进行了探讨，然后介绍了多媒体技术的发展历史、研究内容、应用领域和前景、多媒体计算机系统组成，这对于学习多媒体技术将有一定的帮助。

第6章
图像处理技术

颜色对于多媒体技术起着重要的作用。人们通过视觉系统看到丰富多彩的颜色，感受到文本、图形、图像、视频与动画等媒体信息。在多媒体技术的应用中，图像处理是其一个重要的组成部分，特别是运用图像的处理是多媒体技术需要进一步解决的关键问题。

6.1　数字图像基础

颜色是外界刺激作用于人的视觉系统而产生的感觉。颜色是一门很复杂的科学，涉及物理、生物、心理和材料等多门学科。本节将介绍颜色科学的基本概念和颜色的表示及颜色空间的转换。

6.1.1　颜色

1. 三基色原理

由于人眼对红绿蓝（RGB）3 种色光最为敏感，人的眼睛就像一个三色接收器的体系，大多数的颜色可以通过 RGB 三色按照不同的比例合成产生。RGB 3 种颜色的光强越强，到达人眼的光就越多，它们比例不同，看到的颜色也不同。某一种颜色和 RGB 3 种光的关系可用以下式子来描述：

颜色＝R（红色的百分比）＋G（绿色的百分比）＋B（蓝色的百分比）

同样，绝大多数单色光也可以分解成 RGB 3 种色光，这就是三基色原理。3 种基色是相互独立的，任何一种基色都不能由其他两种颜色合成。

RGB 是三基色。当没有光时是黑色；当 RGB 三色等量相加时，得到白色；RGB 三基色按照不同的比例相加合成混色称为相加混色。

2. 颜色的混合

人的视觉能分辨颜色的 3 种变化：明度、色调和饱和度。在由两个成分组成的混合色中，如果一个成分连续地变化，混合色的外貌也连续地变化。任何两个非互补色混合便产生中间色，其饱和度决定于两个颜色的相对数量，饱和度的变化落在两种颜色的色调顺序的连线上，这就是习惯上所称的中间定律。

6.1.2　颜色模式及变换

所谓颜色模式即颜色的表示模型，是用来组织和描述颜色的方法之一。图像中常用的颜色模式有 RGB 和 CMY 颜色模式。

（1）RGB 颜色模式与相加混色

采用红绿蓝三基色来表示所有颜色的模型称为 RGB 颜色模式，RGB 颜色模式是颜色最基本的表示模型。彩色模拟电视和计算机 CRT 显示器使用的就是 RGB 颜色模式，采用 RGB 相加混色原理，通过使用 3 个电子枪发射出 3 种不同强度的电子束，使屏幕内侧覆盖的红、绿、蓝磷光材料发出红、绿、蓝 3 种波长的光而产生颜色的。

（2）CMY 颜色空间与相减混色

除了相加混色法之外还有相减混色法。颜料或者彩色墨水等媒质能够吸收（减去或滤去）颜色光谱中的一部分颜色，然后将其余的反射到眼睛形成颜色，这时三基色是青色（Cyan）、洋红色（Magenta）和黄色（Yellow），通常写为 CMY。

打印机、复印机、绘图仪及印刷上用到的是 CMY 颜色模式。

（3）从 RGB 到 CMY 的转换

为了使用人的视角特性以降低数据量，通常把 RGB 空间表示的彩色图像变换到其他彩色空间。从 RGB 颜色模式到 CMY 颜色模式的转换可表示为：

$$C = 1-R$$
$$M = 1-G$$
$$Y = 1-B$$

6.1.3　图像的数字化及属性

1. 图像数字化

从空间域来说，图像的表示形式主要有光学图像和数字图像两种形式。一个光学图像，如像片或透明正片、负片等，可以看成是一个二维的连续的光密度（或透过率）函数，其密度随坐标 (x, y) 变化而变化，如果取一个方向的图像，则密度随空间而变化，是一条连续的曲线，可用 $f(x, y)$ 来表示。

而计算机处理的数据只能用 0、1 编码的形式来表示，这需要将连续的光学图像转化为计算机中离散的数字图像，这个过程就是图像的数字化过程，要经过采样、量化等步骤。相对光学图像，数字图像在空间坐标 (x, y) 和光密度（或亮度）上都已离散化，空间坐标 (x, y) 仅取离散值。

（1）采样

把连续的模拟图像函数 $f(x, y)$ 进行空间和亮度幅值的离散化处理，空间连续坐标 (x, y) 的离散化，叫作采样。对连续图像彩色函数 $f(x, y)$，沿 x 方向以等间隔 Δx 采样，采样点数为 M，沿 y 方向以等间隔 Δy 采样，采样点数为 N，于是得到一个 $M \times N$ 的离散样本阵列 $[f(x, y)]$ $M \times N$。为了达到由离散样本阵列以最小失真重建原图的目的，采样密度（间隔 Δx 与 Δy）必须满足采样定理。

采样定理阐述了采样间隔与 $f(x, y)$ 频带之间的依存关系，频带愈窄，相应的采样频率可以降低，采样频率是图像变化频率二倍时，就能保证由离散图像数据无失真地重建原图。实际情况是空域图像 $f(x, y)$ 一般为有限函数，那么它的频域带宽不可能有限，卷积时混叠现象也不可避免，因而用数字图像表示连续图像总会有些失真。

（2）量化

采样是对图像函数 $f(x, y)$ 的空间坐标 (x, y) 进行离散化处理，而量化是对每个离散点——像素的灰度或颜色样本进行数字化处理。具体说，就是在样本幅值的动态范围内进行分层、取整、以正整数表示。而彩色幅度如何量化，这要取决于所选用的颜色空间表示。

2．图像的属性

描述一幅图需要用到图像的属性，如位深度、分辨率、调色板等。

（1）位深度

位深度也称颜色深度，是指图像中表达每个像素所需的位数。屏幕上的每一个像素都要在内存中占有一个或多个位，以存放与它相关的颜色信息。位深度决定了图像中出现的最大颜色数。

根据量化的位深度的不同，又将图像分为二值和灰度（彩色）图像两大类。若图像深度为 1，表明点阵图中每个像素只有一个颜色位，也就是只能表示两种颜色，即黑与白或明与暗，通常称为二值图像，多于两个等级时则称之为灰度（彩色）图像。很显然，当灰度等级越多，图像就越逼真。

常用的图像深度有 4 种，分别为 1、4、8、24。若图像深度为 4，则每个像素有 4 个颜色位，可以表示 16 种颜色。若图像深度为 8，则每个像素至少有 8 个颜色位，点阵图可支持 256 种不同的颜色，表示自然环境中的图像一般至少要 256 种颜色。如果图像深度为 24，点阵图中每个像素有 24 个颜色位，可包含 16 700 000 种不同的颜色，称为真彩色图像。

（2）分辨率

分辨率是影响点阵图的质量的重要因素，它有 3 种形式：屏幕分辨率、图像分辨率和像素分辨率。应正确理解这三者之间的区别。

① 屏幕分辨率。指某一特定显示方式下，以水平的和垂直的像素表示全屏幕的空间。确定扫描图片的显示图像大小时，要考虑屏幕分辨率。

② 图像分辨率。以在水平方向和垂直方向的像素多少表示一幅图像。例如，640×480 的图像分辨率是指满屏情况下，水平方向有 640 个像素，垂直方向有 480 个像素。图像分辨率与屏幕分辨率不同，在 640×480 个像素的屏幕上显示 640×200 个像素的图像时，图像的大小是屏幕分辨率的二分之一，所以数字化的图像只能充满半个屏幕。当图像大小与屏幕分辨率相同时，图像才能充满整个屏幕。

③ 像素分辨率。指一个像素的长和宽的比例（也称为像素的长宽比）。在像素分辨率不同的机器间传输同一个图像时将产生图像变形，这时需作比例调整。

（3）调色板

在生成一幅点阵图时，图像处理软件要对图像中不同的色调进行采样，产生包含该图像中各种颜色的颜色表，这个颜色表就称为调色板。调色板中的每种颜色都可以用红绿蓝 3 种颜色的组合来定义，点阵图中每一个像素的颜色值均来源于调色板。调色板中的颜色数取决于图像深度，当图像中的像素颜色在调色板中不存在时，会用相近的色调来代替。所以，当两幅图像同时显示时，如果它们的调色板不同，就会出现颜色失真现象。

6.1.4　图像的种类

数字图像通常分成为两大类，即位图和矢量图。

1.　位图

位图，也称点阵图，位图图像或栅格图像。这种图使用颜色网格来表现图像，每个小格子看作一个点（像素），每个像素都有自己特定的位置和颜色值。位图由描述图像中各个像素点的强度与颜色的位数集合组成。调用位图时，其数据存于内存中，由一组计算机内存位组成，这些位定义图像中的每个像素点的颜色和亮度。位图适合层次和色彩比较丰富，包含大量细节，具有复杂的颜色、灰度或形状变化的图像。

位图文件的大小由它的数据量表示，与分辨率和位深度有关。图像文件的大小是指存储整幅图像所占的字节数。图像分辨率用高×宽表示，高是指垂直方向上的像素数，宽是指水平方向上的像素数，文件的字节数＝图像分辨率×图像颜色深度/8。

设图像的垂直方向分辨率为 h 像素，水平方向分辨率为 w 像素，图像颜色深度为 c 位，则该图像所需数据空间大小 $B＝（hwc）/8B$。

位图记录由像素所构成的图像，文件较大，处理高质量彩色图像时对硬件平台要求较高。位图缺乏灵活，因为像素之间没有内在联系而且它的分辨率是固定的。把图像缩小再恢复到它的原始大小时，图像就变得模糊不清。

2.　矢量图

矢量图，或称矢量图形，是对图像进行抽象化的结果，反映了图像最重要的特性。矢量图形是以指令集合的形式来描述的。这些指令描述一幅图中所包含的直线、圆、弧线、矩形的大小和形状，也可以用更为复杂的形式表示图像中曲面、光照、材质等效果。在计算机上显示一幅图像时，首先需要使用专门的软件读取并解释这些指令，然后将它们转变成屏幕上显示的形状和颜色，最后通过使用实心的或者有等级深浅的单色或色彩填充一些区域而形成图像。

由于大多数情况下不用对图像上的每一个点进行量化保存，所以需要的存储量很少，但显示时的计算时间较多。

图形分为二维图形和三维图形两大类。图形的矢量化使得图中的各个部分可分别作出控制，因为每个部分都是用数学方法描述的，所以可作任意的放大、缩小、旋转、扭曲、移位、叠加、变形等处理，使图形的变换更灵活。图形的产生需要计算时间，图形越复杂、要求越高，所需的时间也就越多。

6.1.5　数字图像处理及常见数字图像的文件格式

1.　数字图像处理

在制作多媒体产品时，图形、图像资料一般都以外部文件的形式加载到产品中（如果静态图像数据量大，也可自行建立动态库），所以，可把准备图像资料理解为准备各种数据格式（如 BMP，PCX，TIF 等）的图像文件。

可以使用专业绘图软件如 Paint Brush、Photo Style、Painter、Freehand、Photoshop、CorelDraw 和 iPhoto 等绘图软件绘制图形与图像，这些软件提供相当丰富的绘画工具和编辑功能，可以轻易完成创作，然后存成适当格式的图像文件。如果产品对图像的品质要求较高，需要聘请专业的电脑美工绘制图像。

常用图像处理技术包括图像增强、图像恢复、图像识别、图像编码、点阵图转换为矢量图等。图形与图像的特技处理通常有模糊、锐化、浮雕、旋转、透射、变形、水彩化和油画化等多种效果。

2. 常见数字图像的文件格式

文件格式是指计算机存储文字、图形和图像时建立文件的方式。图形和图像的文件格式常用点阵图或矢量图表示，有些文件格式可以同时存储点阵图及矢量图。

（1）BMP 格式

BMP（Bitmap，位图）格式用于 PC 上图像的显示和存储，支持任何运行在 Windows 下的软件。BMP 位图文件默认的文件扩展名是.bmp。文件可以包含每个像素 1 位、4 位、8 位或 24 位的图像。

（2）GIF 格式

图形交换格式（GIF，Graphics Interchange Format）文件格式是 CompuServer 公司开发的图像文件存储格式，用于大多数 PC 和许多 Unix 工作站，最新版本是 GIF89a。GIF 文件采用数据块来存储图像的相关数据，并采用了 LZW 压缩算法减少图像尺寸，还可在一个文件中存放多幅彩色图形/图像，这些图形/图像可以像幻灯片那样显示或像动画那样演示。其扩展名为 .gif。

（3）TIFF 格式

标签图像文件格式（TIFF，Tagged Image File Format）是储存扫描的点阵图像（如照片）的标准方法，所占空间比 GIF 格式大，主要用于分色印刷和打印输出。其扩展名为 .tiff 或 .tif。

（4）EPS 格式

被封装的打印语言（EPS，Encapsulated Post Script）格式是跨平台的标准格式，专用的打印机描述语言，可以描述矢量信息和位图信息。EPS 文件扩展名在 PC 平台上是.eps，在 Macintosh 平台上是.epsf，主要用于矢量图像和光栅图像的存储。

（5）JPEG 格式

图像专家联合组（JPEG，Joint Photographic Experts Group）格式是以 JPEG 压缩方式产生的图像文件，属 RGB 真彩色格式。JPEG 压缩方式一般可压缩图像 20%左右，支持 Macintosh、PC 和工作站上的软件。JPEG 是最常用的图像文件格式，其扩展名为.jpg 或.jpeg。

（6）PCX 格式

PC 画笔（PCX，PC Paintbrush）格式是 Zsoft 公司开发的基于 PC 绘图程序的专用点阵图格式，支持桌面排版、图形设计和视觉捕获。其扩展名为.pcx。

（7）TGA 格式

TGA（Tagged Graphics）格式支持多种应用软件，广泛用于图像捕获和处理，属于 Targe 真彩色图像文件，有 8bit、16bit、24bit、32bit 和 64bit 等几种（3DS 生成的 TGA 文件为 24bit）。其扩展名为.tga。

（8）PNG 格式

可移植的网络图像（PNG，Portable Network Graphic）是为了适应网络数据传输而设计的位图文件存储格式。PNG 读成"ping"，用于取代 GIF 和 TIFF 图像文件格式。PNG 用来存储灰度图像时，灰度图像的深度可多到 16 位，存储彩色图像时，彩色图像的深度可多到 48 位，并且还可存储多到 16 位的 α 通道数据。PNG 使用从 LZ77 派生的无损数据压缩算法。PNG 文件一般应用于 JAVA 程序中，或网页或 S60 程序中是因为它压缩比高，生成文件容量小。其扩展名为.png。

（9）PSD 格式

PSD 是 Adobe Photoshop 的专用格式。可以存储成 RGB 或 CMYK 模式，也能自定颜色数目储存。PSD 文件可将不同的物件以图层分别存储，很适用于修改和制作各种特色效果。其扩展名为.psd。

（10）PDF 格式

可移植文档格式（PDF，Portable Document Format）是 Postscript 打印语言的变种，能使用户在屏幕上查看用电子方法产生的文档。其扩展名为.pdf。

6.2　Photoshop 应用

Photoshop 是 Adobe 公司的图像编辑软件，它功能强大并且操作简便，被广泛应用于图像处理、绘画、多媒体界面设计、网页设计等领域。Photoshop 主要功能如下。

① 丰富的 Brush（画笔）和全面的绘画工具可以完全模拟现实工具。Photoshop 从字面意义上讲是用来处理图片的软件，可以用来修饰照片和修复图片。

② 快速高效的选择工具帮你快速锁定目标。图片处理的过程中，经常要把所需图像局部从图像背景中提出来。一般可以使用选取工具，对于精确度高的操作，则可以使用钢笔工具选取后转化成选区。

③ Layer（层）的应用让你做复杂的图像处理时井然有序。在设计中，通常需要在一个文件中处理许多素材，如背景层、图像层、填充层、调节层、文字层等。可以定义层的名称、外观、颜色，必要时可以创建 Layer Set，将 Layer 分类存放在 Layer Set 中，化繁为简，操作起来方便有序。

④ 丰富的 Layer Style（图层样式）可以快速给我们的字体或图形添加效果。Photoshop 为我们准备了大量使用的 Layer Style（图层样式），可以轻易地为文字、路径、图形等添加立体、材质、纹理等效果，而且观察效果和修改效果都很方便，并能导出导入，增加了实用性。

⑤ 矢量图形在 Photoshop 中的操作简单。可以在图像中自由地加入、组合矢量图形，并可以将图层样式添加到矢量造型上，即使放大缩小，图像也依然保持清晰。

⑥ 完善的文字编辑功能，使我们在编辑段落文字时得心应手。文字的编辑功能在新版中更加完善，功能更接近专业的文字排版软件。

⑦ 滤镜是 Photoshop 的重要功能之一，它本身就有百余款非常好使用的滤镜，基本上已经可以满足日常需求。

6.2.1　Photoshop 工作界面与基本操作

这里以 Adobe Photoshop CS5 为例，介绍 Photoshop 软件的基本用法。

用户依次单击"开始|程序| Photoshop CS5"选项，启动 Photoshop CS5 程序，启动界面如图 6-1 所示。

选择文件、新建，进入 Photoshop CS5 工作界面，如图 6-2 所示。它的工作界面由快速切换栏、菜单栏、工具选项调板、工具箱、图像窗口、状态栏、浮动面板等部分组成。

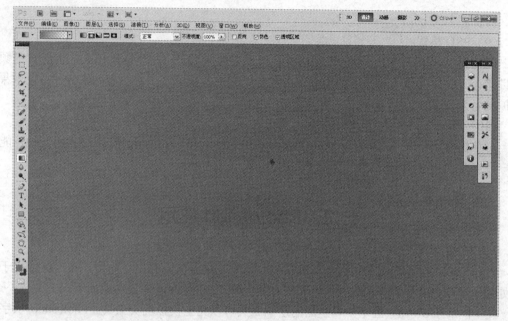

图 6-1　Photoshop CS5 启动界面

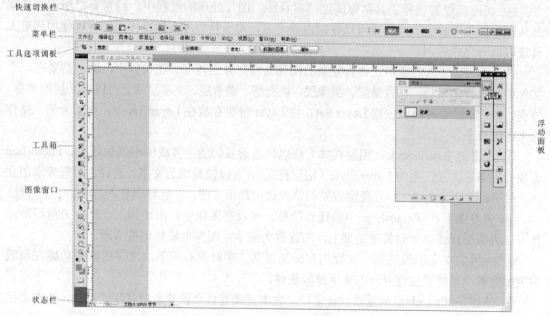

图 6-2　Photoshop CS5 工作界面

在创建文件或编辑图像时，通常要使用以下几个重要的部分。

1. 图像窗口

图像窗口是我们的工作区域，它就像画家用于绘画的纸张，通常用户运用放大镜工具 可以起到视图放大或缩小图像的作用，带加号的放大镜可实现图像的成倍放大；而按住 Alt 键单击可实现图像的成倍缩小；当选中放大镜工具后，工具选项调板上会出现设定缩放工具的相关参数。

抓手工具 ：当图像的显示比例较大时，图像窗口不能完全显示整幅画面，这时可以使用抓手工具来拖动画面，以显示图像的不同部位。按下键盘的空格键，可将工具临时切换为抓手工具。

使用快捷键操作：熟练使用快捷键是提高工作效率的必要手段，这里列举部分有关界面控制的快捷键，见表 6-1。

表 6-1　　　　　　　　　　　　　快捷键操作及其作用

快 捷 键	作 用
Tab	隐藏工具箱和面板
Shift + Tab	隐藏面板
空格键+Ctrl	放大
空格键+Ctrl +Alt	缩小
空格键	手形工具
Ctrl +N	新建文件
Ctrl +Z	撤销一步操作
Ctrl +Shift +Z、Ctrl +Alt +Z	撤销多步操作。也可以结合历史记录面板进行恢复操作步骤
双击手形工具	满画布显示
双击放大镜工具	实际尺寸显示
Alt +Backspace	前景色填充
Ctrl +Backspace	背景色填充

2．工具箱

在工具箱中可以看到工具右下方有小三角的说明有隐藏工具，按住鼠标左键不放或单击右键即可以弹出隐藏工具，工具右面的英文字母为对应的快捷键，如图 6-3 所示。

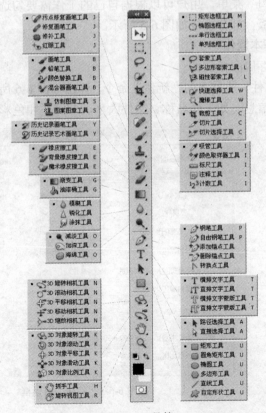

图 6-3　工具箱

3．工具选项调板

"工具选项调板"是针对具体使用工具的设置。如使用"文本" T 时，就要注意文本的"字体"、"字号"大小等设置。这里以"画笔"工具为例，使用"画笔"自然就要联想到画笔的大小、虚实、形状、透明度等。具体操作：单击工具箱"画笔" ；单击"画笔预设" ，设置"画笔"的大小、硬度、透明度等，如图6-4所示，其他工具使用也采用同样方法设置。

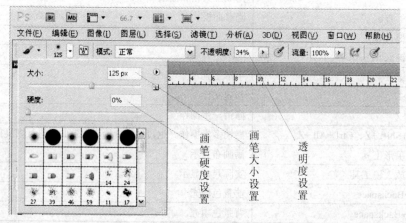

图6-4 画笔设置

4．浮动控制面板

"浮动控制面板"是在编辑对象时使用控制区域，所有面板选项都收藏在菜单栏的"窗口"菜单里，单击"窗口"菜单，用户可以根据自己的工作需要勾选或取消选项，展开或关闭面板某些不需要的面板，部分面板如图6-5所示。

5．Photoshop的基本操作

（1）新建、打开、存储图像文件

● 新建：选择"文件"菜单下的"新建"命令，弹出如图6-6所示的对话框，其中可以设置文件的基本初始化信息，如文件名称、文件大小、分辨率和色彩模式等。

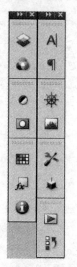

图6-5 部分浮动控制面板

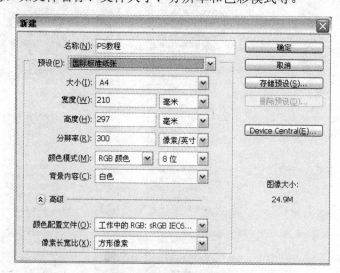

图6-6 "新建"对话框

● 用快捷键新建：按下快捷组合键Ctrl +N新建文件，如图6-6所示。

● 打开文件：选择"文件"菜单下的"打开"命令，选择打开文件的路径，选好文件后单击"打开"按钮或按 Ctrl +O 组合键。

● 在界面窗口的空白区域中双击鼠标左键调出打开文件的对话框。

● 存储：文件菜单中选择"文件"—"存储"命令，如果尚未给图像命名，则会弹出一个菜单，可以选择文件保存路径、文件名、格式等；如果要改变存储路径、格式、文件名等则选择"另存为"。

（2）改变图像的大小

选择"图像"菜单下的"图像大小"命令可开启"图像大小"对话框，如图 6-7 所示。

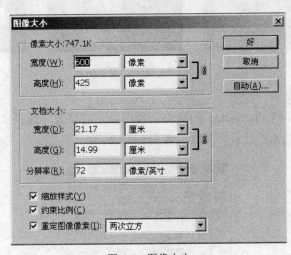

图 6-7　图像大小

如图 6-7 所示，在这个对话框中可以通过修改"文档大小"的数值改变当前文件的尺寸和分辨率的大小，右边的链接符号表示锁定长宽的比例。如果改变图像的比例，可取消勾选下面的"约束比例"项。

（3）改变画布的大小

选择"图像"菜单下的"画布大小"命令可开启"画布大小"对话框，如图 6-8 所示。

图 6-8　画布大小

（4）改变图像的方向

选择"图像"菜单中"旋转画布"下的系列命令，可对图像进行画布的旋转，如图 6-9 所示是执行了旋转画布命令后的几种情况。

图 6-9　画布的旋转

（5）历史记录面板

历史记录面板可存储 Photoshop 的操作步骤用以随时恢复。选择"窗口"菜单下的"历史记录"命令可打开"历史记录"面板，如图 6-10 所示。

图 6-10　历史记录面板

"历史记录"面板中有关的快捷键，见表 6-2。

表 6-2　　　　　　　　　　"历史记录"面板中有关的快捷键

快　捷　键	作　用
Ctrl +Z	撤销一步操作
Ctrl +Shift +Z、Ctrl +Alt +Z	撤销多步操作，也可以结合历史记录面板
F12	恢复到上次存储的状态

（6）辅助工具

辅助工具分为标尺、参考线和网络，它们只是起到辅助绘图的作用，本身并不能产生效果。

●　标尺：选择"视图"菜单下的"标尺"命令可调出图像的标尺，用以测量图像的大小，还可以从标尺里拖出参考线进行辅助绘图。

●　参考线：参考线可以从标尺里拉出来，也可以通过选择"视图"菜单下的"新参考线"命令精确的创建，将参考线拖至视图外可以删除它。

●　网络：选择"视图"菜单中"显示"下的"网络"命令可以打开网络显示用以辅助绘图。

辅助工具的相关设置：选择"编辑"菜单中"预置"下的"参考线和网络"命令，可以打开如图 6-11 所示的"预置"对话框，对它们的样式和颜色等参数进行修改。这里，"视图"菜单中"对齐"下的"网络"等命令可以使软件操作时某些工具能自动吸附到其上。

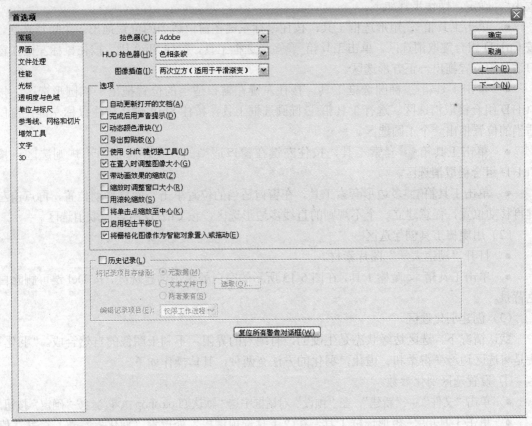

图 6-11　预置对话框

6.2.2　选区与选区操作

1. 选区与选择区域

在处理图像时，经常是要针对某一局部进行操作，这时就要利用 Photoshop 的一个很重要的概念——选区。选区就好比画画要打轮廓一样，如何打轮廓决定画家的绘画方法和能力，如何建立图像编辑选区则是对选区的理解。选区就是绘画中的轮廓，选择区域就是被"轮廓包围"的区域、可以编辑的区域。创建选区的方法很多（如同绘画方法一样），可以通过如图 6-12 所示的选择工具来创建简单选区，也可用钢笔工具 建立选区（一般用钢笔工具建立精确或复杂路径，再将路径转为选区）。选区可以通过菜单栏的"选择"—"变换选区"等命令进行放大、缩小、旋转等变换编辑，也可以通过"修改"命令将选区羽化，还可以对选区进行存储。

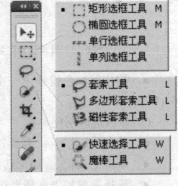

图 6-12　选择工具类型

提示：消除选区的快捷组合键 Ctrl+D。

2. 创建选区

（1）创建矩形、圆形和不规则的选框

打开 Photoshop CS 5 软件，单击"文件"—"新建"，在"预设"对话框中选"默认 Photoshop 大小"，确定，操作步骤如下。

● 单击工具箱▣矩形选框工具，按住鼠标左键在窗口适当的位置拖出一个矩形选区，按 Ctrl+D 组合键取消选区。单击工具箱▣矩形选框工具，按住 Shift 键，按住鼠标左键在窗口适当的位置拖出一正方形选区。

● 单击工具箱○椭圆选框工具，按住左键在窗口适当的位置拖出一椭圆形选区，按 Ctrl+D 组合键取消选区。选择工具箱○椭圆选框工具，按住 Shift 键，按住鼠标左键在窗口适当的位置拖出一个正圆选区。

● 单击工具箱♀套索工具，按住左键在窗口适当的位置任意拖出不规则选区，按 Ctrl+D 组合键取消选区。

● 单击工具箱☑多边形套索工具，在窗口适当的位置单击左键再移动位置，再点击左键再移动位置，任意建立一个不规则的直线多边形选区，按 Ctrl+D 组合键取消选区。

（2）用魔棒工具创建选区

● 打开"湖南大学"图片素材。

● 单击工具箱✎魔棒工具，在图 6-13 所示的空白处单击创建选区，按 Del 键可删除白色背景。

（3）创建羽化选区

默认情况下，选区边缘状态是生硬的，有绝对的界限，不利于图像的自然合成。"羽化"就是将选区边缘变得柔和、虚化，羽化的方法有两种，具体操作如下。

① 设置选区羽化参数

● 单击"文件"—"新建"，在"预设"对话框中选"默认 Photoshop 大小"，按"确定"按钮。

● 单击工具箱▣矩形选框工具，在"工具选项调板"处设置"羽化"参数，将默认值"0"改为"10"，如图 6-14 所示。

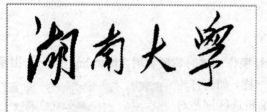

图 6-13　魔棒选择区域

图 6-14　设置羽化值

● 按住鼠标左键拖出一个选框，这时的选框不再是生硬的边缘，边缘是虚化的，如图 6-15 所示。

② 修改选区羽化参数

● 单击"文件"—"新建"，在"预设"对话框中选"默认 Photoshop 大小"，按"确定"按钮。

● 单击工具箱▣矩形选框工具，按住鼠标左键在窗口适当的位置拖出一个矩形选区。

● 选择菜单栏"选择"选项，选"修改"，在弹出的对话框中设置羽化值为"5"，按确定按钮，选区已改变原来生硬的边缘，如图 6-16 所示。

图 6-15　羽化效果　　　　　　　　　图 6-16　羽化选区对话框

（4）创建路径选区

路径选区是 Photoshop 高级创建选区的方法，其目的就是创建较为精确的图形选区。广泛应用于图形制作、抠图和图像处理等方面，其操作原理是：创建"钢笔工具"路径，将路径转换为操作选区，具体操作步骤如下。

打开图片素材如图 6-17 所示。

选择工具面板 钢笔工具，选 路径，沿物体边缘创建工作路径，建立工作路径后，将鼠标光标放置工作区单击鼠标右键建立工作选区，为得到较好的选区效果一般设置选区羽化值为 1～2 像素，具体步骤如图 6-18 所示。

图 6-17　原图素材

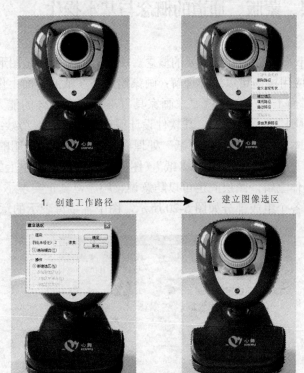

1. 创建工作路径 ⟶ 2. 建立图像选区

3. 设置羽化值 ⟶ 4. 创建路径选区

图 6-18　路径选区制作流程

3. 选区的运算与修改

（1）选区的运算

选区有一个基本的且非常重要的属性就是可以对已创建的选区做加、减、交叉的运算，所谓"运算"就是对已创建的各选区进行添加、删减或交叉选取，基本的方法是：先创建一个选区，然后按住 Shift 键为该选区做加选取；按住 Alt 键为该选区做测试选取；同时按住 Alt 和 Shift 组合键在该选区中间做交叉选取。

（2）选区的修改

当创建的选择区需要修改时，可以执行"选择"菜单中"修改"命令下的"边界"、"平滑"、"扩展"、"收缩"、"羽化"等命令进行相应的修改，如图 6-19 所示。

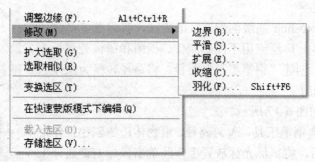

图 6-19 修改选区命令

6.2.3 图层、蒙版、通道的概念与基本操作

1. 图层的概念

图层是 Photoshop 图像处理非常重要的概念。所谓"图"指的是图形、图像，"层"指的是层次、分层。它的应用原理可以这样理解：画家绘画是在纸的平面上作画，景物的远、中、近景都是在同一个平面上处理，这就要求画家具有准确把握物体的能力不能随意修改；而 Photoshop 的"绘画原则"是随心所欲。其软件设计原理很简单也很巧妙：他是将画家的"纸"分成若干张（就像一本书一样），并把"纸"处理成一张张可调整透明的"玻璃纸"，把描绘的物体"化整为零"分配在各个不同的"纸"（图层）上，各个图层上的物体既可独立编辑也可以通过链接后整体编辑，图层间也可以随意调整顺序，真正实现了"随心所欲"的方便性。图层控制面板的各个组成部分如图 6-20 所示，图中各字母表示的意义如下。

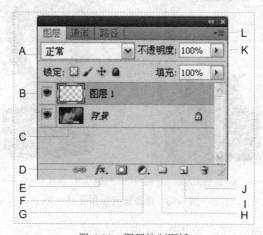

图 6-20 图层控制面板

A（图层色彩混合模式）：利用它可以制作出不同的图像合成效果。

B（图层眼睛）：控制图层的可见性。

C（图层缩览图）：用来显示每个图层上图像的预览。

D（链接图层）：选择两个以上的图层单击该图标，建立图层链接。

E（图层样式）：为图层添加许多特效的命令，是 Photoshop 图层的强大功能。

F（添加图层蒙版）：为图层添加蒙版可以更加方便地合成图像，是图层应用的高级内容。

G（创建新的填充或添加调节图层）：这是可编辑的影像效果调整的高级应用工具。

H（图层组）：通常我们的文件会有很多个图层，将图层合组可便于管理。

I（新建图层）：新建一个普通的图层。

J（删除图层）：删除图层或图层组。

K（图层透明度）：设定图层的透明程度。

L 表示图层面板弹出菜单。

2．图层基本操作

图层相关操作的基本方法如下。

（1）创建图层：用鼠标单击图层调板底部的新建图标，在图层面板中就会创建一个新的普通图层。

（2）复制图层：按住鼠标左键，将需要复制的图层拖放到新建图标上。

（3）删除图层：将图层拖曳到图层调板底部的垃圾桶图标上，就可以删除图层。

（4）图层顺序：在图层面板上直接拖曳图层的位置来改变顺序。

（5）链接图层：按住 Ctrl 键，单击想要链接的图层，单击图标，链接图层会出现链接图标，链接的图层可以进行同时变形、移动、合并等。

（6）删除图层链接：选择链接图层，单击图层面板下边的图标取消链接。

（7）合并图层：在图层处单击鼠标右键可作相应选择合并图层。

（8）设定图层透明度：每一个图层都有自己独立而相关的很多属性，透明度就是一个非常重要的参数，可以从图层面板上直接设定。

（9）创建图层组：单击图层面板下方的按钮，新建一个图层组，图层组是一种"管理"的功能，根据需要可以创建多个图层组，把需要归类的图层拖曳到组里。

（10）删除图层组：将图层组拖曳到垃圾桶内，但图层组所有的图层都会被删掉，如果只想删除组而不删除组里的图层的话，则选择某个图层组，然后单击垃圾桶图标，选择"仅限组"可单独删除图层组。

（11）锁定图层：锁定图层分为以下 4 种。

● 锁定透明像素：选中项，对当前图层的透明区域进行了保护，即只能在非透明区域操作。

● 锁定图层画笔：选中项，则对当前图层所有区域进行了保护，当选择毛笔工具试图涂抹时出现一个禁止的图标，表示不允许着色。

● 锁定位置：选中项则不能使用移动工具对当前图层进行移动。

● 锁定全部：选中项即将以上 3 项的地方全部锁定。

（12）图层色彩混合模式：该模式是图层操作极其重要的技术手段之一。这种模式的基本概念是指上一层与下一层的"混合"效果，如图 6-21 所示是两张合成素材，单击图层面板"色彩混合模式"　正常　开关，可以看到很多模式效果，选择图层 1 并选择"色彩混合模式"下的"叠加"，效果如图 6-22 所示，也可以试试其他模式观察效果。

图 6-21　合成图片素材

图 6-22　合成效果及图层设置

3. 图层蒙版的概念

"蒙版"指将图片中不需要编辑的区域"蒙"起来,以避免这些区域受到任何操作影响的一种功能。在蒙版中黑色区域表示被蒙起来的地方,白色区域表示可以编辑的区域。

"蒙版"是图片合成必须应用的重要技术手段,在平面广告、动画合成及影视合成中广泛应用,合成效果如图 6-23 和图 6-24 所示。

图 6-23　图片素材

4. 图层蒙版操作

● 创建蒙版:在 Photoshop 中可以通过多种方式生成蒙版,如通过菜单命令、图层面板的添加图层蒙版按钮 等,也可以直接将选区转换为蒙版。

● 蒙版的停用:将鼠标光标放置在图层蒙版的缩览图上单击鼠标左键,会出现蒙版操作对话框,选"停用图层蒙版",图层蒙版功能被暂时停用。

● 蒙版的删除和应用:将图层蒙版的缩览图拖到图层面板的垃圾桶图标 上即可删除

蒙版。注意弹出的面板会提示你在删除蒙版之前决定是否蒙将蒙版效果应用到图层中。

5. 通道的概念

在图像处理中，最重要的功能是选区范围。只有正确地运用选区范围，才能精确编辑图像。如果没有选区则无法做出相应的操作或处理。为了记录选区范围，可以通过"黑"与"白"的形式将其保存为单独的图像，进而制作各种效果。人们将这种独立并依附于原图的、用以保存选择区域的黑白图像称为"通道"，简单说，通道就是选取。

通道是基于色彩模式这一基础上衍生出的简化操作工具。一幅 RGB 三原色图有 3 个默认颜色通道：红、绿、蓝。一幅 CMYK 图像，有了 4 个默认颜色通道：青、品红、黄和黑。由此看出，每一个通道其实就是一幅图像中某一种单色的独立通道。通道的可编辑性很强，色彩选择、套索选择、笔刷等都可以通过通道进行编辑，几乎可以把通道作为一个位图来处理，而且还可以实现不同通道相互交集、叠加、相减的动作来实现对所需选区的精确控制。当你选定一个通道时，调色器和色盘将变成黑白灰色阶，用黑白色可以增删选区，而独特的是灰色，灰色所创建的则一块半透明的区域，因为灰色有 253 级阶度，可以组成色阶渐变，因而可以创建渐变透明的效果，这在某些方面是很有用的，当你不想全图层改变透明度时，你可以用通道并可以编辑通道成任意形状，再用渐层工具填上灰度渐变，以后这一通道所选择的区域则有渐变透明的属性，可以往那选区内粘贴任何图形，都会渐变透明。

6. 通道的基本操作

在编辑图像时，往往要对图片做去底（抠图）处理，通道无疑是抠图的最佳利器，下面以摄像头产品为例，利用通道作去底处理，具体操作方法如下。

● 启动 Photoshop CS5 软件，单击"文件"—"打开"命令，调出待编辑图片素材，如图 6-25 所示。

图 6-24 最终合成效果　　　　　　　　图 6-25　产品素材

● 单击图层面板的"通道"选项，根据对比，"通道"的"绿"色通道对比最强，点选"绿"色通道。

● 选择菜单"图像"下的"计算"命令，确定后得到一个新的"Alpha"通道，如图 6-26 所示。

● 选择"图像"，调整菜单下的"色阶"，色阶调整参数如图 6-27 所示。

● 设置🖌画笔大小，透明度为 100，小心地在"摄像头"区域内单击，直到填满黑色，参数如图 6-26 所示。

● 单击通道面板下的 ⊙ "将通道作为选区载入"，单击通道面板的"RGB"通道，单击"图层"返回到图层面板，会看到摄像头被选区完全选择，这时选区选择的对象是背景。

● 单击"选择"菜单下的"反向"，将选区反选！按 Ctrl+C 组合键复制，按 Ctrl+V 组合键粘贴，点击（关闭）背景层 👁 眼睛，完成抠图制作，如图 6-26 所示。

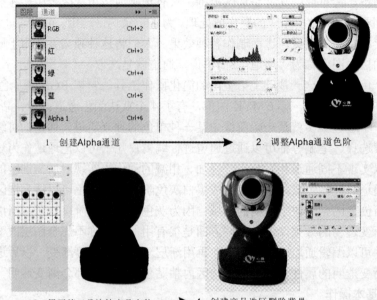

1. 创建Alpha通道　→　2. 调整Alpha通道色阶

3. 用画笔工具涂抹产品实体　→　4. 创建产品选区删除背景

图 6-26　抠图制作过程

7. 图层样式特效操作

图层样式是 Photoshop 的一大特点，利用它可以制作出很多效果别致的立体图形和不同材质的图像，单击图层面板下按钮 *f*.选择"混合选项"，如图 6-27 所示。

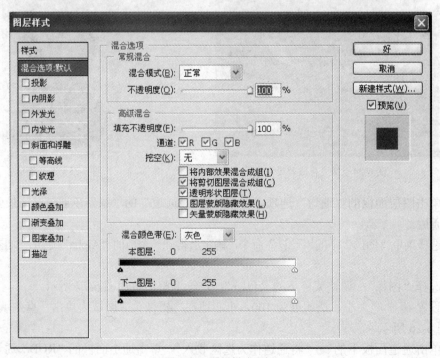

图 6-27　图层样式面板

下面通过一款美术字制作案例来说明它的特效，如图 6-28 所示。

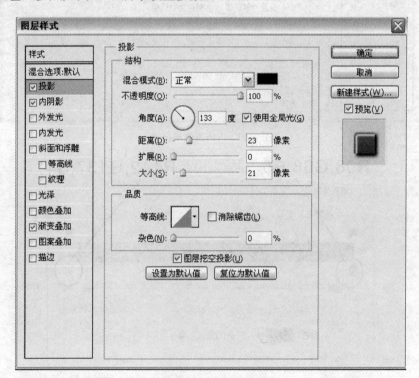

图 6-28　美术字设计

● 开启 Photoshop 软件，选"文件"—"新建"，设置宽为 28cm，高为 14cm，分辨率为 200dpi 的文件。

● 输入文本：单击工具箱 T 文本工具，在"设置字体系列"窗口选择与案例相似的字体,字号为 120 点输入"Photoshop"字样。

● 添加图层样式：选择控制面板下的"添加图层样式"键 fx，在对话框中单击"投影"，投影色选黑色，参照如图 6-29 所示设置参数。

图 6-29　投影效果设置

单击"内阴影"，设阴影颜色为：R250，G250，B20，其他设置如图 6-30 所示。
单击"渐变叠加"，点击 渐变 ▮▮▮▮▮▮▮ 渐变模式，设置渐变色，如图 6-31 所示。

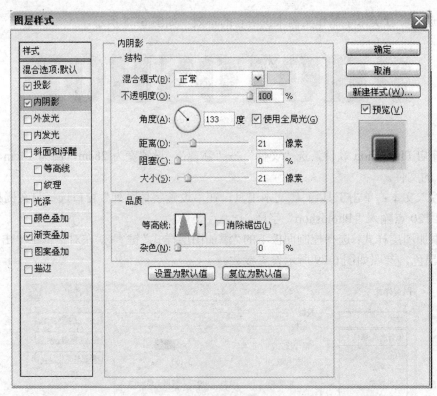

图 6-30　内阴影效果设置

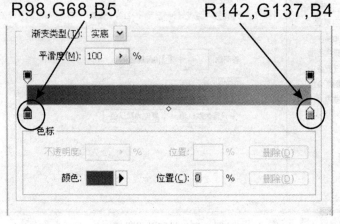

图 6-31　渐变叠加效果设置

6.2.4　图像调整

1. 图像变换调整

图像的各种变换功能，要点是掌握 3 个快捷组合键：Ctrl+T、Ctrl+Shift+T 和 Ctrl+Shift+Alt+T 的使用。

Photoshop 可以对图像进行任意变换，一般来说，变形应该在普通的图层中进行，背景层由于默认被锁定，所以是不能执行变形类的命令的。

执行"编辑"菜单下的"自由变换"命令或者使用快捷组合键 Ctrl+T 就可启动"自由变

换"，在图像中是用一个有 8 个控制手柄的变换框围绕当前图层需要变形的图像周围。在变换框中间单击鼠标右键可启动相关的命令，如图 6-32 所示。

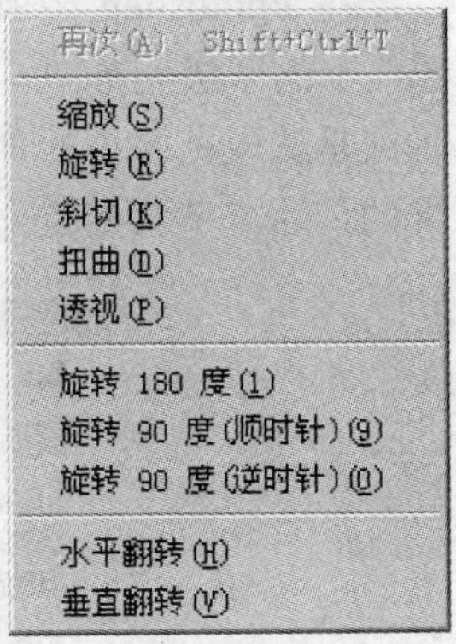

● 缩放：拖动 8 个手柄的中的一个，就可以对图像进行缩放。要按比例缩放，就按住 Shift 键不放，然后拖动一个手柄。如果要以中间点为中心缩放的按住 Shift+Alt 组合键不放，然后拖动手柄。

● 旋转：把鼠标光标放到框外，然后拖动，就可以旋转图层。按住 Shift 键不放拖动，则每次旋转 15°，也可通过快捷菜单中的"旋转 180°"等命令来实现。

● 斜切：按住 Ctrl +Shift 组合键不放，拖动变换框的一个边线就可以产生倾斜的效果。

● 扭曲：按住 Ctrl 键不放，拖动一个手柄，就会产生变形和扭曲效果，拖动中间的手柄则做平行四边形变换。

图 6-32　"自由变换"命令

● 透视：按住 Ctrl +Shift +Alt 组合键不放，拖动一个角的手柄，就可以产生透视效果。

● 水平和垂直翻转：在变换框内右击可调用水平和垂直翻转命令对图像进行翻转操作。

● 改变图像变换的中心点：对图像进行变形的所有操作时，默认的中心点是在变换框的中间，在选项栏中，可以用鼠标单击器图标上不同的点来改变中心点的位置，如图 6-33 所示。图标上的点和变换框上的点一一对应。还可以直接从变换框中拉出中心点到想要的位置，然后进行相应的变形过程，如图 6-34 所示。

图 6-33　改变中心的位置

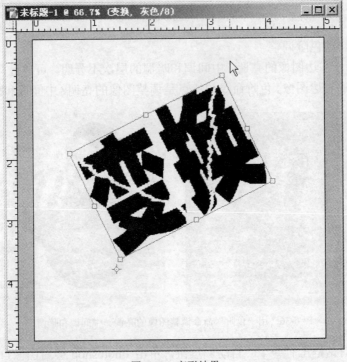

图 6-34　变形结果

2. 色调和色彩调整

在 Photoshop 中所有有关色彩、色调调整的命令基本上集中在"图像"菜单命令中"调整"下的子级菜单中，如图 6-35 所示。使用这些色彩调整指令，可以直接调整整个图层的图像或是选取范围内的部分图像。如何灵活运用每个色彩指令的功能对学习 Photoshop 是很重要的，这一节将重点介绍有关 Photoshop 色彩调整的各种知识。

图 6-35 色彩调整命令

（1）色阶和自动色阶调整

如图 6-36 所示左边图像的亮调、中间调和暗调的层次不分明，可通过"色阶"命令进行调整得到改善后的右边图像。色阶命令的特点是调整图像的亮调、中间调和暗调的层次分布。

图 6-36 用"色阶"命令调整图像的亮调、中间调和暗调

在色阶命令对话框上有一个"自动"按钮，单击 Photoshop 会对图像自动进行调整，有时会显得比较方便，如图 6-37 所示。其实在这里单击"自动"按钮和选择"调整"菜单下的

"自动色阶"命令的作用是一样的。

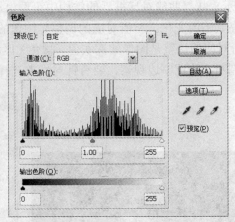

图 6-37　用"自动"命令调整图像的色阶

自动色阶命令虽然方便，但并不适合所有图像，自动色阶命令一般可先尝试使用，如果结果不满意的话，就选择手动。

（2）亮度、对比度和自动对比度调整

"亮度/对比度"命令主要是针对图像的亮度和明暗对比程序来调整的，它是一个比较简单和粗糙的调色工具。

（3）自动色彩调整

"自动色彩"是 Photoshop 对图像的色彩做出自己的分析然后进行调整的，和"自动色阶"、"自动对比度"命令一样没有需要设置的对话框，有时候能较快地帮助我们纠正偏色现象。

（4）曲线调整

如图 6-38 所示，图像是通过曲线命令调整后得到右边的改善过的。曲线命令是一个非常专业而精细的色彩色调调整命令，它的功能原理和色阶命令其实是一样的，但是它的优势在于更加精细地调整，具体体现在它的曲线功能。曲线命令的核心功能就在中间的一根曲线上，默认情况下它是一个对角的直线，将鼠标移到曲线上单击即可添加一个调节点，可向上或向下移动它，图像即相应发生变化。

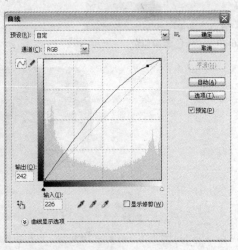

图 6-38　曲线调整和曲线对话框

使用曲线命令时需注意，曲线上的每一个点代表着图像中相对应的一个色阶层次，如图 6-39 所示，从"曲线对话框"的结构中可看出，从 A 到 C 的色带是"白"到"黑"的变化，即由亮到暗的变化。A 所对应的调整是图像的高光区域，B 所对应的调整是图像的灰色区域，C 所对应的调整是图像的深灰色（黑色）区域。在做曲线调整时要对图像的"黑白灰"做出调整判断，边调整边观察，要有针对性的选择。

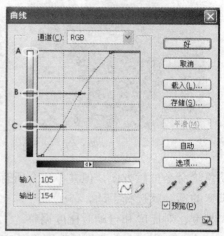

图 6-39　曲线调整和曲线对话框

（5）色彩平衡调整

如图 6-40 所示，图像显得蓝色的成分太多，有些失真，通过"色彩平衡"调节（如图 6-41 所示），添加了黄色成分得到色彩层次更多的图像（如图 6-42 所示）。

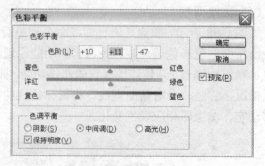

图 6-40　图像色调偏蓝色　　　　　　　　　　图 6-41　色彩平衡调整面板

图 6-42　色彩调整后

（6）色相饱和度调整

色相：指的是色彩的相貌，就是通常意义上的红、橙、黄、绿、青、蓝、紫，读者可以打开 Photoshop 的拾色器，如图 6-43 所示，单击 H 项以色相的方式调整色彩，色彩随着小三角标的上下游动而发生色相的变化。

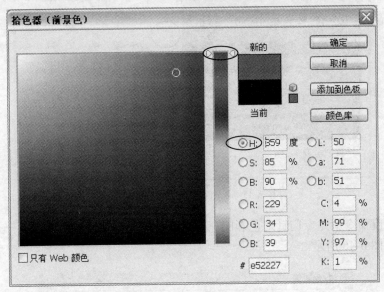

图 6-43　以色相方式调整色彩

明度：明度指的是一种颜色在明暗上的变化，如图 6-44 所示，单击 B 项以明亮度的方式调整色彩，色彩随着小三角标的上下游动面发生明度的变化。

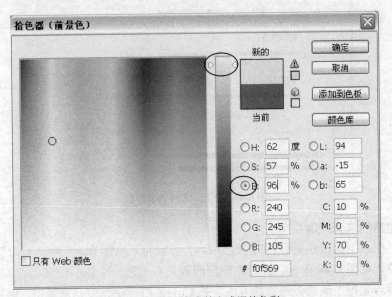

图 6-44　以明亮度的方式调整色彩

饱和度：饱和度指的是色彩的鲜艳程度，如图 6-45 所示，单击 S 项以饱和度的方式调整色彩，色彩随着小三角标的上下游动而发生色彩纯度的变化。

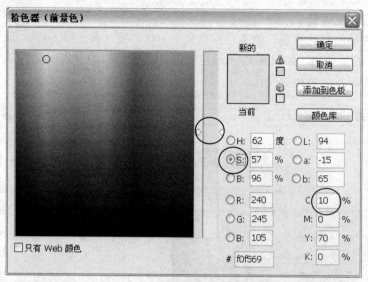

图 6-45　以饱和度的方式调整色彩

色相饱和度命令就是专门针对色彩的三要素进行调整的命令，可以说是一个比较直观易学的命令，如图 6-46 所示。

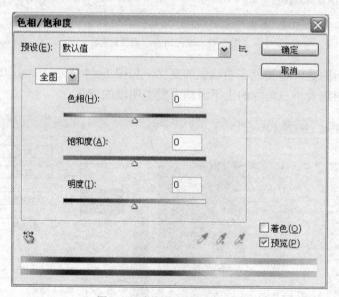

图 6-46　色相饱和度调整面板

（7）创建新的填充或调整图层

单击图层面板下的按钮 ，会弹出如图 6-47 所示的下拉菜单，选中"色阶"命令弹出对话框进行调整，如图 6-48 所示，此时在图层面板里会出现一个新的调节层。

调整好后若觉得不满意，通常的方法会按 Ctrl+Z 组合键恢复，重新做，但是使用"调节层"就不用那么麻烦了，可以直接单击调节层的缩览图，再次调出它的对话框进行调整，这是调节层调整图像比直接使用色阶命令优越的一点。

3. 图像修复工具调整

图像除了会存在色调、层次和颜色的问题之外，有时候还会有一些细节上的问题，如人物照片中的"红眼"，年长日久的老照片上的墨迹和污点等。针对这些 Photoshop 提供了一系列的修图工具，具体操作如下。

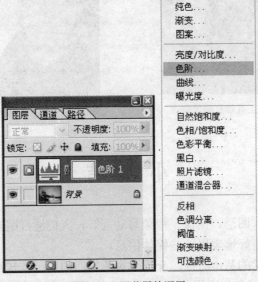

图 6-47　调节层的调用

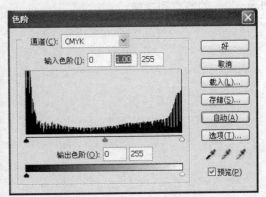

图 6-48　色阶对话框

（1）仿制图章工具

仿制图章工具 可精确地复制图像的一部分到另一个地方，可用来修复照片中的污点等。使用的技巧是：在准备复制的地方按住 Alt 键单击一下，以得到原始取样点的像素信息，然后挪到目标位置进行复制。如图 6-49 所示是利用它修复一张老照片中的白点的效果，注意修图的时候要避免出现太生硬的边缘，关键是要调整画笔工具的硬度大小。

（2）修复画笔工具

修复画笔工具 和仿制图章工具比较类似，操作方法一样，所不同的在于它在修复图像的时候会保留目标区域颜色的明度，而不是完全的复制。利用它的特点可以轻易修复一些复杂的图像区域，如人脸上的皱纹和色斑等。如图 6-50 所示，图像脸上的皱纹和色斑被轻易去除，如果只是用仿制图章工具的话就很难修复得这样自然。

使用修复画笔工具同样需要注意硬度的设置，在工具属性栏上单击画笔的地方可修改它的硬度数值，当然也可根据需要修改它的直径、间距、圆度和角度等参数。

图 6-49   用仿制图章工具修复图像杂点

图 6-50   用修复画笔工具修复面部

小　　结

视觉媒体包括文本、图形、图像、视频与动画等，人们通过眼睛来感受这些媒体信息，通过丰富多彩的颜色来更好地表现这些媒体信息。

本章首先介绍了视觉的基本特性，介绍了彩色空间的表示及转换，阐述了数字图形图像的基本原理，对矢量图形和位图图像做了简单比较，最后介绍了常用的图形图像处理软件 Photoshop 的特点和功能。

第7章
多媒体音频技术

声音是人类交流和认识自然的重要媒体形式。计算机技术的发展使得人们可以利用计算机对声音进行各种各样的处理，从而产生了计算机音频技术。在多媒体系统中，声音扮演着极为重要的角色。多媒体涉及多方面的音频处理技术，如音频采集、语音编码/解码、文/语转换、音乐合成、语音识别与理解、音频数据传输、音频/视频同步、音频效果与编辑等。随着计算机技术的日新月异，多媒体音频处理技术越来越成熟。

7.1 声音的基本特性

声音根据其内容可以分为语音、音乐和音响三类。语音是语言的物质载体，是社会交际工具的符号，它包含了丰富的语言内涵，是人类进行信息交流特有的形式。多媒体技术中主要研究的是语音和音乐信号。

7.1.1 音频信号的特征

声音是一种波，其本质是机械振动或气流扰动引起周围弹性介质发生波动，传到人的耳朵里引起耳膜的振动，使人形成听觉，从而产生声音。产生声波的物体称为声源（如人的声带、乐器等），声波所及的空间范围称为声场。

1. 声音的物理特征

声波可以用一条连续的曲线来表示，它在时间和幅度上都是连续的，称为模拟音频信号。声音的强弱体现在声波的振幅上，音调的高低体现在声波的频率或周期上。振幅、周期、频率是衡量声音的 3 个重要特征。

（1）振幅

振幅是声波波形的高低幅度，表示声音信号的强弱程度。声波的振幅决定了声音音量的大小，振幅越大音量越大。

（2）周期

周期是指声源完成一次振动，空气中的气压形成一次疏密变化（传递一个完整的波形）所需的时间，记作 T，单位为秒（s）。

（3）频率

频率是指单位时间内声源振动的次数或空气中气压疏密变化的次数，记作 f，单位为赫兹（Hz）。频率是周期的倒数，即 $f = 1/T$。

（4）频带宽度

对声音信号的分析表明，声音信号是由许多频率不同的信号组成，这类信号称为复合信号，而单一频率的信号称为分量信号。声音信号的一个重要参数是频带宽度又称之为带宽，它用来描述组成复合信号的频率范围。人类能分辨的声波频率范围是 20～20 000Hz，称为音频信号（Audio），高于 20 000Hz 的称为超声波信号（Ultrasonic），低于 20Hz 的称为次音信号（Subsonic）。语音信号（Speech）的频率范围为 300～3 000Hz。

（5）声压和声强

为了定量描述声音的强弱，人们采用了多种描述方式，声压和声压级就是其中的两种形式。声压用 P 来表示，它是指在声场中某处由声波引起压强的变化值，单位是"帕斯卡"（Pa）。当声压越大，声音也就越大，但是人耳对声音强弱的感觉与声压的大小并非呈线性关系，而是大体上与声压有效值的对数成正比。为了适应人类听觉的这一特性，将声压的有效值取对数来表示声音的强弱，这种表示方式称为声压级，用 SPL 表示，单位是"分贝"（dB）。

正常人耳对 1kHz 的单一频率信号（称为简谐音或纯音）刚刚能察觉到它的存在时的声压值，也就是 1kHz 声音的"可听阈"。一般讲，低于这一声压值，人耳就再也不能觉察出这个声音的存在了。显然该可听阈声压的声压级即为零分贝，实验表明，可听阈是随频率变化的。

另一种极端的情况是声音强到使人耳感到疼痛。实验表明，如果频率为 1kHz 的单一频率信号的声压级达到 120dB 左右时，人的耳朵就感到疼痛，这个阈值称为"痛阈"。在听阈和痛阈之间的区域就是人耳的听觉范围，即人的听觉器官能感知的声音幅度范围为 0～120dB。

2. 声音的心理学特性

人耳对不同强度、不同频率声音的听觉范围称为声域。在人耳的声域范围内，声音听觉心理的主观感受主要有音调、响度、音色等特征和掩蔽效应、方位感、空间感等特性，其中音调、响度和音色又被称为声音的三要素。

（1）音调

人耳对于声音高低的感觉称为音调，在音乐中称为音高。当我们分别敲击一个小鼓和一个大鼓时，会感觉它们所发出的声音不同。小鼓被敲击后振动频率快，发出的声音比较清脆，即音调较高；而大鼓被敲击后振动频率较慢，发出的声音比较低沉，即音调较低。音高与声音频率的关系大体上呈对数关系。实际上，音乐里的音阶就是按频率的对数取等分来确定的。在音乐中每增高或降低一个八度音，其声音的频率就升高或降低一倍。

（2）响度

响度是人耳对声音强弱的感觉程度。响度与声波振动的幅度（声压级）有关，一般来说，声波振动幅度越大则响度也越大。当用较大的力量敲鼓时，鼓膜振动的幅度大，发出的声音响；轻轻敲鼓时，鼓膜振动的幅度小，发出的声音弱。但响度与振幅并不完全一致，人们对响度的感觉还和声波的频率有关，同样强度的声波，如果其频率不同，人耳感觉到的响度也不同。描述响度、声压以及频率之间的关系曲线称为等响度曲线。

（3）音色

人耳对各种频率、各种强度的声波的综合反应。音色与声波的振动波形有关，或者说与声音的频谱结构有关。当我们听胡琴和扬琴等乐器同奏一个曲子时，虽然它们的音调相同，但我们却能把不同乐器的声音区别开来，这是因为各种乐器的发音材料和结构不同，它们发出同一个音调的声音时，虽然基波相同，但谐波构成不同，因此产生的波形不同，从而造成音色不同。

7.1.2　声音质量的评价

声音质量的评价有两种基本方法，一种是客观质量度量，另一种是主观质量的度量。客观质量度量时主要考虑以下技术指标。

1．频带宽度

声音的质量与它所占用的频带宽度有关，频带越宽，信号强度的相对变化范围就越大，音响效果也就越好。根据声音的频带宽度，通常把声音的质量分成 4 个等级，其中，声音效果最好的是 CD-DA 唱盘，带宽是 10Hz～22kHz，其次是调频（FM, Frequency Modulation）无线电广播，带宽为 20Hz～15kHz，然后是调幅（AM, Amplitude Modulation）无线电广播，带宽为 50Hz～7kHz，最低的是数字电话，带宽为 200Hz～3.4kHz，如图 7-1 所示。

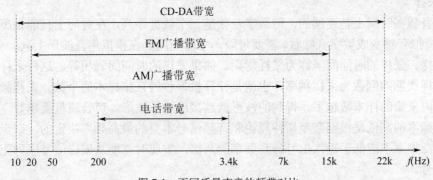

图 7-1　不同质量声音的频带对比

2．动态范围

动态范围是衡量声音强度变化的重要参数，它是指某个声音的最强音与最弱音的强度差，并用分贝表示。每种声源的动态范围依据各自的特性有所不同，如女生的动态范围为 25～50dB，男生为 30～50dB。

在音乐中，动态范围小给人以平淡、枯燥的感觉，而动态范围大则给人以生动、细腻、表现力强的感受。FM 广播的动态范围约 60dB，AM 广播的动态范围约 40dB，在数字音频中，CD-DA 的动态范围约 100dB。

3．信噪比

信噪比（SNR, Signal Noise Ratio）是有用信号与噪声之比的简称，即有用信号的平均功率与噪声平均功率之比。噪声频率的高低，信号的强弱对人耳的影响不一样。通常，人耳对 4～8kHz 的噪声最灵敏，弱信号比强信号受噪声影响较突出。而音响设备不同，信噪比要求也不一样，如 Hi-Fi 音响要求 SNR＞70dB，CD 机要求 SNR＞90dB。信噪比大，在一定程度上能够掩蔽噪声，从而获得较好的声音效果。

7.2 数 字 音 频

音频信号是在时间和幅度上都连续的模拟信号。而在计算机内，所有的信息均以数字表示，各种命令是不同的数字，各种幅度的物理量也是不同数字。音频信号也用一系列数字表示，称之为数字音频，其特点是保真度好、动态范围大、可靠性高、信息易处理等。

7.2.1 音频数字化

声音进入计算机的第一步就是数字化，也就是把模拟音频信号转换成有限个数字表示的离散序列。这一转换过程为：选择采样频率，进行采样（Sampling），然后选择分辨率，进行量化（Quantization），最后编码（Coding），形成声音文件。

在这一处理技术中，涉及音频的采样、量化和编码。采样和量化过程所用的主要硬件是模数（A/D）转换器，在数字音频回放时，再由数模（D/A）转换器，将数字声音信号转换成原始的电信号。

1. 采样

模拟音频在时间上是连续的，而数字音频是一个数据序列，在时间上只能是离散的。因此，当把模拟音频变成数字音频时，需要每隔一个时间间隔在模拟声音波形上取一个幅度值，称之为采样，采样的时间间隔称为采样周期。如果采样的时间间隔相等，这种采样称为均匀采样。采样周期的倒数为采样频率，也就是计算机每秒钟采集样本的个数。采样频率越高，单位时间内采集的样本数越多，得到的波形就越接近原始波形，声音质量就越好。

采样频率的高低是根据奈奎斯特理论和音频信号本身的最高频率决定的。奈奎斯特理论指出，采样频率不应低于输入信号最高频率的两倍，重现时就能从采样信号序列无失真的重构原始信号。

例如，电话话音的信号频率约为 3.4kHz，采样频率就选为 8kHz，人耳听觉的上限为 20kHz，采样频率要达到 40kHz，才能获得较好的听觉效果。采样的 3 个常用频率分别为 11.025kHz、22.05kHz 和 44.1kHz，分别对应 AM 广播、FM 广播和 CD 高保真音质声音。现在声卡的采样频率一般为 48kHz 或 96kHz。

2. 量化

模拟电压的幅值也是连续的，而用数字表示音频幅度时，只能把无穷多个电压幅度用有限个数字表示，即把某一幅度范围内的电压用一个数字表示，称之为量化。这个数字在计算机中用二进制表示，所用的二进制位数称为采样精度或量化位数，通常是 8 位或者 16 位。

采样精度的大小影响到声音的质量，在相同的采样频率之下，量化位数越多，声音的质量越高，需要的存储空间也越多；量化位数越少，声音的质量越低，需要的存储空间越少。这好比是量一个人的身高，若是以毫米为单位来测量，会比用厘米为单位更准确。

量化质量可以用信号量化噪声比（SQNR）来描述。量化噪声是指某个采样时间点的模拟值和最近的量化值之间的差。

量化方法有两种，一种是均匀量化，另一种是非均匀量化。

量化时，如果采用相等的量化间隔对采样得到的信号作量化，那么这种量化称为均匀量化或线性量化。用均匀量化来量化输入信号时，无论对大的输入信号还是小的输入信号都一律采用相同的量化间隔。因此，要想既适应幅度大的输入信号，同时又要满足精度高的要求，就需要增加采样样本的位数。

非均匀量化的基本思想是对输入信号进行量化时，大的输入信号采用大的量化间隔，小的输入信号采用小的量化间隔，这样就可以在满足精度要求的情况下使用较少的位数来表示。其中采样输入信号幅度和量化输出数据之间一般定义了两种对应关系，一种称为 μ 律压缩算法，另一种称为 A 律压缩算法。

3. 编码

编码是将量化后的采样信号值转换成一个二进制码序列输出。

编码的形式比较多，常用的编码方式是脉冲编码调制（PCM，Pulse Code Modulation）。如图 7-2 所示，首先用一组脉冲采样时钟信号与输入的模拟音频信号相乘，相乘的结果就是离散时间信号，然后对采样后的信号幅值进行量化，量化过程由量化器来完成。对量化后的信号再进行编码，即把量化的信号电平转换成二进制码序列 $x(n)$，n 表示量化的时间序列，$x(n)$ 的值就是 n 时刻量化后的二进制形式幅值。计算机对量化后的二进制数据可以用文件的形式存储、编辑和处理，还可还原成原始的模拟信号播放，还原的过程称为解码。

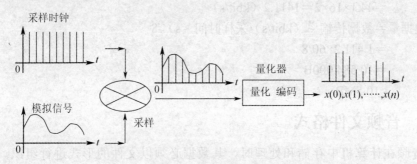

图 7-2　PCM 编码过程

PCM 是概念上最简单、理论上最完善的编码系统，其主要优点是：抗干扰能力强、失真小、传输特性稳定，尤其是远距离信号再生中继时噪声不积累，而且可以采用压缩编码、纠错编码和保密编码等来提高系统的有效性、可靠性和保密性。缺点是：数据量大，要求的数据传输率高。

4. 音频数据传输率

数据传输率是指每秒钟传输的数据位数，记为 bit/s。音频信号数字化后，产生大量数据，其数据传输率与信号在计算机中的实时传输有直接关系，而其总数据量又与计算机的存储空间有直接关系。

未经压缩的数字音频数据传输率数据传输率（bit/s）＝采样频率（Hz）×量化位数（bit）×声道数，其中，数据传输率以位每秒（bit/s）为单位，采样频率以赫兹（Hz）为单位，量化以位（bit）为单位。声道数是指一次采样所记录产生的声音波形个数，单声道就是一个声音波形，双声道录放音有立体感，叫双声道立体声。

如果采用 PCM 编码，经过数字化后音频文件所需占用的文件数据量（B）＝数据传输率×采样时间/8。其中，数据量以字节（B）为单位，数据传输率以位每秒（bit/s）为单位，采样时间以秒为单位。

由公式可知，采样频率、量化位数、声道数这些技术指标对声音质量和文件数据量起决定作用。不同质量的声音数字化指标见表 7-1。

表 7-1 声音质量和数字化指标

质量	采样频率/kHz	量化位数/bit	声道数	数据传输率（未压缩）（kbit·s⁻¹）	频率范围/Hz
电话	8	8	单声道	64.0	200～34 000
AM	11.025	8	单声道	88.2	50～7 000
FM	22.05	16	立体声	705.6	20～15 000
CD	44.1	16	立体声	1 411.2	20～20 000
DAT	48	16	立体声	1 536.0	20～20 000

其中，电话使用 μ 律编码，动态范围为 13 位，而不是 8 位。

例　计算一分钟未压缩的高保真立体声数字声音文件的大小。

高保真立体声数字声音采样频率为 44.1kHz,16 位量化位数，双声道，一分钟这样的声音文件的大小为：

数据传输率＝采样频率（kHz）×量化位数（bit）×声道数

　　　　　＝44.1×16×2＝1411.2（kbit/s）

文件数据量＝数据传输率（kbit/s）采样时间（s）/8

　　　　　＝1 411.2×60/8

　　　　　＝10 584 000B

　　　　　≈10.5MB

7.2.2　音频文件格式

数字音频在计算机中存储和处理时，其数据必须以文件的形式进行组织。相同的数据可以有不同的文件格式，不同的数据也可以有相同的文件格式。所选用的文件格式必须得到操作系统和应用软件的支持。在互联网上和各种计算机上运行的音频文件格式很多，目前比较流行的有 WAV 文件、VOC 文件、RealAudio 文件、MPEG 文件、MIDI 文件等。

（1）WAV 文件

WAV 文件扩展名为.wav，它是 Microsoft 公司的标准音频文件格式，用于保存 Windows 平台的音频信息资源。WAV 文件来源于对声音模拟波形的采样，即用不同的采样频率对声音的模拟波形进行采样可以得到一系列离散的采样点，以不同的量化位数（8 位或 16 位）把这些采样点的值转换成二进制数，然后存入磁盘，这就产生了声音的 WAV 文件，即波形文件。

利用该格式记录的声音文件能够和原声基本一致，质量非常高，但文件数据量大，多用于存储简短的声音片断。

（2）VOC 文件

VOC 文件扩展名为.voc，它是 Creative 公司所使用的标准波形音频文件格式，也是声霸卡（Sound Blaster）使用的音频文件格式。VOC 文件与 WAV 文件相似，利用声霸卡提供的软件可以方便地进行 VOC 和 WAV 文件的互换。

（3）RealAudio 文件

RealAudio 文件扩展名为.ra、.rm 或.ram，它是 RealNetworks 公司开发的一种新型流音频（Streaming Audio）文件格式。RealAudio 文件格式具有强大的压缩量和极小的失真，它是为了解决网络传输带宽资源而设计的，因此主要目标是压缩比和容错性，其次才是音质。

（4）MPEG 文件

MPEG 文件扩展名为.mp1、.mp2、或.mp3，它是现在最流行的声音文件格式，因其压缩率大，在网络可视电话通信方面应用广泛。

MPEG 是运动图像专家组（Moving Picture Experts Group）的英文缩写，代表 MPEG 运动图像压缩标准，这里的音频文件格式指的是 MPEG 标准中的音频部分，即 MPEG 音频层。目前使用最多的就是 MP3 文件格式。

（5）MIDI 文件

MIDI 文件扩展名为.mid、.midi 或.rmi，它是目前较成熟的音乐格式，实际上已经成为数字音乐/电子合成乐器的一种产业标准，其科学性、兼容性、复杂程度等各方面当然远远超过前面介绍的标准（除交响乐 CD、Unplug CD 外，其他 CD 往往都是利用 MIDI 制作出来的），General MIDI 就是最常见的通行标准。作为音乐工业的数据通信标准，MIDI 能指挥各音乐设备的运转，而且具有统一的标准格式，能够模仿原始乐器的各种演奏技巧甚至无法演奏的效果，而且文件的长度非常小。RMI 文件是 Microsoft 公司制定的 MIDI 文件格式，它还可以包括图片标记和文本。

（6）其他音频文件格式

除上面介绍的音频文件格式外，其他音频文件格式还有 AIFF 文件、CMF 文件、Module 文件、Sound 文件、Audio 文件等。

7.2.3　数字音频处理

在多媒体节目制作中需要各种声音，这些声音的获取可以通过两步得到。首先是采集或制作声音的原始素材，然后再使用声音编辑软件对原始素材进行编辑处理，如剪辑、合成等，最终生成所需的声音文件。

在多媒体节目制作中，声音原始素材的采集与制作可通过以下几种方式。

① 购买提供声音文件的软件光盘。

② 通过计算机中的声卡，从麦克风中采集声音生成 WAV 文件，如制作课件中的解说语音就可采用这种方法。

③ 通过计算机中声卡的 MIDI 接口，从带 MIDI 输出的乐器中采集音乐，形成 MIDI 文件，或用连接在计算机上的 MIDI 键盘创作音乐，形成 MIDI 文件。

④ 通过网络下载得到。

⑤ 使用专门的软件抓取 CD、VCD 或 DVD 光盘中的音乐，生成声音原始素材。

声音编辑软件可以进行声音的采集、播放、编辑以及音效处理和制作 MIDI 音乐，可以在听音乐的同时也能够看到音乐。声音编辑软件非常多，主要分为数字音频软件和音序软件等。数字音频软件主要用来录制、编辑处理构成数字音频的真实采样的声音。常见的数字音频编辑软件有：Window 操作系统自带的录音机、GoldWave、Sound Forge、Cool Edit、Adobe Audition、Audio Editor、Samplitude、Nuendo 等。音序软件就是 MIDI 制作软件。常见的音序软件有：Cakewalk、Cubase、Macromedia Soundedit、作曲大师和 TT 作曲家等。

7.3 音频处理软件 Adobe Audition 应用

Adobe Audition（前身是 Cool Edit Pro）是 Adobe 公司开发的一款功能强大、效果出色的多轨录音和音频处理软件。它专为在照相室、广播设备和后期制作设备方面工作的音频和视频专业人员设计，可提供先进的音频混合、编辑、控制和效果处理功能，能够非常方便、直观地对音频文件以及视频文件中的声音部分进行各种处理。本节以 Adobe Audition 3.0 为例，介绍用音频处理软件处理音频的一般方法。

7.3.1 Adobe Audition 简介

Adobe Audition CS3 主要功能如下。

（1）多轨录音。可以在普通声卡上同时处理多达 128 轨的音频信号，支持从多种声音源设备来进行声音录制，例如 CD、话筒等，并支持多种声音文件格式的输出，利用它可以将自己满意的歌声或者喜欢的歌曲录制下来。

（2）音频编辑。该软件具有极其丰富的音频处理效果，可以使用 45 种以上音频效果器，mastering 和音频分析工具，以及音频降噪、修复工具，可以进行如放大、降低噪音、压缩、扩展、回声、失真、延迟等处理，并能进行实时预览和多轨音频的混缩合成。使用它可以生成噪声、低音、静音、电话信号等声音信号。

（3）文件操作。支持多文件处理，可以轻松地在几个文件中进行剪切、粘贴、合并、重叠声音操作。可直接导入 MP3 文件等，还可以在 AIF、AU、MP3、Raw PCM、SAM、VOC、VOX、WAV 等文件格式之间进行转换，并且能够保存为 RealAudio 格式。

（4）包含有 CD 播放器，支持可选的插件，崩溃恢复，自动静音检测和删除自动节拍查找等功能，支持音乐 CD 烧录。

（5）实时效果器和 EQ。

（6）支持多种采样速率，支持 SMPTE/MTC Master，支持 MIDI，支持视频。

（7）支持 VSTi 虚拟乐器。

（8）使用波形编辑工具：拖曳波形到一起即可将它们混合，交叉部分可做自动交叉淡化，能对多核 CPU 进行优化等。

启动 Adobe Audition CS3 汉化版，界面如图 7-3 所示。

Adobe Audition 的工作界面主要由标题栏、菜单栏、视图切换按钮、工作区风格选择按钮，主群组\混音器窗口组成的工作区、文件/效果窗口和传送器、时间、缩放、选择/查看、会话属性、电平等浮动面板及状态栏组成。

视图切换按钮分别是单轨编辑视图、多轨编辑视图和 CD 编辑视图。单击某个按钮可以进入相应视图中进行音频编辑。

浮动面板可以选择"窗口"主菜单下相应命令打开或关闭，也可以单击某个面板右上角的按钮▶，从弹出的菜单中选择命令撤销或关闭面板。

音频编辑工作主要是在主群组中进行。在主群组面板，左边是按钮区域，右边是音轨区。默认显示声音文件的波形，也可显示视频和 MIDI 信息。双击音轨区中的声音波形，可进入单轨编辑状态，单击"多轨"视图切换按钮可回到多轨编辑。

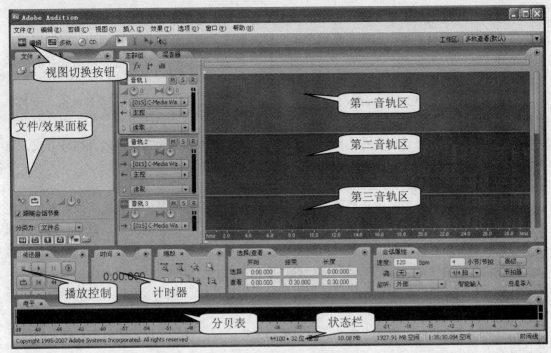

图 7-3　Adobe Audition CS3 界面

声音波形以图形化形式显示在波形显示区中，y 轴表示波形的振幅（电平），x 轴表示声音波形的时间进行。在音源载入音轨时可看到声波形式，波形可以任意选取某一段落试听或编辑，这对声音的编辑来说是相当方便的。波形的播放控制是通过传送器实现的。在波形显示区中正在播放的波形上有一根黄色的竖虚线，这是播放指针，指示播放的位置。当播放声音时，在音轨上有一根白色移动的时间指针，指示当前播放的位置，相当于 CD 唱机的激光头或录音机的磁头，声音播放到哪里，标尺就移到哪里，同时在时间面板上显示时间值。

状态栏显示的是文件属性，由左到右分别显示的是文件名、采样格式（采样频率、量化位数、通道数）、文件大小、磁盘剩余空间（MB）大小和显示模式。

在多轨视图中，在视图切换按钮右边有以下 4 个功能键。

时间选择工具：以时间为单位进行音频范围的选择。按住鼠标左键并左右拖曳，可选中音频中的相应范围。

移动/复制剪辑工具：用来对多轨中的音频剪辑位置进行移动。使用时，按住鼠标左键并拖曳，即可实现对音频剪辑位置的移动。

混合工具：兼备时间选择工具、移动工具等的特点。单击可以实现选中剪辑、选择音频范围等功能，右击可以实现移动音频剪辑等功能。

刷选工具：用来慢听细节。选择这个工具单击音频上的某个时间点时，时间指针以几乎察觉不到的慢速前进。效果类似于手动旋转磁带一样。

7.3.2　声音的播放、录制与格式转换

1. 新建会话、打开会话、导入文件

选择"文件|新建会话"菜单命令，弹出"新建会话"对话框，在其中选择采样率，单击"确定"按钮。此时建立了一个扩展名为*.ses 的文件，这个文件称为会话文件，也可叫工程

文件，该文件详细记录了在多轨视图下的操作信息，其中包括会话使用的外部文件所在的位置、效果器的参数设置等。这些信息以会话文件的格式存储，下次可直接调用，继续工作。

选择"文件|打开会话"菜单命令，弹出"打开会话"对话框，从中选择以前保存的会话文件，单击"打开"按钮。

导入素材文件到 Adobe Audition 中来，可以选择"文件|导入"命令，或者单击"文件"面板的"导入文件"按钮，进入"导入"对话框，选择文件，单击"打开"按钮。在导入文件时，文件相关信息显示在右边部分，还可以播放文件或设置为自动播放及循环方式。导入的文件名显示在"文件"面板列表区中。

2．声音文件的播放

在"文件"面板列表区中选择要播放音频文件，拖到右边的某个音轨上，或者先单击某个要放置文件的音轨，再在文件上右击，从快捷菜单中选择"插入到多轨"命令。可以看到这个声音的波形出现在音轨上，上面是左声道，下面是右声道。左右声道之间有一条蓝色的线，称为声相包络线，通过调节这条线，可使声音在左右声道间游移，给人距离感。如果在文件列表中双击文件或右击，从快捷菜单中选择"编辑文件"命令，可进入单轨编辑视图编辑文件。

在 Adobe Audition 中播放声音文件可以通过单击"传送器"面板中的按钮。各个的按钮及功能如下。

■ 停止：停止播放，同时，时间指针会自动回到播放开始时所处的位置。

▶ 播放：从指针处播放至文件结尾。

Ⅱ 暂停：暂停播放，直到再次按下播放按钮时，从指针停留处开始继续播放下去。

⊙ 从指针处播放至查看结尾：从指针所在位置开始播放直到时间线末尾。

⮐ 循环播放：表示不停的循环播放。

◁ 转到开始或上一个标记：将指针移回到声音开始地方或者上一个标记的地方。

◀◀ 向后：将指针向左（声音开始的方向）跳跃移动。

▶▶ 向前：将指针向右（声音结束的方向）跳跃移动。

▷ 转到结尾或下一个标记：将指针移至声音的终点或者下一个标记的地方。

● 录音：可以录制或插入录制音频。

在单轨编辑视图下，波形显示区内的指针可以同时停留在两个声道上，也可以单独停留在左声道或右声道上。当鼠标放在左声道上波段时，变成Γ形状时，单击鼠标，就只在左声道中出现指针。同样可使指针只出现在右声道中。指针所处的声道是处于激活状态的声道，在播放声音时播放的是处于激活状态的声道中的声音。

在 Adobe Audition 中可选择播放区域，方法是在数据窗口中拖动鼠标方式选定区域，或通过"选择/查看"面板设置区域的起点和终点。选定的区域还可以进行移动、复制等处理。

3．录音

Adobe Audition 可以将接在计算机上的麦克风、线路输入、MIDI 等的声音录制成数字音频文件，录音过程如下。

（1）选择录音设备

选择"编辑"|"音频硬件设置"命令，打开"音频硬件设置"对话框，如图 7-4 所示。在"编辑查看"选项卡中若默认输入呈灰色，内容为"无"，表明当前音频输入没有激活。单击"控制面板"按钮，进入"DirectSound 全双工设备"对话框选择输入设备。

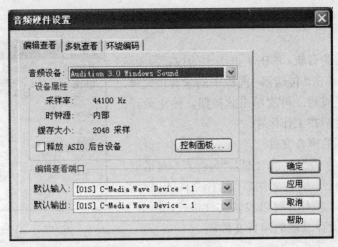

图 7-4　音频硬件设置

（2）接入

在开始正式录音之前，要准备好麦克风、CD 唱机、DVD 播放器、录音机等硬件，调节计算机及 CD 唱机、DVD 播放器、麦克风等所播放声音的音量、平衡、高低音设置等。如使用麦克风录音，要将麦克风插入计算机声卡中标有"MIC"的接口上，然后试一下麦克风，确保在音箱中能听到麦克风中传出的声音。如果听不到麦克风中的声音，则双击桌面的右下角状态栏中的喇叭图标，打开"音量控制"窗口。将麦克风选项下的"静音"复选框取消，然后试一下有没有声音，试好声音以后，要将麦克风选项下的"静音"复选框重新选中。

（3）决定录音的通道

音频卡提供了多路声音输入通道，录音前必须正确选择。方法是选择"选项|Windows 录音控制台"命令，弹出"录音控制"窗口，如图 7-5 所示，在"录音控制"窗口选择录音通道及调节音量。

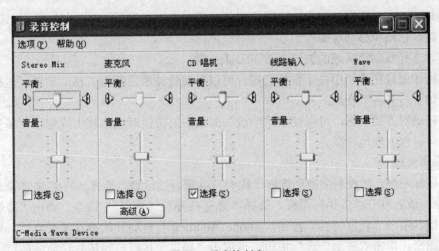

图 7-5　录音控制窗口

（4）设置录音属性

选择"文件|新建"命令，打开"新建波形"对话框，如图 7-6 所示。在"新建波形"对话框中可以设置采样率、通道和分辨率，默认是 44 100Hz/立体声/16 位，单击"确定"按钮

退出"新建波形"对话框。

（5）开始录音

选择一个空白的音轨，单击主群组中的按钮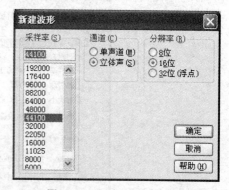激活音轨为录音状态，单击"传送器"面板中的录音按钮，开始录音，录音完成后，再次单击此按钮，停止录音。所录声音的波形显示在工作区中。

（6）保存录制的声音文件

选择"文件另存为"命令，出现"另保存"对话框，选择保存文件的路径，输入文件名，选择文件的保存类型，若单击"选项"按钮，可以设置文件格式，再单击"保存"按钮即可保存录制的声音文件。

图7-6 "新建波形"对话框

4. 格式转换

选择"文件|打开"命令，选择要转换的音频文件，再选择"文件|另存为"命令，出现"另保存"对话框。选择保存文件的路径，输入文件名，选择要转换的目标文件的保存类型及单击"选项"按钮，可以设置文件格式，再单击"保存"按钮即可实现文件格式的转换。

此外，还可以通过批量处理的方式，一次将多个音频文件同时进行格式转换。方法是选择"文件|批量处理"命令，在弹出的"批量处理"对话框中单击"添加文件"按钮，在弹出的"请选择源文件"对话框中依次添加多个需要转换格式的音频文件，再单击此对话框下部的"4格式转换"，在出现的步骤4面板中选择要输出的格式，最后单击"批量运行"按钮，就可把文件全部按要求转换，转换后的文件保存在"我的文档"中的 My Music 文件夹里。

7.3.3 声音的编辑处理

1. 编辑

在 Adobe Audition 中对声音的编辑操作像处理文字一样简单，可以对选定区域进行删除、剪切、复制、粘贴和移动等操作。

删除时选择要删除区域的波形，按下 Delete 键。

移动操作通过在音轨中按下鼠标右键，可以对该轨波形进行左右移动实现，这样可在同一个时间轴下对齐各个音轨。

为了精确对齐或编辑，可以使用"缩放"面板中的按钮对波形放大或缩小，单轨和多轨编辑视图可以很方便地转换。

2. 噪声处理

按住鼠标左键，在波形上拖动选取一段有持续噪音的区域，选择"效果|修复|降噪器（进程）"命令，或者打开"效果"面板，选择"修复|降噪器（进程）"命令。弹出"降噪器"对话框，单击其中的"获取特性"按钮，Adobe Audition 会自动开始捕获噪音特性，然后生成相对应的图形，单击"波形全选"按钮，再单击"确定"按钮，等待处理完成即可。

另外，降噪还可以通过对声音进行音量的限制，将音量比噪音音量小的声音进行限制来实现。

3. 静音处理

在单轨视图中，对某段区域做静音处理，可先选择此区域，然后选择"效果|静音（进程）"

命令，或打开"效果"面板，双击"应用静音（进程）"，就会看到选择区域的文件波形不见了，这说明这部分已经无任何声音了。

在多轨视图中，选择一个音轨，再单击"主群组"面板中的静音按钮▣，可使此音轨的声音静音。

4．淡入淡出

声音的淡入是指声音的渐强，声音的淡出是指声音的渐弱，通常用于一个声音的开始（渐强）和结尾（渐弱）处。

在单轨编辑视图中的波形左上角和右下角分别有一个小方块，当鼠标点在左上角小方块的时候，会显示"淡入"二字。当鼠标点在右下角的小方块的时候，会显示"淡出"二字。将鼠标放在左上角的小方块上，按下鼠标左键并拖动，会发现声波左侧出现一条黄色的指示线，这条线会随着鼠标的移动而变化，同时声波的振幅也会随着改变，鼠标拖动停止的位置就是淡入结束的位置，淡出效果的设置与淡入相似。

也可以选择"效果|振幅和限压|振幅/淡化（进程）"命令或在"效果"面板中双击"振幅和限压|振幅/淡化（进程）"，出现"振幅/淡化"对话框，先从预设列表中选择一种预设效果，再在"渐变"选项卡中设置左右声道初始音量、结束音量，单击"确定"按钮，就可现淡入淡出效果。

5．声音的混合处理

很多情况下需要把两种或更多声音混合在一起，如语音中配乐等。声音的混合就是指将两个或两个以上的音频素材合成在一起，使多种声音能够同时听到，形成新的声音文件。

所有参与混合的音频素材都要经过事先处理，主要是调整声音的时间长度、音量水平、采样频率要一致、声道模式统一等。

声音混合处理要在多轨视图下进行。在主群组中默认有 7 条轨道，其中 6 条是波形音轨，1 条主控音轨。如果要插入更多的轨道，可以在任一轨道上右击，从快捷菜单中选择"插入"命令，也可通过"插入"菜单命令添加新的轨道。有 4 种轨道可供插入，分别是音频轨、MIDI 轨、视频轨和总线轨，其中视频轨只能插入一个，并且它的位置始终在所有轨道的最上方。

在每个轨道左边功能区中，各控件及作用如下。

⬛️ 音轨 1 ⬛️ 处显示了轨道的标题，可把系统显示的轨道名修改为自己给定的名字。

静音按钮▣：表示本音轨处于静音状态。

独奏按钮⑤，表示出本音轨外其他所有音轨处于静音状态。

录音备用按钮®，表示本音轨切换到录音状态。

⬛️🕘-7 为音量按钮，⬛️🕘0 ⬛️ 音轨 1 ⬛️ 为立体声声相，值为 100 时表示右声道，−100 为左声道，单击并拖动可修改音量及声相。

接下来分别是输入、输出和读取下拉按钮。输出默认是"主控"，把面板右侧的滚动条拖到最后，可以看到音轨主控轨，主控轨的音量就是声卡输出的音量，声相也如此。

声音混合时，可以将文件列表中的文件选中拖动到任一音轨上，将波形声音从一个轨道拖至另一个轨道，可以按 Ctrl 键任选几段波形，然后右击，从快捷菜单中选择"左对齐"或"右对齐"命令进行播放位置的左右对齐。

若要将多轨导出为单轨文件，可以选择"文件|导出|混缩音频"命令实现，在多轨视图还可进行分解剪辑、时间伸展、交叉淡化等功能。

7.3.4　声音的效果处理

效果处理有很多种，类似于图像处理中的滤镜，它能将声音千变万化。常规的效果处理有混响/回声/延迟、合唱、动态（压限/门/扩展）、镶边、升降调、颤音、失真等。Adobe Audition 提供了多种独立的效果器，来完成这些效果的处理，下面就其中几种进行简单介绍。

1. 均衡（EQ）

均衡器是一种可以分别调节各种频率成分电信号放大量的电子设备，通过对各种不同频率的电信号的调节来补偿扬声器和声场的缺陷，补偿和修饰各种声源及其他特殊作用，一般调音台上的均衡器仅能对高频、中频、低频三段频率电信号分别进行调节。均衡器分为三类：图示均衡器，参量均衡器和房间均衡器。

选择主菜单"效果|滤波和均衡"下的"图示均衡器"或"参量均衡器"命令，可打开相应均衡器对话框，从中可对不同频率范围的声音进行提升或衰减。如在"参量均衡器"对话框中间的频率调节区，通过鼠标单击 0dB 处的直线，选择节点，然后按住鼠标上下拖动调节频率大小。

2. 混响（Reverb）

混响能模拟各种空间效果，如教室、操场、礼堂、大厅、山谷、体育馆、走廊、客厅等。首先在 Adobe Audition 中打开一个 WAV 文件，然后选择一段波形。如果不选，则接下来的处理就是对整条声波的，然后选择"效果|混响"菜单下的命令，可以进行回旋混响、完美混响、房间混响和简易混响的设置。

在出现的混响设置对话框中，"预设效果"下拉菜单中提供了一些常见空间效果的预设项目。"湿声"是指经过处理以后的声音，"干声"是指原始声音，一般的效果处理，都是把这两种声音以一定的比例混合，得到最终的声音。在混响中，要想使声音听起来更远，就把干声拉小，湿声设大。

此外，控制空间大小和声音远近的还有两个重要参数，就是衰减时间（Decay Time）和前反射到达时间（Pre-delay）。

衰减时间，也就是混响的长度，是指混响声音从开始到结束的声音持续多长。衰减时间越长，则表示空间越大，如大厅的混响衰减时间大约是 2.5s。

前反射到达时间（一般简称前反射或早反射）是指"第一个"反射声到达你耳朵的时间。一般的教室的前反射是 15ms，大厅大约是 30ms 左右，大教堂是 70ms 左右，空间越大，前反射越大。

3. 合唱效果

合唱效果能带来一些使声音更丰满的变化，能极大地改变声音效果。选择"效果|调制|合唱"菜单命令或双击"效果"面板上相应节点，打开合唱效果设置对话框。合唱效果器提供了一些预设项，可以直接在"预设效果"下拉菜单中选择需要的效果，然后预览效果，如果觉得效果可以，单击"确定"按钮。

4. 变调变速效果

变调，主要用于两个目的，一是"帮助"歌手唱出一些高音，或者把歌手唱跑调的音改回来；二是用于娱乐，如把男声变成女声，女声变成男声。例如，想把一段男声变成女声，方法就是把他的音提高一点。变速，用于改变声音的快慢。

选中要处理的一段声波，然后双击"效果"面板的"时间和距离|变速（进程）"，打开"变

速"对话框。变调，选择变速模式中的"变调不变速"单选框，在"转换"下拉列表中选择升降调的度数。变速，选择变速模式中的"变速不变调"单选框，也可选择"预设"列表中的效果，应用这种效果进行变调变速。

小　　结

声学是物理学中研究声音的一个分支，声音的强度水平（声响或者音量）用分贝来测量。在本章中首先介绍了声音是如何产生的，声音的物理与心理学特征，声音质量的评价方法。在计算机中信息以数字形式表示，当声音波形被转换成数字时就得到了数字音频，这个过程被称为数字化，实际上就是采样、量化和编码的过程。可以对任何声源进行数字化，包括实时的和预先录制好的。要保持声音不失真采样要遵循奈奎斯特理论，最常用到的 3 种采样频率分别是 CD 音质的 44.1kHz、22.05kHz 和 11.025kHz。数字音频以文件形式保存，有多种音频文件格式。文件大小与采样频率、采样精度、声道数和采样时间成正比。MIDI 是电子音乐设备和计算机之间进行通信的标准，它提供了用于传递音乐乐谱的具体描述的协议，能够描述音符、音符序列以及播放这些音符采用的设备。MIDI 文件比数字音频要小很多，可以在适当的情况下用来发布音乐。本章最后介绍了数字音频处理技术，并以 Adobe Audition 为例讲述了数字音频处理软件的功能及基本方法。

第8章
计算机动画技术

对于过程的描述只依赖于文本信息或图形图像信息是不够的，为达到更好的描述效果，常常使用动画。动画能更直观、更详实地表现事物变化的过程。动画比静态图片表达的信息多，比视频占用的存储空间少。与视频相比，对处理器的要求也相对低一些，还能通过模拟的方法说明视频无法记录的过程，如电子或行星的运动。因此在多媒体项目中，计算机动画有着举足轻重的作用。

8.1　计算机动画概述

8.1.1　动画的原理

动画的基本原理与电影、电视一样，都是利用人眼视觉暂留的特性实现的，也就是人的眼睛看到一幅画或一个物体后，在 1/24s 内不会消失。利用这一特性，在一幅画还没消失前播放下一幅画，就会给人造成流畅的视觉变化效果。动画就是将多幅内容相近但不相同的画面按一定速度连续播放以产生动态的效果。英国动画大师 John Halas 曾经说过：动作的变化是动画的本质。动画与运动是分不开的，动画是运动的艺术。动画制作就是一种动态生成一系列相关画面的处理方法。

8.1.2　计算机动画的发展

传统的动画制作是在连续多格的胶片上拍摄一系列单个画面，一般每一幅与前一幅略有不同，然后将胶片以一定的速率放映出来。

计算机动画是在传统动画的基础上，采用计算机图形图像技术而迅速发展起来的一门高新技术。把采用计算机图形图像技术生成的一系列连续画面按一定速度演播出来，产生景物运动的效果，就是计算机动画，也就是使用计算机产生运动图形、图像的技术。由于采用数字处理方式，动画的运动效果、画面色调、纹理、光影效果等可以不断改变，输出方式也多种多样。

随着计算机图形技术的迅速发展，从 20 世纪 60 年代起，计算机动画技术也很快发展和应用起来，其发展经过了 3 个阶段。

① 20 世纪 60 年代，美国的 Bell 实验室和一些研究机构就开始研究用计算机实现动画片

中画面的制作和自动上色。这些早期的计算机动画系统基本上是二维计算机辅助动画（Computer Assisted Animation），也称为二维动画。

②20 世纪 70～80 年代，计算机图形、图像技术的软、硬件都取得了显著的发展，使计算机动画技术日趋成熟，三维辅助动画系统也开始研制并投入使用。三维动画也称为计算机生成动画（Computer Generated Animation），其动画的对象不是简单地由外部输入，而是根据三维数据在计算机内部生成的。

③20 世纪 90 年代至今，计算机动画已经发展成一个多种学科和技术的综合领域，它以计算机图形学，特别是实体造型和真实感显示技术（消隐、光照模型、表面质感等）为基础，涉及图像处理技术、运动控制原理、视频技术、艺术甚至于视觉心理学、生物学、机器人学、人工智能等领域，它以其自身的特点而逐渐成为一门独立的学科。

计算机动画区别于计算机图形、图像的重要标志是动画使静态图形、图像产生了运动效果。不同的动画效果，取决于不同的计算机动画软、硬件的功能。虽然制作的复杂程度不同，但动画的基本原理是一致的。从另一方面看，动画的创作本身是一种艺术实践，动画的编剧、角色造型、构图、色彩等的设计需要高素质的美术专业人员才能较好地完成。总之，计算机动画制作是一种高技术、高智力和高艺术的创造性工作。

8.1.3　计算机动画的分类

根据运动的控制方式可将计算机动画分为实时（Real Time）动画和逐帧动画（Frame By Frame）两种。实时动画是用算法来实现物体的运动。逐帧动画也称为帧动画或关键帧动画，即通过一帧一帧显示动画的图像序列而实现运动的效果。根据视觉空间的不同，计算机动画又有二维动画与三维动画之分。

1．实时动画与逐帧动画

实时动画也称为算法动画、矢量动画，它是采用各种算法来实现运动物体的运动控制。在实时动画中，计算机对输入的数据进行快速处理，并在人眼察觉不到的时间内将结果随时显示出来。实时动画的响应时间与许多因素有关，如计算机的运算速度是慢或快，图形的计算是使用软件或硬件，所描述的景物是复杂或简单，动画图像的尺寸是小或大等。实时动画一般不必记录在磁带或胶片上，观看时可在显示器上直接实时显示出来。

在实时动画中，一种最简单的运动形式是对象的移动，它是指屏幕上一个局部图像或对象在二维平面上沿着某一固定轨迹作步进运动，如跳出文字等。运动的对象或物体本身在运动时的大小、形状、色彩等效果是不变的。具有对象移动功能的软件有许多，大部分的编辑软件，如 Authorware 等，都具有这种功能，这种功能也被称作多种数据媒体的综合显示。

逐帧动画是一种常见的动画形式，其原理是在"连续的关键帧"中分解动画动作，也就是在时间轴的每帧上逐帧绘制不同的内容，使其连续播放而成为动画。

因为逐帧动画的帧序列内容不一样，不但给制作增加了负担，而且最终输出的文件量也很大，但它的优势也很明显：逐帧动画具有非常大的灵活性，几乎可以表现任何想表现的内容，而它类似于电影的播放模式，很适合于表演细腻的动画。例如，人物或动物急剧转身、头发及衣服的飘动、走路、说话以及精致的 3D 效果等。

2．二维动画与三维动画

二维画面是平面上的画面。纸张、照片或计算机屏幕显示，无论画面的立体感有多强，终究只是在二维空间上模拟真实的三维空间效果。一个真正的三维画面，画中的景物有正面，也有侧面和反面，调整三维空间的视点，能够看到不同的内容。二维画面则不然，无论怎么看，画面的内容是不变的。

二维与三维动画的区别主要在于采用不同的方法获得动画中的景物运动效果。一个旋转的地球，在二维处理中，需要一帧帧地绘制球面变化画面，这样的处理难以自动进行。在三维处理中，先建立一个地球的模型并把地图贴满球面，然后使模型步进旋转，每次步进自动生成一帧动画画面。

如果说二维动画对应于传统卡通片的话，三维动画则对应于木偶动画。如同木偶动画中要首先制作木偶、道具和景物一样，三维动画首先要建立角色、实物和景物的三维数据模型。模型建立好了以后，给各个模型"贴上"材料，相当于各个模型有了外观。模型可以在计算机的控制下在三维空间里运动，或远或近，或旋转或移动，或变形或变色等。然后，在计算机内部"架上"虚拟的摄像机，调整好镜头，"打上"灯光，最后形成一系列栩栩如生的画面。三维动画之所以被称作计算机生成动画，是因为参加动画的对象不是简单地由外部输入的，而是根据三维数据在计算机内部生成的，运动轨迹和动作的设计也是在三维空间中考虑的。

8.1.4 动画文件格式

1．GIF 格式

GIF（Graphics Interchange Format）是 CompuServe 公司在 1987 年为了制定彩色图像传输协议而开发的图像文件格式。GIF 文件格式采用了可变长度的压缩编码和其他一些有效的压缩算法，按行扫描迅速解码，且与硬件无关。它支持 256 种颜色的彩色图像，并且在一个 GIF 文件中可以记录多幅图像。一个 GIF 文件中含有多幅图像是 GIF 格式的显著特点，正是根据这一特性，用 GIF 格式可以构造出简单帧动画。除了一般图像文件所包含的文件头、文件体和文件尾三大块以外，GIF 89a 格式（89a 为一种版本号）允许 GIF 文件包含多幅图像以及相应的若干附加块。

2．FLIC（FLI/FLC）格式

FLIC 是 Autodesk 公司在其出品的 Autodesk Animator/Animator Pro/3D Studio 等二维或三维动画制作软件中采用的彩色动画文件格式。FLI 是最初基于 320×200 像素的动画文件格式，FLC 是 FLI 的扩展格式。FLC 采用了更高效的数据压缩技术，分辨率也不限于 320×200 像素。FLIC 是 FLC 和 FLI 的统称。FLIC 文件被广泛用于动画图形中的动画序列、计算机辅助设计好计算机游戏应用程序。

3．SWF 格式

SWF 是 Flash 的 FLA 源文件发布以后的影片文件格式，是 Flash 文件的播放格式。Macromedia 公司出品 Flash 的矢量动画格式，它采用曲线方程描述动画内容，因此不会在缩放时失真。由于这种格式的动画能添加声音和视频等，还可以嵌入到网页中作为网页的一部分，因此被广泛地应用于网页上。

4．AVI 格式

Microsoft 公司视频文件格式，动态图像和声音同步播放。

8.1.5　常用动画制作软件

1. Flash

Flash 软件是美国 Macromedia 公司 1999 年 6 月推出的二维矢量动画制作软件。Flash 软件具有以下特点。

① 简单易学，对制作者要求不高。

② 使用矢量图形和流式播放技术。Flash 动画由矢量图形组成，通过这些图形的运动，产生运动变化效果。与位图图形不同的是，矢量图形可以任意缩放尺寸而不影响图形的质量。流式播放技术使得动画可以边播放边下载，从而缓解了网页浏览者焦急等待的情绪。

③ 文件占用空间小，传输速度快。Flash 所生成的动画（.swf）文件非常小，但效果生动。由于文件小，所以传输速度快，下载迅速，使得动画可以在打开网页很短的时间里就得以播放。

④ 能够把音乐、动画、声效、交互方式融合在一起。越来越多的人已经把 Flash 作为网页动画设计的首选工具，并且创作出了许多令人叹为观止的动画效果。

⑤ 使用方便。强大的动画编辑功能使得设计者可以随心所欲地设计出高品质的动画，通过 Action 和 FS Command 可以实现交互性，使 Flash 具有更大的设计自由度。另外，它与网页设计工具 Dreamweaver 等配合默契，可以直接嵌入网页的任一位置，非常方便。Flash 作品已广泛应用于网页制作、网页广告、MTV、动画游戏、多媒体课件和影视片头等领域。

2. Ulead GIF Animator

Ulead GIF Animator 是友立公司出版的动画 GIF 制作软件。制作 GIF 文件首先要在图像处理软件中做好 GIF 动画中的每一幅单帧画面，然后用制作 GIF 的软件把这些静止的画面连在一起，确定帧与帧之间的时间间隔并保存成 GIF 格式。GIF 只支持 256 色以内的图像，采用无损压缩存储方式。其内建的 Plugin 有许多现成的动画特效可以套用，可将 AVI 文件转换成 GIF 动画文件，还可将网页上的动画 GIF 图片最佳化以便用户更快速浏览网页。

3. Alias/Wavefront MAYA

MAYA 是 Alias/Wavefront 公司（2005 年被 Autodesk 公司并购）出品的三维动画软件，MAYA 可以说是当前电脑动画制作最为优秀软件之一。它是新一代的具有全新架构的动画软件，在 MAYA 中最具震撼力的新功能可算是 Artisan 了。它让设计者能随意地雕刻 nurbs 面，从而生成各种复杂的形象。如果有数字化的输入设备，如数字笔，设计者更是可以随心所欲地制作各种复杂的模型。

4. 3DS Max

3DS Max 是由 Autodesk 公司推出的，应用于 PC 平台的三维动画软件，从 1996 年开始就一直在三维动画领域叱咤风云。它的前身就是 3DS，依靠 3DS 在 PC 平台中的优势，3DS Max 一推出就受到了瞩目。它支持 Windows 操作系统，具有优良的多线程运算能力，支持多处理器的并行运算，丰富的建模和动画能力，出色的材质编辑系统，这些优秀的特点吸引了大批的三维动画制作者和公司。

5. GIFCON

GIFCON（GIF Construction Set for Windows）是 Alchemy Mindworks 公司开发的一种能够处理和创建 GIF 格式文件的工具集成软件。用 GIFCON 能够创建包含多幅图像的 GIF 文件，灵活地控制各个图像的显示位置、显示时间、透明色等，可以实现各种简单动画。GIFCON本身并没有编辑处理图像的功能。创建一个 GIF 动画文件需预备好各图像素材，然后用 GIFCON 按一定的控制方式把它们集成在一起。

8.2　二维动画制作软件 Flash 初步

8.2.1　Flash 名词术语解释

1. 舞台（Stage）

编辑制作动画的矩形区域。使用 Flash 制作动画就像导演在指挥演员演戏一样，当然要给他们一个演出的场所，在 Flash 中称为舞台。

2. 时间轴（Timeline）

一场电影，光有舞台还不行，重要的是有演员按某种时间安排进行演出，应用到 Flash动画制作中，这种时间安排则由时间轴来完成。

3. 帧（Frame）和帧频

一段动画（电影）由一幅幅静态的连续的图片所组成，其中每一幅静态画面被称为"帧"，即一个个连续的"帧"快速地切换就形成了一段动画。"帧"实际上是时间轴上的一个小格，单位时间内播放帧数称为"帧频"。

在 Flash 中"帧"主要有 5 种：关键帧、空白关键帧、属性关键帧、补间帧和静态帧。

（1）在 Flash 里，把有标记的帧称为关键帧，它的作用与电影片段是一样的。关键帧可以让 Flash 识别动作开始和结束的状态，例如，在制作一个动作时，总是将一个开始动作状态和一个结束动作状态分别用关键帧表示，再告诉 Flash 动作的方式，Flash 就可以做成一个连续动作的动画。关键帧也可以是包含 ActionScript 代码以控制文档的某些方面的帧。

（2）空白关键帧是内容为空的关键帧。可以将空白关键帧添加到时间轴作为计划稍后添加的元件的占位符，或者显示将该帧保留为空。

（3）属性关键帧是这样一个帧，在其中定义对对象属性的更改以产生动画。Flash 能补间，即自动填充属性关键帧之间的属性值，以便生成流畅的动画。通过属性关键帧，不用画出每个帧就可以生成动画，因此，属性关键帧使动画的创建更为方便，包含补间动画的一系列帧称为补间动画。

（4）补间帧是作为补间动画的一部分的过渡帧。

（5）静态帧是不作为补间动画的一部分的帧。

4. 图层（Layer）

图层可以看成是叠放在一起的透明的胶片，如果某层上没有任何东西的话，可以透过它直接看到下一层。在制作时可以根据需要，在不同层上编辑不同的动画而互不影响，并在放映时得到合成的效果。

图层有两大特点：除了画有图形或文字的地方，其他部分都是透明的，也就是说，下层的内容可以通过透明的这部分显示出来；图层又是相对独立的，修改其中一层，不会影响到其他层。在 Flash 中，图层可分为动画层、普通层、遮罩/被遮罩层、引导/被引导层等。

5．场景（Scene）

在 Flash 中"场景"可以看作是容器，构成 Flash 影片的所有元素都被包含在场景中。与拍电影一样，Flash 可以将多个场景中的动作组合成一个连贯的动画影片。当一段 Flash 影片包含 n 个场景时，播放器会在播放完第一个场景后自动播放下一个场景的内容直至最后一个场景播放完。

6．元件（Symbol）

元件是指动画影片里的每一个独立的元素，可以是文字、图形、按钮、电影片段等，就像电影里的演员、道具一样。元件可以多次调用，且不增加文件的体积。在开发 Flash 影片的时候通过引用元件可以有效地减少所生成影片的大小，且也可以在开发小组各成员之间方便地交换使用。一般来说，建立一个 Flash 动画之前，先要规划和建立好需要调用的符号，然后在实际制作过程中随时可以使用。在 Flash 中元件可分为四类，分别是：图形、按钮、影片剪辑和字体元件。

（1）图形元件 ：可以是矢量图形、图像、动画或声音，主要用来制作动画中的静态图形，没有交互性。通常对图形不能施加动作，若需要的话，需在"属性"面板临时把相应的实例转换成"按钮"，才可以加上动作脚本。

（2）按钮元件 ：可以在电影中创建交互按钮，然后通过鼠标操作来激发它的动作。按钮元件有 4 种状态，即弹起、鼠标经过、按下和点击，每种状态都可以通过图形、元件以及声音来定义。当创建按钮元件时，在按钮编辑区域中提供了这 4 种状态帧。一旦用户创建了按钮后，就可以给按钮的实例分配动作（编写脚本 Action）。

（3）影片剪辑元件 ：就像电影中的电影片段，要实现可重用的动画通常采用影片剪辑元件。

（4）字体元件：可以导出字体并在其他 Flash 文档中使用该字体。

7．实例

实例是元件的实际应用，当把一个元件放到舞台或另一个元件中时，就创建了一个该元件的实例。当需要使用元件时只需将合适的元件从"库"面板中拖曳至舞台上合适的位置即可，当元件被改变时舞台上所有的"实例"将随之而改变。

8.2.2　Flash 动画的工作界面

这里，以 Adobe Flash CS5 Professional 为例，介绍 Flash 动画软件的基本用法。

用户依次单击"开始|程序|Adobe Flash CS5 Professional"选项，启动 Adobe Flash CS5 程序，启动界面如图 8-1 所示。

选择"新建"下面的"ActionScript 3.0"，进入 Flash 工作界面，如图 8-2 所示。它的工作界面由菜单栏、工具栏、工具箱、时间轴、图层区域、工作区、"动作—帧"面板、"属性、滤镜、参数"面板、"颜色、样式"面板、"行为"面板和"库"面板等部分组成。

图 8-1　Adobe Flash CS5 Professional 启动界面

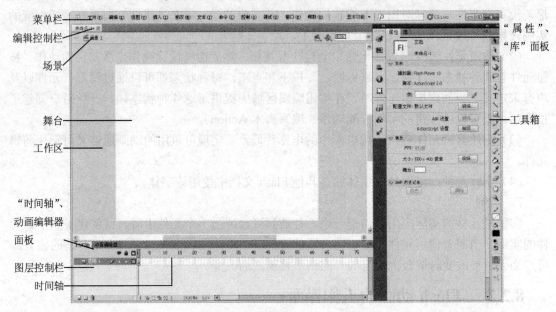

图 8-2　Adobe Flash CS5 工作界面

在创建或编辑一段 Flash 动画时，通常要使用以下几个最重要的部分。

1. 场景与舞台

场景是指 Flash 工作界面的中间部分，即整个白色和灰色的区域，它是进行矢量图形创作的工作区域，如图 8-3 所示。在场景中可以设置标尺和网格线等用于辅助图形的绘制，还可以通过 100% ▼ 调整场景的显示比例。在场景中的白色区域部分是"舞台"，舞台周围的灰色区域是"工作区"。在播放动画时将只显示舞台中的内容，不显示工作区中的内容。

像多幕剧一样，场景可以不止一个。选择"视图"菜单下的"转到"子菜单中的命令，可打开需要的场景。

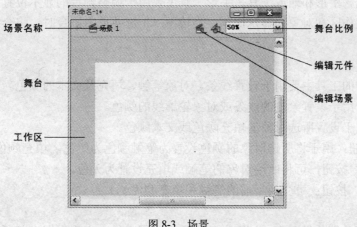

图 8-3 场景

2．工具箱

如图 8-4 所示，工具箱是 Flash CS5 的重要组件之一，其中包含用于创建、选择和修改文本与图形的各种工具。用户通过选择"窗口" | "工具"命令或按 Ctrl+F2 组合建，可关闭或显示工具箱。

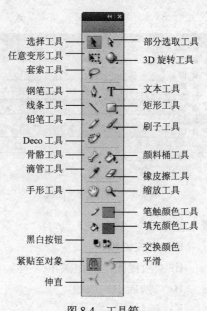

图 8-4 工具箱

在工具箱中可以看到工具右下方小三角的说明有隐藏工具，按住鼠标左键不放即可出现。光标移到工具上时会显示工具名称，在括号中的英文大写字母为相对的快捷键。默认时，同时按住 Shift 键和快捷字母键可切换工具。

工具箱可分为工具区、查看区、颜色区和选项区 4 个组成部分，分别介绍如下。

（1）工具区

在工具区中有 16 种常用的图形绘制、编辑和选择工具，可用来创建直线、矩形、圆形、曲线或文字等各种对象。

（2）查看区

在查看区包含手形和缩放工具。手形工具主要用于调整舞台的显示位置；缩放工具主要用于改变舞台工作区和对象的显示比例，当按下 Alt 键并单击舞台时，将会缩小舞台和对象的显示比例。

（3）颜色区

在颜色区中的工具主要用于设置线条、对象笔触、填充及文本的颜色。

笔触颜色：用于设置绘制的线条或对象轮廓线的颜色。

填充色：用于设置所选对象的填充颜色或文本颜色。

"黑白"按钮：用于将所选对象的颜色设置为笔触颜色为黑色，填充颜色为白色。

"没有颜色"按钮：可将所绘对象的笔触或填充设置为无色。

"交换颜色"按钮：可交换当前的笔触和填充颜色。

（4）选项区

选项区在工具箱的最下面，该区域的内容不是固定的，它将根据当前所选工具的不同而不同。在其中显示的是当前所选工具的功能键，这些功能键将影响工具的某些编辑操作。

3. "时间轴"面板

"时间轴"面板主要用于创建动画和控制动画的播放过程。时间轴的左边是图层控制区，右边由播放头、帧、时间轴标尺、状态栏及时间轴视图等组成，如图 8-5 所示。

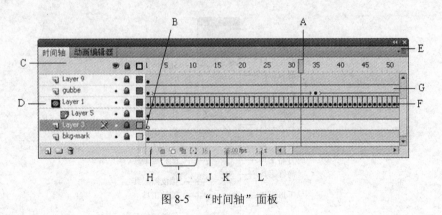

图 8-5　"时间轴"面板

如图 8-5 所示，各部分表示如下。

A：播放头　　　　　　B：空关键帧　　　　　　C：时间轴标题
D：引导层图标　　　　E："帧视图"弹出菜单　　F：逐帧动画
G：补间动画　　　　　H："帧居中"按钮　　　　I："绘图纸"按钮
J：当前帧指示器　　　K：帧频指示器　　　　　L：运行时间指示器

（1）图层的应用

图层控制区主要用于管理图层，其下方的 3 个图标分别用于新建图层、新建文件夹和删除图层；其上也有 3 个图标，分别表示显示或隐藏所有图层、锁定或解除锁定所有图层及将所有图层显示为轮廓。在某一图层上单击相应图标下的小黑点，就可以方便地隐藏、锁定或显示轮廓。图层的隐藏只是为了方便动画编辑，图层锁定后，该图层上的元素就不能被编辑修改。

要调整图层顺序，只需用鼠标在图层栏中选中图层后拖曳到预定位置。

要为图层更名，只需用鼠标双击图层名即可。

在图层上右击鼠标，将弹出图层快捷菜单，在其中也可设置隐藏、锁定图层，还可添加引导层、传统运动引导层或遮罩层等。

（2）帧的操作

时间轴标尺上有许多的小格子，每个格子代表一帧。5 的倍数的整数帧上有数字序号，而且颜色也深一些。一帧可以放一幅图片，帧上面有一个红色的线，这是播放头，表示当前的帧位置，同时下面的时间轴状态栏也有一个数字表示第几帧。

在时间轴中可以通过帧上的符号或颜色辨别帧类型及动画类型。

实关键帧：带一个黑色圆点的帧，是有内容的实关键帧，如图 8-6 所示。

普通帧：单个关键帧后面的浅灰色帧。这些帧包含无变化的相同内容，并带有垂直的黑色线条，而在整个范围的最后一帧还有一个空心矩形。关键帧和普通帧如图 8-6 所示。

空白关键帧：带空心圆点的帧，是无内容的空白关键帧，如图 8-7 所示。

脚本帧：带一个小 a 符号的帧，表示已使用"动作"面板为该帧分配了一个帧动作，如图 8-8 所示。

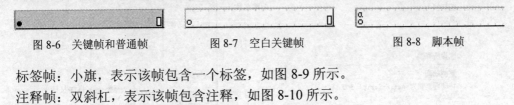

图 8-6　关键帧和普通帧　　　图 8-7　空白关键帧　　　图 8-8　脚本帧

标签帧：小旗，表示该帧包含一个标签，如图 8-9 所示。

注释帧：双斜杠，表示该帧包含注释，如图 8-10 所示。

锚点帧：锚记，表明该帧被定义成一个锚点，如图 8-11 所示。

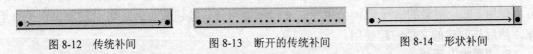

图 8-9　标签帧 　　　　图 8-10　注释帧 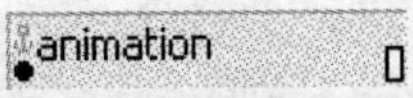　　　　图 8-11　锚点帧

传统补间：开始关键帧以的黑色圆点表示，关键帧之间有黑色箭头，中间的内插帧为蓝色背景，如图 8-12 所示。若起始关键帧之后为虚线，且颜色为淡灰色，表示传统补间没有结束关键帧，是断开或不完整的，如图 8-13 所示。

形状补间：带有黑色箭头和淡绿色背景的开始关键帧处的黑色圆点表示补间形状，如图 8-14 所示。

图 8-12　传统补间　　　图 8-13　断开的传统补间　　　图 8-14　形状补间

动画补间：开始帧为关键帧的一段具有蓝色背景的帧表示补间动画，如图 8-15 左图所示，其上的黑色菱形表示最后一个帧和任何其他属性关键帧。图 8-15 右图表示第一帧中的空心点表示补间动画的目标对象已删除，补间范围仍包含其属性关键帧，并可应用新的目标对象。

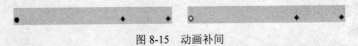

图 8-15　动画补间

可以选择显示哪些类型的属性关键帧，方法是右键单击从快捷菜单中选择"查看关键帧"｜

"类型"命令。默认情况下，Flash 显示所有类型的属性关键帧。范围中的所有其他帧都包含目标对象的补间属性的插补值。

选择某帧右击鼠标，出现快捷菜单如图 8-16 所示，选择其中的命令可以完成插入帧、删除帧等的操作。

4."库"面板

"库"面板是组织、管理动画中用户创建的元件或导入的图片、声音、影片及组件等素材的窗口，通过选择"窗口"|"库"命令或按 Ctrl+L 组合键可打开"库"面板，如图 8-17 所示。在调用库中的项目时，只要用鼠标拖曳到舞台上即可。

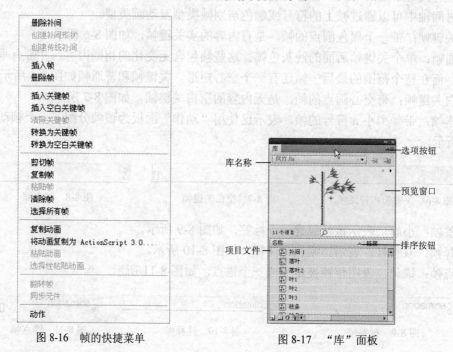

图 8-16　帧的快捷菜单　　　　　　图 8-17　"库"面板

在"库"面板上部有预览窗口，可以在此预览各个元件等，便于选择；下部是所有项目名称的滚动列表。项目名称旁边的图标指示项目的文件类型。库中的项目可以通过文件夹来组织管理。当创建一个新元件时，它会存储在选定的文件夹中。如果没有选定文件夹，该元件就会存储在库的根目录下。

除了自己制作元件外，用户通过"窗口"|"公用库"菜单，然后从子菜单中选择一个库，可以使用 Flash 附带的 3 个范例公用库向文档添加声音、按钮或类，还可以创建自定义公用库，然后与创建的文档一起使用。

5."属性"面板

使用"属性"面板，可以很容易地查看和修改正在使用的工具或资源的属性，从而简化文档的创建过程。当选定单个对象时，如文档、形状、组件、位图、视频或工具等，"属性"面板可以显示相应的信息并能进行设置。当选定了两个或多个不同类型的对象时，"属性"面板会显示选定对象的总数。

6. 其他面板

Flash 中的面板有助于使用和设置舞台上的对象、文档、时间轴和动作等。除了"时间轴"面板、"属性"面板等外，还有"颜色"面板、"信息"面板、"变形"面板等。为了尽量使工作区最大或考虑到用户的使用习惯，Flash 允许用户自定义工作界面。如选择"窗口"菜单中各个面板名称命令可显示或隐藏相应面板，还可通过鼠标拖动调整面板的大小及重新组合面板。

　　如选择"窗口"|"颜色"命令，出现"颜色"面板，如图 8-18 所示，该面板可以用来给对象设置笔触颜色和填充颜色。

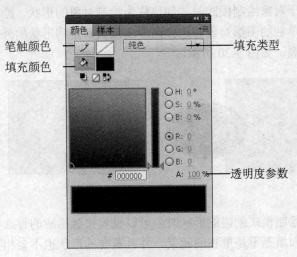

图 8-18　"颜色"面板

8.3　绘　图　基　础

　　在 Flash 中可以绘制和修改文档中的线条、形状和文本等。下面介绍与绘图有关的概念、绘制方法及如何对绘制对象进行操作。

8.3.1　绘制模式

　　在 Flash Pro 中，可以使用不同的绘制模式和绘画工具创建几种不同种类的图形。

1. 合并绘制模式

　　默认情况下，Flash 使用合并绘制模式。在重叠绘制的形状时，会自动进行合并。当绘制在同一图层中互相重叠的形状时，最顶层的形状会截去在其下面与其重叠的形状部分，因此，合并绘制模式是一种破坏性的绘制模式，例如，如果绘制一个矩形并在其上方叠加一个较小的圆形，然后选择较小的圆形并进行移动，则会删除第一个矩形中与第二个圆形重叠的部分，如图 8-19 所示。

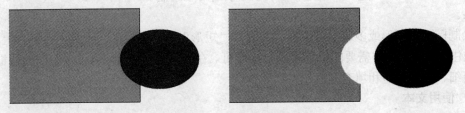

图 8-19　合并绘制模式

当形状既包含笔触又包含填充时，笔触和填充会被视为可以进行独立选择和移动的单独的图形元素。

进入合并绘制模式可以选择"工具"面板中的"合并绘制"选项，再从"工具"面板选择一种绘画工具，然后在舞台上进行绘制。

2. 对象绘制模式

当绘画工具处于对象绘制模式时，创建称为绘制对象的形状。绘制对象是在叠加时不会自动合并在一起的单独的图形对象。这样在分离或重新排列形状的外观时，会使形状重叠而不会改变它们的外观，如图 8-20 所示。

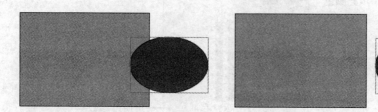

图 8-20　对象绘制模式

选择使用对象绘制模式创建的形状时，可以设置接触感应的首选参数，该形状为自包含形状。形状的笔触和填充不是单独的元素，并且重叠的形状也不会相互更改。选择用"对象绘制"模式创建形状时，Flash 会在形状周围添加矩形边框来标识它。

8.3.2　绘制图形

通过使用工具箱中的各种绘图工具，可以在 Flash 中绘制和修改文档中的线条和形状。

1. 路径

在 Flash 中绘制线条或形状时，将创建一个名为"路径"的线条。路径由一个或多个直线段或曲线段组成，每个段的起点和终点由锚点表示，路径可以是闭合的（例如圆），也可以是开放的，有明显的终点（例如波浪线）。

在曲线段上，每个选择的锚点显示一个或二个方向线，方向线以方向点结束。可以通过鼠标拖动路径的锚点、显示在锚点方向线末端的方向点或路径段本身，改变路径的形状，如图 8-21 所示。

路径轮廓称为笔触。应用到开放或闭合路径内部区域的颜色或渐变称为填充。笔触具有粗细、颜色和虚线图案。创建路径或形状后，可以更改其笔触和填充的特性。

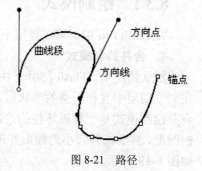

图 8-21　路径

2. 绘制线条、图形

选择"线条"、"铅笔"、"钢笔"、"刷子"攻击可以绘制出线条。

绘制椭圆、矩形或多边形可选择"椭圆"、"矩形"或"多边形"工具，在舞台上单击鼠标，按住鼠标不放，向需要的位置拖曳鼠标即可。在"属性"面板可以设置不同的边框颜色、边框粗细、边框线型和填充颜色。

3. 使用文本

单击工具栏的"文本工具"或按 T 键，移动鼠标到舞台上单击，出现一个文本框，就可输入文字了。文字框四周有 4 个手柄，使用它们可以改变文本框的大小。

　　文本属性可以在"属性"面板上设置。在 Flash CS5 有传统文本和 TLF 文本之分。TLF 文本提供了更多字符样式、段落样式、控制更多亚洲字体属性、可应用 3D 旋转、色彩效果以及混合模式等属性、支持双向文本和能针对阿拉伯语、希伯来语文字创建从右到左的文本等增强功能。

　　选择"修改"|"分离"命令，或按 Ctrl+B 组合键，可分离选中文本中的文字。文本分离不仅可把文本分离成一个个单独的文字，还可再次分离成图形填充，如图 8-22 所示。

图 8-22　分离文本

8.3.3　对象操作

在 Flash 中，对象是指文档中所有可以被选取和操作的元素，如图形、位图、文本、实例等。用户可以对对象进行选取、移动、复制、删除、对齐等操作。下面就介绍对象的这些操作。

1．选择对象

选择对象可以使用"选择"、"部分选取"或"套索"工具。选择了某个对象时，"属性"面板会显示对象的笔触和填充、像素尺寸以及对象的变形点的 x 和 y 坐标等信息。

2．移动和复制对象

移动对象可选择"选择"工具，点选中对象，按住鼠标不放，直接拖曳到需要位置即可。复制对象可选择"选择"工具，点选中对象，在按住鼠标不放拖曳对象的同时按住 Alt 键，把对象直接拖曳到需要位置即可。

3．修改线条、形状和对象

（1）修改线条或形状

选择"部分选取"工具点击对象轮廓，拖曳着轮廓上的锚点，可改变对象的形状、大小。

选择"选择"工具，将鼠标移动到对象，当鼠标下方出现圆弧，拖动鼠标，可以调整曲线；当鼠标下方出现转角，可以更改终点，如图 8-23 所示。

选择"修改"|"形状"下的命令可使得选中的形状伸直、平滑、优化，还可将线条转换为填充、扩展填充对象的形状或柔化对象的边缘。

（2）对象修改

Flash 中的图形、组、文本块和实例等对象进行变形，可以使用"任意变形"工具或"修改"|"变形"子菜单中的选项。根据所选对象的类型，可以变形、旋转、倾斜、缩放或扭曲该对象，其"属性"检查器会显示对其尺寸或位置所做的任何更改。

所选对象在变形操作期间会显示一个边框，该边框是一个四周有 8 个控制点的矩形，矩形的边缘最初与舞台的边缘平行对齐，矩形中心是一个变形点，变形点最初与对象的中心点对齐，如图 8-24 所示。

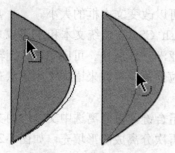

图 8-23　改变线条或形状

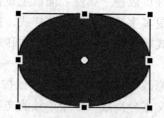

8-24　变形对象

"任意变形"工具不能变形元件、位图、视频对象、声音、渐变或文本。如果多项选区包含以上任意一项，则只能扭曲形状对象。要将文本块变形，首先要将字符转换成形状对象。

8.3.4　元件、实例和库

元件是 Flash 中一种比较独特的、可重复使用的对象。在创建动画时，利用元件可以使创建复杂的交互变得更加容易。

1.　创建元件

创建元件有两种方式，一种是创建一个空元件，然后在元件编辑模式下制作或导入内容，并在 Flash 中创建字体元件。在这种方式下，可以通过执行以下操作之一：

- 选择"插入"|"新建元件"命令；
- 按 Ctrl+F8 组合键；
- 单击"库"面板左下角的"新建元件"按钮；
- 从"库"面板右上角的"库面板"菜单中选择"新建元件"命令。

打开"创建元件"对话框，如图 8-25 所示。从中选择元件的类型并输入元件名称，再单击"确定"按钮，即可进入元件编辑模式。在元件编辑模式下，元件的名称出现在舞台左上角。同时，在"库"面板中，元件名会显示在项目列表中，并处于选中状态，同时预览窗口会显示元件的图案。

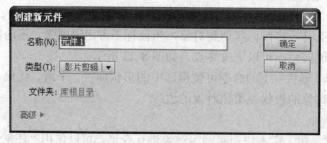

图 8-25　"创建元件"对话框

在创建元件时，在舞台中间有一个十字线，这是元件的注册点，也就是坐标原点。

另外一种创建元件的方式是：通过舞台上选定的对象来创建元件。先选定作为元件的对象，再执行以下操作之一：

- 选择"修改"|"转为元件"命令；

- 按 F8 键；
- 直接拖到"库"面板中；
- 右击鼠标，从快捷菜单中选择"转换为元件"命令。

打开"转换为元件"对话框，输入元件名称，选择元件类型，在注册网格中单击选择放置元件的注册点，再单击"确定"按钮即可。

转换后的元件出现在库中，同时舞台上选择的对象变成了该元件的一个实例。

2. 编辑元件

创建新元件时，就会进入元件编辑模式。编辑修改元件，可以在"库"面板中，双击元件图标，进入元件编辑模式，也可选择元件的一个实例，右击鼠标，从快捷菜单中选择"在新窗口中编辑"命令，在单独的窗口编辑元件；或者选择"在当前位置编辑"命令与其他对象一起进行编辑。

要退出此模式返回到文档编辑模式可以单击"返回"按钮或单击编辑栏的场景名称或双击元件外部。

3. 使用元件实例

在时间轴上选择一图层，从库中拖曳元件到舞台上就创建了元件的一个实例。另外，在将对象转换为元件时也创建了该元件的一个实例。

通过"属性"面板，可以为实例指定一个名字，还可以设置实例的色彩效果、分配动作、设置图形显示模式或更改实例的行为。除非另外指定，否则实例的行为与元件行为相同。所做的任何更改都只影响实例，并不影响元件。

如果删除库中的元件，那么舞台上该元件的实例也会被删除。

要断开实例与对应元件之间的链接，并将该实例放入未组合形状和线条的集合中，可以分离该实例。在舞台上选择该实例，再选择"修改" | "分离"命令或按 Ctrl+B 组合键，就可分离实例。但对于导入的图片，就算是分离了实例，如果将库中对应图片元件删除，舞台上分离的图片实例也将被删除，除非选择"修改" | "位图" | "转换位图为矢量图"命令将图片实例转换为矢量图。

4. 运行时共享库

当多人共同开发一个动画项目，并行需要使用同一资源时，可以考虑把这些资源编译成共享库。运行时共享库允许一个 fla 文件导入使用来自其他 fla 文件的资源。

选择"文件" | "导入" | "打开外部库"命令，定位到要打开的源文档并单击"打开"，就将共享资源从源文档"库"面板拖动到当前 fla 文档的"库"面板或舞台上了。

8.3.5　滤镜和混合模式

1. 滤镜

使用滤镜可以像 Photoshop 那样制作出阴影、模糊、发光、斜角、渐变发光、渐变斜角和调整颜色等效果，还可以使用补间动画让应用的滤镜动起。在 Flash 中滤镜效果只适用于文本、影片剪辑和按钮。应用滤镜后，可以随时改变其选项，或者重新调整滤镜顺序以实验组合效果。可以对一个对象应用多个滤镜，也可以删除以前应用的滤镜。

在舞台上选择要应用滤镜的文本、影片剪辑或按钮，在"属性"面板中将出现"滤镜"选项组。单击其底部的"添加滤镜"按钮 ，弹出快捷菜单，其中显示了可以应用的滤镜名称，从中选择要应用的滤镜单击即可。每添加一个新的滤镜，在"滤镜"选择组下对象所用滤镜列表中就会增加一项。

Flash 中滤镜的效果及说明见表 8-1。

表 8-1 　　　　　　　　　　　　　　　　Flash 滤镜

滤 镜 名 称	说　　明
投影	模拟对象投影到一个表面的效果。使投影滤镜倾斜，可创建一个更逼真的阴影
模糊	可以柔化对象的边缘和细节。将模糊应用于对象，可以让它看起来好像位于其他对象的后面，或者使对象看起来好像是运动的
发光	可以为对象的周边应用颜色
斜角	向对象应用加亮效果，使其看起来凸出于背景表面
渐变发光	可以在发光表面产生带渐变颜色的发光效果。渐变发光要求渐变开始处颜色的 Alpha 值为 0。不能移动此颜色的位置，但可以改变该颜色
渐变斜角	可以产生一种凸起效果，使得对象看起来好像从背景上凸起，且斜角表面有渐变颜色。渐变斜角要求渐变的中间有一种颜色的 Alpha 值为 0
调整颜色	可以改变影片剪辑元件的亮度、对比度、饱和度、色相

2. 混合模式

使用混合模式可以创建复合图形，可以混合重叠影片剪辑中的颜色，从而创造独特的效果。Flash CS5 提供的混合模式见表 8-2。

表 8-2 　　　　　　　　　　　　　　　　混合模式

模 式 名 称	说　　明
一般	正常应用颜色，不与基准颜色发生交互
图层	可以层叠各个影片剪辑，而不影响其颜色
变暗	只替换比混合颜色亮的区域，比混合颜色暗的区域将保持不变
正片叠底	将基准颜色与混合颜色复合，从而产生较暗的颜色
变亮	只替换比混合颜色暗的区域，比混合颜色亮的区域将保持不变
滤色	将混合颜色的反色与基准颜色复合，从而产生漂白效果
叠加	复合或过滤颜色，具体操作需取决于基准颜色
强光	复合或过滤颜色，具体操作需取决于混合模式颜色，该效果类似于用点光源照射对象
曾加	通常用于在 2 个图像之间创建动画的变亮分解效果
减去	通常用于在 2 个图像之间创建动画的变暗分解效果
差值	从基色减去混合色或从混合色减去基色，具体取决于哪一种的亮度值较大。该效果类似于彩色底片
反相	反转基准颜色
Alpha	应用 Alpha 遮罩层
擦除	删除所有基准颜色像素，包括背景图像中的基准颜色像素

并不是所有对象都能应用混合模式，混合模式只能应用于影片剪辑或按钮。对舞台上对象使用混合模式，操作步骤如下。

步骤 1 在舞台上导入两张图片，并转换成影片剪辑，分别取名"杯子"和"果盘"。

步骤 2 选中"果盘"，在"属性"面板中单击"显示"选项组下"混合"旁的下拉列表按钮，在弹出的菜单中选择"叠加"命令，如图 8-26 所示。

步骤 3 拖动"果盘"到"杯子"，如图 8-26 所示。

图 8-26　应用"叠加"混合模式

8.4　基本动画制作

在 Flash 的动画根据制作方法和生成原理的不同，分为逐帧动画和补间动画。逐帧动画主要由若干关键帧组成，通过关键帧的不断变化而产生的，如图 8-27 所示为飞翔的小鸟的逐帧动画。由于需要对每一关键帧的内容进行绘制，因此工作量大，对制作人员的绘图技巧要求高。但其产生的动画效果逼真，多用来制作复杂动画。

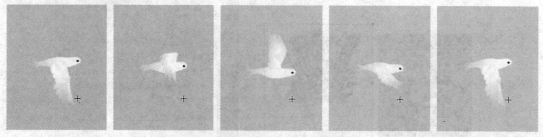

图 8-27　各关键帧的火焰形状

　　Flash 动画制作中使用最多的动画效果是由补间动画创作的。在制作补间动画时，只需要建立动画片段的第一个关键帧和最后一个关键帧，由 Flash 自动生成中间部分的动画效果。采用补间动画具有制作简单、动画效果连贯，生成的 SWF 文件所占存储空间小等优点。补间动画又分为补间形状、传统补间动画和补间动画三类。

8.4.1　补间形状

　　补间形状是一种使图形对象在一定时间内由一种形态变为另一种形态的动画。补间形状必须有两个帧，在这两个帧中绘制不同的图形，然后由 Flash 计算两个帧之间的差距并插入过渡帧。

　　下面以基础形状渐变动画——矩形变成圆的动画为例介绍制作方法。

　　① 在 Adobe Flash CS5 中新建一个 Flash 文档。

　　② 这时，时间轴上第一帧已经是一个空白关键帧，选中该帧。在工具箱中选择椭圆工具，在舞台左侧绘出一个矩形。双击选中矩形，单击"属性"面板中的填充颜色按钮，从调色板中选中蓝色，将矩形填充为蓝色。

　　③ 选择第 30 帧，单击鼠标右键，在随后弹出的快捷菜单中选择"插入关键帧"命令。

　　④ 按 Delete 键删除该帧（第 30 帧）的矩形，再在工具箱中选择椭圆工具，在舞台左侧绘出一个圆，并将其填充为红色。

　　⑤ 选择第一帧，单击鼠标右键，在弹出的快捷菜单中选择"创建补间形状"命令。可以看到在时间轴上开始关键帧（第一帧）与结束关键帧（第 30 帧）之间呈浅绿色背景，且有一箭头指向结束关键帧，如图 8-28 所示，这说明动画制作已经成功。

　　⑥ 保存文件为"矩形变成圆.fla"。

　　⑦ 按 Ctrl+Enter 组合键，测试动画效果。

　　Flash 自动为中间 28 个帧建立了平滑的过渡效果，其形状、位置、颜色都发生了不同。

　　补间形状主要有两个重要参数，一个是"缓动"，另一个是"混合"，它们都在"属性"面板中进行设置。

　　"缓动"项用来设置形状对象变化的快慢趋势，其最小值为–100，最大值为+100，临界值为 0。当取值为 0 时，表示形状动画的形变是匀速的；若取值小于 0，表示形变对象的形状变化越来越快，且数值越小，加快的趋势越明显；若取值大于 0，表示形变对象的形状变化越来越慢，且数值越大，减慢的趋势越明显。

　　"混合"项用来设置形变对象变形的形式。混合方式有两种，分别为"分布式"和"角

式"，其中"分布式"表示形变对象的形变过程是平滑的，"角式"表示形变对象的形变过程
是尖锐的。

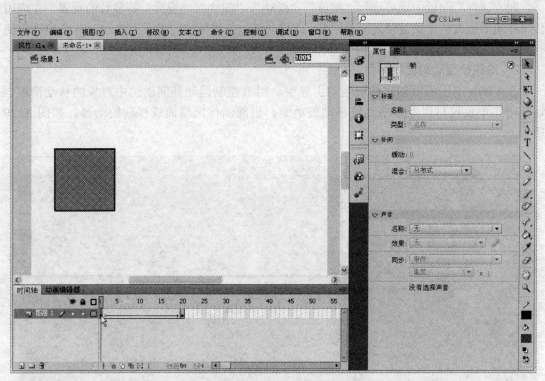

图 8-28　创建形状补间动画

　注意　　Flash 不能渐变元件、组、文本块和位图图片的形状，要对它们补间形状必须先用"修改"|"分离"命令分离它们为图形。

8.4.2　传统补间

传统补间是早期在 Flash 中创建补间动画的一种方式，较新的方式是从 Flash CS4 开始的补间动画。补间动画功能更强大，使用更加简便，但在某些情况下，传统补间仍然是最佳选择。

1. 创建传统动画的步骤

创建传统动画的步骤如下。

步骤 1　单击选择要创建动画的图层使之为活动层。

步骤 2　单击选择动画开始帧。

步骤 3　向开始帧添加元件。添加的元件可以是用钢笔、椭圆、矩形、铅笔或刷子工具创建一个图形对象，然后把它转换为一个元件；或在舞台中创建一个实例、组或文本块；也可是从库中拖出的元件的实例。

步骤 4　创建结束关键帧，并且选中它。

步骤 5　修改结束帧中的项目。可以对结束帧中的项目进行移动，修改大小、旋转或倾斜，对于实例和文本块还可以修改颜色。

步骤6 单击开始帧与结束帧范围中的任意帧，然后选择"插入"|"传统补间"命令，或右击鼠标，从快捷菜单中选择"创建传统补间"命令，就建立好了传统补间。

在"属性"面板中还可进行"缩放"、"缓动"、"混合"、"旋转"等参数的设置。在应用传统补间后更改两个关键帧之间的帧数，或移动任一关键帧中的组或元件，Flash 会自动重新补间帧。

2. 沿路径运动的传统补间

在 Flash 中还可以创建传统运动引导层，用来控制运动补间动画中对象的移动情况。这样用户不仅仅可以制作沿直线移动的动画，也能制作出沿曲线移动的动画，如图 8-29所示。

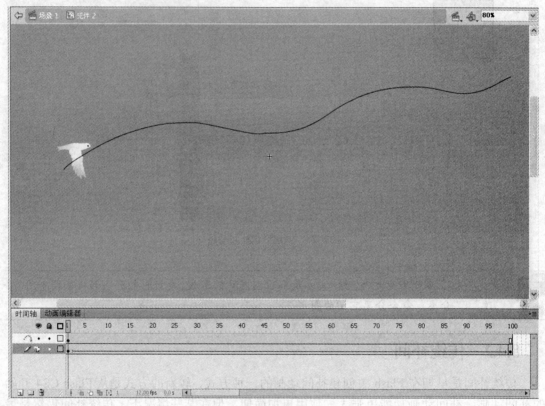

图 8-29　沿路径运动的传统补间

建立沿路径运动的传统补间步骤如下。

步骤1 选择建立了传统补间的图层。

步骤2 右击鼠标从快捷菜单中选择"添加传统运动引导层"命令。Flash 在传统补间图层上方添加一个运动引导层，并缩进传统补间图层的名称，以表明该图层已绑定到该运动引导层。

步骤3 选择运动引导层，然后使用钢笔、铅笔、线条、圆形、矩形或刷子工具绘制所需的路径，也可以将笔触粘贴到运动引导层。

步骤4 选择开始帧，拖动补间的对象，使其贴紧至开始帧中线条的开头，再选择结束帧，将其上的补间对象拖到线条的末尾。

被引导层中的对象在被引导运动时，还可做更细致的设置，比如运动方向，在"属性"面板上的"路径调整"前打上勾，对象的基线就会调整到运动路径。而如果在"对齐"前打勾，元件的注册点就会与运动路径对齐。在做引导路径动画时，按下工具箱中的"紧贴至对象"按钮 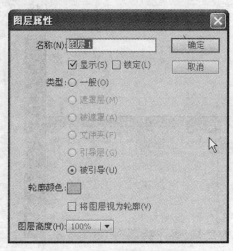，可以使"对象附着于运动引导线"的操作更容易成功。

在运动引导层上建立一个新图层，在该层上的补间对象自动沿着运动路径运动。要断开图层与运动引导层的链接可以拖动图层出来，或选择"修改"|"时间轴"|"图层属性"命令，从弹出的"图层属性"对话框中选择类型为"一般"，如图 8-30 所示。

图 8-30　"图层属性"对话框

8.4.3　补间动画

补间动画是通过为不同帧中的对象属性指定不同的值而创建的动画，它将补间直接应用于对象，而不是关键帧，Flash 计算这两个帧之间该属性的值。

例如，将舞台左侧的一个元件实例放在第一帧中，然后将其移至舞台右侧的第 20 帧中，选择第一帧，右击，从快捷菜单中选择"创建补间动画"命令，为其创建补间动画。Flash 将计算影片剪辑在此中间的所有位置，结果将得到从左到右（即从第一帧移至第 20 帧）的元件实例移动动画，如图 8-31 所示。

在首尾帧之间有一条带点的线，显示元件实例在舞台上移动时所经过的路径，称为补间动画的运动路径。路径上的每个点表示一个帧，点之间的距离为元件实例在舞台上的位置，每个位置在舞台上相距二十分之一的距离。可以使用选取、部分选取、转换锚点、删除锚点和任意变形等工具以及"修改"菜单中的命令来编辑运动路径。

创建了补间动画的这 20 帧是一组，称为补间范围。补间范围只能对舞台上的一个目标对象进行动画处理。如果补间对象在补间过程中更改了舞台位置，则补间范围具有与之关联的运动路径，这 20 帧中补间的元件实例称为目标对象。目标对象包括影片剪辑、图形和按钮元件以及文本字段。

若要删除补间范围，可以先选择该范围，然后右击从快捷菜单中选择"删除帧"或"清除帧"命令。若要更改动画的长度，可拖动范围的右边缘或左边缘。

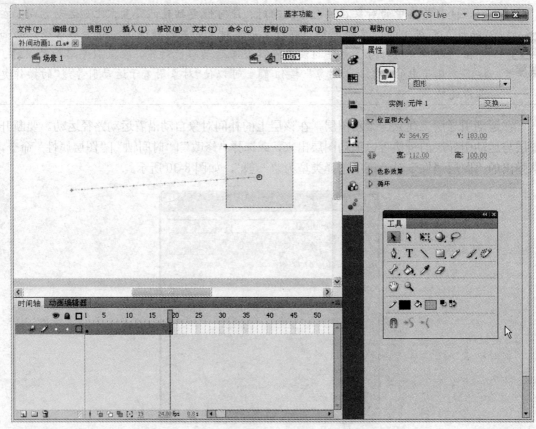

图 8-31　补间动画

在这 20 帧中，第一帧和第 20 帧是属性关键帧。属性关键帧是在补间范围中为补间目标对象显式定义一个或多个属性值的帧。属性包括位置（X、Y，3D 影片剪辑的 Z 值）、缩放、倾斜、旋转、颜色（alpha（透明度）、色调、亮度、高级颜色设置）和滤镜（不能应用于图形元件）等。

可以通过补间范围快捷菜单，选择"插入关键帧"下的子命令，定义属性关键帧，如图 8-32 所示，或选择"查看关键帧"，可在时间轴中显示或修改的属性关键帧类型。

也可以通过"属性"面板或"动画编辑器"面板定义或修改想要呈现动画效果的属性的值。选择时间轴中的补间范围或者运动路径后，选择"窗口"|"动画编辑器"命令可以打开"动画编辑器"面板。

用户定义的每个属性都有自己的属性关键帧。如果在单个帧中设置了多个属性，则其中每个属性的属性关键帧会驻留在该帧中，可在所选择的帧中指定这些属性值，Flash 会将所需的属性关键帧添加到补间范围，Flash 会为所创建的属性关键帧之间的帧中的每个属性内插属性值。

Flash 中预置了很多常用的补间动画效果，可以使用"动画预设"面板来应用这些动画效果。选择"窗口"|"动画预设"命令可打开"动画预设"面板，如图 8-33 所示。

选择要应用动画的目标对象，在"动画预设"面板的"默认预设"文件夹中选择一种动画预设双击，或右击鼠标从快捷菜单中选择"在当前位置应用"即可，也可以将自己创建的动画保存为"动画预设"，方便以后使用。

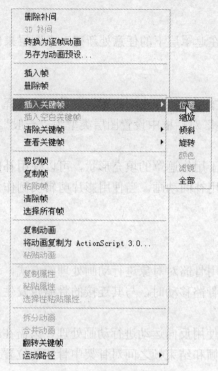

图 8-32　插入属性关键帧

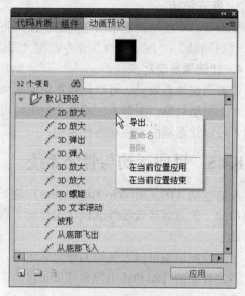

图 8-33　"动画预设"面板

8.4.4　使用遮罩层

遮罩动画是 Flash 中的一个很重要的动画类型，很多效果丰富的动画，如探照灯效果、孔洞效果等都是通过遮罩动画来完成的。在 Flash 的图层中有一个遮罩图层类型，在这一层上创建或放置一个任意形状的孔洞，在被遮罩层上只有该孔洞下的对象能显示出来，而孔洞之外的对象将不会显示，如图 8-34 所示。

1．创建遮罩层

在被遮罩图层上新建一个图层作为遮罩层，在遮罩层上放置填充形状、文字或元件实例。

Flash 会忽略遮罩层中的位图、渐变、透明度、颜色和线条样式，因为在遮罩中的任何填充区域都是完全透明的，而任何非填充区域都是不透明的。

右键单击时间轴中的遮罩层名称，从快捷菜单中选择"遮罩层"命令。将出现一个遮罩层图标，表示该层为遮罩层，如图 8-35 所示。紧贴它下面的图层将链接到遮罩层，其内容会透过遮罩上的填充区域显示出来。被遮罩的图层的名称将以缩进形式显示，其图标将更改为一个被遮罩的图层的图标。

图 8-34　使用遮罩层

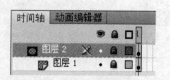

图 8-35　创建遮罩图层

若要在 Flash 中显示遮罩效果，要锁定遮罩层和被遮住的图层。

2．创建被遮罩层

可以将现有图层直接拖曳到遮罩层下面，也可在遮罩层下的任意处新建一个图层来创建被遮罩层。

3．断开链接

要断开遮罩层与被遮罩层之间的链接可将被遮罩层直接拖曳到遮罩层之外，或选择"修改"|"时间轴"|"图层属性"命令，在"图层属性"对话框中设置图层类型为"一般"。

4．让遮罩层动起来

若要创建动态效果，可以让遮罩层动起来。对于用作遮罩的填充形状，可以使用补间形状；对于类型对象、图形实例或影片剪辑，可以使用补间动画。当使用影片剪辑实例作为遮罩时，可以让遮罩沿着运动路径运动。

8.4.5　反向运动与骨骼系统

反向运动（IK，Inverse Kinematics）是一种使用骨骼对对象进行动画处理的方式，这些骨骼按父子关系链接成线性或枝状的骨架。当一个骨骼移动时，与其连接的骨骼也发生相应的移动。

使用反向运动可以方便地创建自然运动。若要使用反向运动进行动画处理，只需在时间轴上指定骨骼的开始和结束位置。Flash 自动在起始帧和结束帧之间对骨架中骨骼的位置进行内插处理。

在 Flash CS5 中有两种方式使用 IK，一种是将元件实例链接起来，例如，可以将显示躯干、手臂、前臂和手的影片剪辑链接起来，以使其彼此协调而逼真地移动，每个实例都只有一个骨骼；另一种是使用形状作为多块骨骼的容器，例如，可以向蛇的图画中添加骨骼，以使其逼真地爬行，在"对象绘制"模式下可以绘制这些形状。

当向元件实例或形状中添加骨骼时，先选中元件实例或形状，然后单击工具箱中的骨骼工具 ✐ 在实例或形状内单击并拖动到另一元件实例或形状内的另一个位置上。Flash 会在时间轴中为它们创建一个新的图层，称为"姿势图层"。

对 IK 骨架进行动画处理的方式与 Flash 中的其他对象不同。对于骨架，只需向姿势图层添加帧并在舞台上重新定位骨架即可创建关键帧，姿势图层中的关键帧称为姿势。由于 IK 骨架通常用于动画目的，因此每个姿势图层都自动充当补间图层。

但是，IK 姿势图层不同于补间图层，因为无法在姿势图层中对除骨骼位置以外的属性进行补间。若要对 IK 对象的其他属性（如位置、变形、色彩效果或滤镜）进行补间，要将骨架及其关联的对象包含在影片剪辑或图形元件中，然后可以使用"插入"|"补间动画"命令和"动画编辑器"面板，对元件的属性进行动画处理，也可以在运行时使用 ActionScript 3.0 对 IK 骨架进行动画处理。

8.5　高级动画的制作

8.5.1　应用声音

合适的声音对于动画而言可以使之增色不少，增加艺术感染力。Flash CS5 提供多种使用声音的方式。可以使声音独立于时间轴连续播放，或使用时间轴将动画与音轨保持同步；可以向按钮添加声音，使按钮具有更强的互动性；通过声音淡入淡出还可以使音轨更加优美。

Flash CS5 中有两种声音类型：事件声音和音频流。事件声音必须完全下载后才能开始播放，除非明确停止，否则它将一直连续播放。音频流在前几帧下载了足够的数据后就开始播放；音频流要与时间轴同步以便在网站上播放。

1. 支持的声音文件格式

在 Windows 中，可以将 ASND、WAV、MP3 格式的声音文件格式导入到 Flash 中。如果系统上安装了 QuickTime 4 或更高版本，则可以导入 AIFF、只有声音的 QuickTime 影片、Sun AU 和 WAV 格式的声音文件。

2. 导入声音

选择"文件"|"导入"|"导入到库"命令，在"导入"对话框中查找选中要导入的声音文件并单击"打开"按钮，就可将声音导入到库中，并可以将声音文件放到 Flash 中。

在"库"面板中可以对声音进行设置，步骤如下。

步骤 1　选择一个声音文件后右击，在弹出的快捷菜单中选择"属性"命令，弹出如图 8-36 所示的"声音属性"对话框。

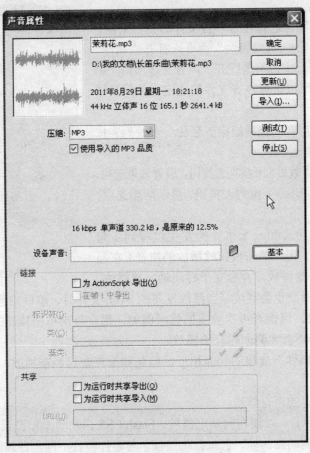

图 8-36　"声音属性"对话框

步骤 2　在"声音属性"对话框中进行设置。其中：

（1）单击"更新"按钮，对选择的声音文件进行更新。

（2）单击"导入"按钮可以用新的音频文件替换原有的文件。

（3）"测试"按钮用来测试声音。

（4）在测试过程中"停止"按钮用来停止测试。

（5）单击"压缩"下拉列表框，可以选择默认、ADPCM、MP3、原始和语音这几种不同的压缩格式。

（6）选中"链接"选项，可以设置用脚本语言控制声音。

（7）选中相应"共享"项，可以为运行时共享导入/导出。

步骤 3 单击"确定"按钮完成设置。

3. 添加声音

声音文件导入到库中，就可以加入应用到文档中了。可以把声音添加到时间轴，步骤如下。

步骤 1 新建一个图层。在此图层选择合适位置插入空白关键帧。

步骤 2 将声音从"库"面板中拖到舞台中。声音就会添加到当前层中。

可以把多个声音放在一个图层上，或放在包含其他对象的多个图层上，但是，建议将每个声音放在一个独立的图层上，每个图层都作为一个独立的声道，播放 SWF 文件时，会混合所有图层上的声音。

步骤 3 在时间轴上选择包含声音文件的第一个帧。

步骤 4 选择"窗口"|"属性"命令，打开"属性"面板。在"属性"面板中，单击展开"声音"选项组，如图 8-37 所示，在此可以进行声音文件的选定、效果及同步的设置。

步骤 5 单击"声音"选项组中"名称"下拉列表按钮，可以从中选择声音文件。

步骤 6 单击从"效果"下拉列表按钮，设置效果选项。

步骤 7 单击"同步"下拉列表按钮，显示同步选项，同步选项含义如下。

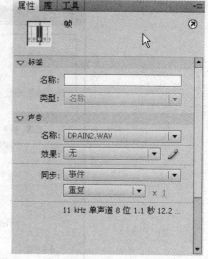

图 8-37 设置声音

● 事件：会将声音和一个事件的发生过程同步起来。事件声音（例如，用户单击按钮时播放的声音）在显示其起始关键帧时开始播放，并独立于时间轴完整播放，即使 SWF 文件停止播放也会继续。当播放发布的 SWF 文件时，事件声音会混合在一起。如果事件声音正在播放，而声音再次被实例化（例如，用户再次单击按钮），则第一个声音实例继续播放，另一个声音实例同时开始播放。

● 开始：与"事件"选项的功能相近，但是如果声音已经在播放，则新声音实例就不会播放。

● 停止：使指定的声音静音。

● 流：将同步声音，以便在网站上播放。Flash CS5 强制动画和音频流同步。如果 Flash Pro 不能足够快地绘制动画的帧，它就会跳过帧。与事件声音不同，音频流随着 SWF 文件的停止而停止。而且，音频流的播放时间绝对不会比帧的播放时间长。当发布 SWF 文件时，音频流混合在一起。音频流的一个示例就是动画中一个人物的声音在多个帧中播放。

步骤 8 为"重复"输入一个值，以指定声音应循环的次数，或者选择"循环"以连续重复声音。

要连续播放，请输入一个足够大的数，以便在扩展持续时间内播放声音。例如，若要在 15min 内循环播放一段 15s 的声音，请输入 60。不建议循环播放音频流。如果将音频流设为循环播放，帧就会添加到文件中，文件的大小就会根据声音循环播放的次数而倍增。

步骤 9　测试声音，在包含声音的帧上拖动播放头，或使用"控制器"或"控制"菜单中的命令。

8.5.2　应用视频

Flash Professional CS5 是一个强大的多媒体创作平台，不仅可以制作动画、添加声音，还可以添加视频。

在 Flash 中，可以导入 QuickTime 或 Windows 播放器支持的标准媒体文件。对于导入的视频对象，可以进行放大、压缩和更新处理，也可以通过编写脚本来创建视频动画。

将视频添加到 Flash 的方法有多种，其中一种是通过视频导入向导。其步骤如下。

步骤 1　选择"文件"|"导入"|"导入视频"命令，打开"导入视频"对话框，如图 8-38 所示，即可进入视频导入向导。

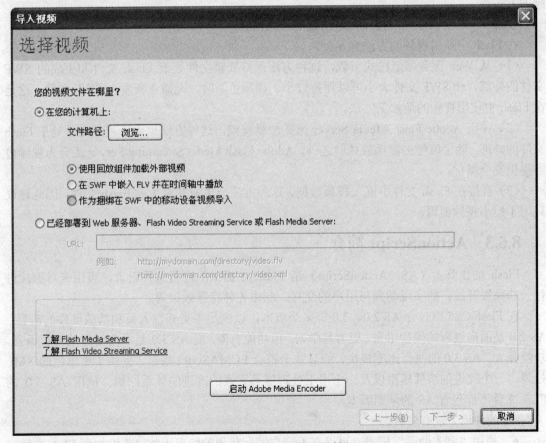

图 8-38　"导入视频"对话框

步骤 2　在"视频导入"对话框中，首先要选择视频文件。注意：在 Flash 中，必须使用以 FLV 或 H.264 格式编码的视频。如果视频不是 Flash 可以播放的格式，则会提醒您。如果视频不是 FLV 或 F4V 格式，可以使用 Adobe Media Encoder 以适当的格式对视频进行编码。

单击"在您的计算机上"单选按钮，再单击其下的"浏览"按钮，可以定位选择本机上的视频文件。

然后选择下面 3 个视频播放方案中的一个。

- 使用播放组件加载外部视频：导入视频并创建 FLVPlayback 组件的实例以控制视频播放。可以将 Flash 文档作为 SWF 发布并将其上载到 Web 服务器时，还必须将视频文件上载到 Web 服务器或 Flash Media Server，并按照已上载视频文件的位置配置 FLVPlayback 组件。

- 在 SWF 中嵌入 FLV 或 F4V，并在时间轴中播放：将 FLV 或 F4V 嵌入到 Flash 文档中。这样导入视频时，该视频放置于时间轴中可以看到时间轴帧所表示的各个视频帧的位置。嵌入的 FLV 或 F4V 视频文件成为 Flash 文档的一部分。

- 作为捆绑在 SWF 中的移动设备视频导入：与在 Flash 文档中嵌入视频类似，将视频绑定到 Flash Lite 文档中以部署到移动设备。

也可选择"已经部署到 Web 服务器、Flash Video Streaming Service 或 Flash Media Server："单选按钮，然后输入视频的 URL。

步骤 3 单击"下一步"按钮，根据视频播放方案的不同进行设置视频的外观或嵌入视频的方式等。

步骤 4 单击"完成"按钮，退出视频导入向导。

在 Flash 中使用视频的方法有 3 种。

（1）从 Web 服务器渐进式下载，这种方法保持视频文件处于 Flash 文件和生成的 SWF 文件的外部，使 SWF 文件大小可以保持较小。视频更新时，无需重新发布 SWF 文件。这是在 Flash 中使用视频的最常见方法。

（2）使用 Adobe Flash Media Server 流式加载视频，这种方法也保持视频文件处于 Flash 文件的外部。除了流畅的流播放体验之外，Adobe Flash Media Streaming Server 还会为视频内容提供安全保护。

（3）直接在 Flash 文件中嵌入视频数据，这种方法会生成非常大的 Flash 文件，因此建议只用于短小视频剪辑。

8.5.3　ActionScript 简介

Flash 动作脚本（AS，ActionScript）是 Flash 中提供的内置编程语言，可用来对影片进行一些高级开发，如实现动画与用户的交互，制作各种特殊效果等。

在 Flash CS5 中包含 AS 2.0、3.0 等多个版本，以满足各类开发人员和播放硬件的需要。AS 2.0 是面向过程的编程语言，更容易学习，但功能有限。而 AS 3.0 是面向对象的编程语言，功能强大。AS 3.0 的执行速度极快，而且完全符合 ECMAScript 规范，提供了更出色的 XML 处理、一个改进的事件模型以及一个用于处理屏幕元素的改进的体系结构。使用 AS 3.0 的 FLA 文件不能包含 AS 的早期版本。

AS 的使用方法有多种。

- 使用"脚本助手"模式：可以在不亲自编写代码的情况下将 AS 添加到 FLA 文件。当选择了动作，软件将显示一个用户界面，用于输入每个动作所需的参数。必须对完成特定任务应使用哪些函数有所了解，但不必学习语法。许多设计人员和非程序员都使用此模式。

- 使用行为：可以在不编写代码的情况下将代码添加到文件中。行为是针对常见任务预先编写的脚本。行为提供的功能有：帧导航、加载外部 SWF 文件和 JPEG 文件、控制影片剪辑的堆叠顺序，以及影片剪辑拖动等。可以添加行为，然后轻松地在"行为"面板中配置它。

 　　行为仅对 AS 2.0 及更早版本可用。

● 编写自己的 AS：可获得最大的灵活性和对文档的最大控制能力，但同时要求熟悉 AS 语言和约定。

● 组件：是预先构建的影片剪辑，可帮助实现复杂的功能。组件可以是一个简单的用户界面控件（如复选框），也可以是一个复杂的控件（如滚动窗格）。可以自定义组件的功能和外观，并可下载其他开发人员创建的组件。大多数组件要求自行编写一些 AS 代码来触发或控制组件。

AS 程序代码可以放在时间轴中的帧上，也可以放在一个外部文件中。

（1）在帧上编写 AS 代码，可以选中主时间轴上或影片剪辑中的一个帧，再选择"窗口"|"动作"命令，或者按 F9 键，打开"动作"面板，如图 8-39 所示，然后在"动作"面板的中编写程序代码。

图 8-39　"动作"面板

在"动作"面板左边上部，是一个类似于资源管理器的节点树，称为工具箱列表；左边下部列出了当前影片中所有包含程序代码的帧。右边是一个文本框，用于输入代码。文本框顶部是一些控制按钮，通过单击这些控制按钮可以实现添加、删除或者改变动作语句的顺序等功能。

工具箱列表中的节点对应着 AS 程序语言的动作。每种动作下面分为几个小类，小类下面包含程序代码的关键字。编程时，可以从工具箱列表中选择动作来创建 AS 程序语句，或者直接在文本框中输入程序。

对于初学者，可以使用"动作"面板的"助手模式"。在"动作"面板上单击"通过从'动作'工具箱选择项目来编写脚本"按钮，就可切换到"助手模式"。

（2）AS 程序代码也可以位于外部文件中，然后将这些文件应用到当前应用程序。使用 Flash CS5，用户可以在"脚本"窗口创建和编辑外部文件（.as 文件）。选择"文件"|"新建"命令，在弹出的"新建文档"对话框中选择"ActonScript 文件"选项，就可打开"脚本"窗

口，然后在"脚本"窗口编写文件。

"动作"面板和"脚本"窗口都包含一个全功能代码编辑器，其中包括代码提示和着色、代码格式设置、语法加亮显示、语法检查、调试、行号、自动换行等功能，并支持 Unicode。

对于 AS 的详细信息，可以参考《ActionScript 3.0 开发人员指南》等资料。

小　　结

随着时代发展，会不断有新生事物产生，动画也是如此，早期只有很简单的类似剪影的动画出现，后来技术和形式日渐丰富，派生出许多动画种类，进入电脑时代又出现了电脑动画、三维动画技术等，但是每种动画表现形式之间并不冲突，并且常常相互结合运用，近些年，一些成功的动画片都是多种动画技术相结合的作品。本章从动画原理到简单的二维动画的构成与制作阐述了动画的类型、动画的特点及处理过程；介绍了常用的动画制作软件，并以 Adobe Flash CS5 为例，介绍了 Flash 动画制作的名词术语、工作环境、绘图基础、动画制作技术及高级应用。

第9章
多媒体视频技术

人们处理的外界信息的 70%以上来自视觉,而视觉信息主要指人眼所见的图像。这里的图像概念是广义的,既包括静态的图形图像,也包括动态的视频和动画等内容。

数字视频就是先用摄像机之类的视频捕捉设备,将外界影像的颜色和亮度信息转变为电信号,再记录到存储介质(如录像带)。播放时,视频信号被转变为帧信息,并以每秒约 30 帧的速度投影到显示器上,使人的眼睛感觉到它是连续不间断地运动着的。

本章主要介绍了电视技术基础知识、数字视频的相关知识,并以 Adobe Premiere 为例介绍了数字视频处理技术。

9.1　数字视频基础

9.1.1　电视信号

1. 黑白全电视信号

黑白全电视信号主要由图像信号(视频信号)、复合消隐信号和复合同步信号组成。

(1)图像信号

电视信号的组成是将一幅画面分成许多细小的像素,而后由左到右、由上到下地将像素一个一个地送出去,然后在接收端同步再现。电视图像扫描是由隔行扫描组成场,由场组成帧,一帧为一幅图像。在荧屏上,光点按像素的次序进行扫描,从左到右称为行扫描,从上到下称为场扫描,定义每秒扫描的行数为行频,每秒扫描的帧数为帧频,每秒扫描的场数为场频。

(2)复合消隐信号

行扫描的逆程(从右到左)和场扫描的逆程(从下到上)时间内不传送图像信号,因为此期间产生的回扫线会对图像产生干扰。因此,在行、场逆程期间加入黑电平信号,使显像管的电子束在此期间截止。加入的黑电平信号称为消隐信号,对应消除行、场逆程电子束的消隐信号分别叫作行消隐信号和场消隐信号,二者合在一起称为复合消隐信号。

(3)复合同步信号

所谓同步是指摄像端（发送端）的行、场扫描步调要与显像端（接收端）扫描步调完全一致，即要求同频率、同相位才能得到一幅稳定的画面。为了保证同步，电视台在消隐期间还要提供行同步信号和场同步信号。每行扫描结束时传送一个行同步信号，每场扫描结束时传送一个场同步信号，把行同步信号和场同步信号的上升沿作为行逆程和场逆程的起点。

2. 彩色全电视信号

黑白电视只要传送表征物体亮度的电信号就可以了，而彩色电视除了亮度信号以外，还要传送表征物体颜色的色度信号，这样就要求彩色电视与黑白电视兼容。

彩色电视与黑白电视兼容是指彩色电视机接收到彩色电视信号时能显示彩色图像，接收到黑白电视信号时能显示黑白图像（虽然接收到的都是黑白图像及伴音）；黑白电视机接收到彩色电视信号和黑白电视信号时都能显示黑白图像。简而言之，就是彩色电视机和黑白电视机都能接受彩色电视信号和黑白电视信号。

为实现兼容，在彩色电视信号中首先必须使亮度和色度信号分开传送，以便使黑白电视和彩色电视能够分别重现黑白和彩色图像。采用 YUV 空间表示法可以很好地解决这个问题。

彩色全电视信号的组成除了黑白全电视信号所包括的图像信号、复合消隐信号和复合同步信号以外，还包括色度信号、色同步信号和色消隐信号。

3. 伴音

音频信号的频率范围一般为 20Hz～20kHz，其频带比图像信号窄得多。电视的伴音要求与图像同步，而且不能混迭。因此一般把伴音信号放置在图像频带以外，放置的频率点称为声音载频，我国电视信号的声音载频为 6.5MHz，伴音质量为单声道调频广播。

9.1.2 彩色电视制式

所谓电视制式是指电视信号的标准，根据电视信号的帧频（场频）、分解率、信号带宽以及载频、色彩空间的转换关系不同等，制定了许多电视制式，各国的电视制式不尽相同，现在世界上最流行的彩色电视制式有 3 种：NTSC 制、PAL 制和 SECAM 制。

1. NTSC 制

NTSC 制又称恩制，美国最早研制成功，美国从 1954 年 1 月 1 日就开始用 NTSC 制播送彩色电视，并以美国国家电视系统委员会（National Television System Committee）的缩写命名。采用 NTSC 制的还有日本、加拿大、墨西哥等国家。

2. PAL 制

PAL 制是西德在 1962 年指定的彩色电视广播标准，又称逐行倒相制。所谓逐行倒相是将色度信号中的一个分量进行逐行倒相。PAL 制式中根据不同的参数细节，又可以进一步划分为 G、I、D 等制式，其中 PAL-D 制是中国大陆采用的制式。

3. SECAM 制

SECAM（顺序与存储彩色电视系统）是法国于 1966 年研制成功的一种彩色电视制式。采用 SECAM 制的主要是法国、俄罗斯、东欧和中东等约有 65 个国家和地区，3 种常用电视制式的扫描特性参数比较见表 9-1。

表 9-1　　　　　　　　　　　　　3 种常用电视制式的扫描特性参数比较

电视制式	NTSC-M	PAL-D	SCEAM
帧频（Hz）	30	25	25
行频（Hz）	15750	15625	15625
行/帧	525	625	625
亮度带宽（MHz）	4.2	6	6
彩色副载波（MHz）	3.58	4.43	4.25
色度带宽（MHz）	1.3(I)0.6(Q)	1.3(U), 1.3(V)	>1.0(U)，>1.0(V)
声音载波（MHz）	4.5	6.5	6.5

9.1.3　视频数字化

1. 数字视频的特点

数字视频与模拟视频相比主要有以下特点。

① 便于传输。模拟信号传输易叠加噪音，数字信号可以通过阈值电压和校验技术方便地去除噪声，因而数字传输更适合较远距离的传输，也能适用于性能较差的线路。

② 便于复制。数字视频可以无失真地进行无数次复制，而模拟视频进行转录时会产生误差积累，使信号失真。

③ 便于存放。数字视频长时间存放不会影响质量，而模拟视频会使视频质量降低。

④ 便于处理。模拟视频如果要用计算机处理，必须经过模/数转换，不但麻烦，还会引起信号失真，而数字视频可以直接与计算机进行输入/输出操作，诸如进行非线性编辑，增加特级效果等，都非常简单便捷。

⑤ 数字视频数据量巨大，存储与传输过程中都要进行压缩编码。

2. 数字视频标准

国际无线电咨询委员会（CCIR）制定了广播级质量的数字电视编码标准，称为 CCIR 601标准。该标准规定了彩色电视图像转换成数字图像时使用的采样频率，RGB 和 YCbCr（或者写成 YCBCR）两个彩色空间之间的转换关系等。

（1）彩色空间变换

数字域 RGB 与 YCbCr 的彩色空间转换用下面的公式：

$$Y=0.299R+0.587G+0.114B$$
$$Cr=(0.500R-0.4187G-0.0813B)+128$$
$$Cb=(-0.1687R-0.3313G+0.500B)+128$$

（2）采样频率

采样频率必须是行频的整数倍，这样可以保证每行有整数个取样点，同时要使得每行取样点数目一样多，便于数据处理。

CCIR 601 建议 PAL、NTSC 和 SECAM 制亮度信号的采样频率都是 $fs=13.5MHz$，这个采样频率正好是 PAL、SECAM 制行频的 864 倍，NTSC 制行频的 858 倍，可以保证采样时采样时钟与行同步信号同步。色度信号的采样频率根据采样格式不同有所不同，例如，按 4：2：2 的采样格式，则两个色度信号的采样频率都是 6.75Hz。CCIR 601 建议采用 $Y：U：V=4$：2：2 的采样格式。

（3）量化

采样是把模拟信号变成了时间上离散的脉冲信号，量化则是进行幅度上的离散化处理。量化带来的误差叫量化噪声，是不可避免的，也是不可逆的。量化比特率愈高，层次就分得愈细，但数据量也成倍上升。

CCIR 601 建议采样后采用线性量化，每个样点的量化比特数用于演播室为 10bit，用于传输为 8bit。

（4）分辨率与帧率

对于 NTSC 制,分辨率 640×480,帧率为 30 帧/秒;对于 PAL、SECAM 制,分辨率 768×576,帧率为 25 帧/秒。

（5）数据量

按照采样率为 13.5MHz，采样格式 4：2：2 采样，8bit 量化，计算出数字视频的数据量为 $13.5(MHz)×8(bit)＋2×6.75(MHz)×8(bit)＝27MB/s$。

9.1.4　数字视频文件格式

1. AVI 文件——.avi

AVI（Audio Video Interleave，音频视频交错格式）是可以将视频和音频交织在一起进行同步播放的格式。优点是图像质量好、可以跨多个平台使用，缺点是尺寸大、压缩标准不统一。根据不同的应用要求，AVI 的视窗大小、分辨率、帧率都可以调整，当然，视窗越大、分辨率越高、帧率越高，AVI 文件的数据量就越大。AVI 文件目前主要应用在多媒体光盘上，用来保存电影、电视等各种影像信息。

2. MPEG 文件——.mpeg/.mpg/.dat

MPEG 文件格式是运动图像压缩算法的国际标准，主要由 MPEG 视频、MPEG 音频和 MPEG 系统组成。MPEG 压缩效率较高，最高可以达到 200：1，而且图像和声音质量很好。

MPEG 包括 MPEG-1、MPEG-2 和 MPEG-4。MPEG-1 是 VCD 的视频图像压缩标准，可以说绝大部分的 VCD 都是用 MPEG-1 格式压缩的；MPEG-2 是 DVD 的视频图像压缩标准，同时在一些 HDTV（高清晰电视广播）和一些高要求视频编辑、处理上面也有相当的应用面；MPEG-4 是网络视频图像压缩标准之一，特点是压缩比高、成像清晰，数据的损失很小。主要应用于视像电话、视像电子邮件等，对传输速率要求较低，使用 MPEG-4 算法的 ASF 格式可以把一部 120min 的电影压缩成 300MB 左右的视频流，可供在网上观看。

3. RealVideo 文件——.ra/.rm/.rmvb

RealVideo 文件是 Real Networks 公司开发的一种新型流式视频文件格式，主要在低速率的广域网上实时传输音频和视频信息，也能够在 Internet 上以 28.8kbit/s 的传输速率提供立体声和连续视频，可以根据网络数据传输速率的不同而采用不同的压缩比率（RMVB），从而实现影像数据的实时传送和实时播放。

4. Microsoft 流媒体文件——.asf/.wmv

ASF（AdvancedStreamingformat，高级流媒体）是 Microsoft 为了和现在的 Realplayer 竞争而发展出来的一种可以直接在网上观看视频节目的文件压缩格式，采用 MPEG-4 的压缩算法，所以压缩率和图像的质量都很不错。

WMV 文件是一种独立于编码方式的在 Internet 上实时传播多媒体的技术标准,Microsoft 公司希望用其取代 QuickTime 之类的技术标准以及 WAV、AVI 之类的文件扩展名。WMV 的主要优点包括：本地或网络回放、可扩充的媒体类型、部件下载、可伸缩的媒体类型、流的优先级化、多语言支持、环境独立性、丰富的流间关系以及扩展性等。

5. QuikTime 文件——.mov

QuikTime 文件由 Apple 公司开发，提供了两种标准图像和数字视频格式，可以支持静态的图像格式（.pic 和.jpg 格式），动态的基于 Indeo 压缩法的.mov 和基于 MPEG 压缩法的.mpg 视频格式。至今共推出 4 个版本，以 4.0 版压缩率最好。

9.1.5　数字视频处理

数字视频编辑、数字音频制作与数字特技制作构成了计算机影视后期制作的三部曲。基于计算机的数字非线性编辑技术令视频编辑焕然一新，已成为影视后期制作中数字视频编辑的标准。

非线性编辑系统（简称非编）是指能够随机存取和处理素材的编辑系统，通常是指以计算机为平台，以硬盘为存储介质的编辑系统。非线性编辑系统是多媒体计算机技术和电视数字化技术相结合的产物。

非线性编辑系统由数字化硬件和视频编辑软件两个主要部分组成。从硬件上看，可由计算机、视频卡或 IEEE1394 卡、音频卡、高速 AV 硬盘、专用板卡（如特技加卡）以及外围设备构成。为了直接处理高档数字录像机传来的信号，有的非线性编辑系统还带有 SDI 标准的数字接口，以充分保证数字视频的输入、输出质量。其中视频卡用来采集和输出模拟视频，也就是承担 A/D 和 D/A 的实时转换。从软件上看，非线性编辑系统主要由非线性编辑软件以及二维动画软件、三维动画软件、图像处理软件和音频处理软件等外围软件构成。随着计算机硬件性能的提高，视频编辑处理对专用器件的依赖越来越小，软件的作用则更加突出。

在非线性编辑系统中，计算机数字化地记录所有视频片段，并将它们存储在硬盘上。再使用数字特技卡和非线性编辑软件对视频、音频信号进行非线性编辑处理。在编辑过程中完成多通道数字特技、字幕叠加、配音配乐等功能。最后输出到录像带上或视频服务器上。

非线性编辑系统与线性编辑系统相比具有成本低，信号损耗小，素材存取方便，编辑制作方便，便于修改，图像与声音的同步对位准确，集成化程度高（可把切换台、数字特技台、录像机、录音机、编辑机、调音台、字幕机及图形创作系统等多种设备集中在一台计算机中）等优点。

9.2　数字视频处理软件 Adobe Premiere 应用

Premiere 出自 Adobe 公司，是一个可以在各种平台下和硬件配合使用的非线性视频编辑软件，被广泛的应用于电视台、广告制作、电影剪辑等领域。

Premiere 的主要编辑功能包括如下内容。

① 编辑视频片段，对视频片段或片段部分进行剪切、复制、粘贴、删除等处理。

② 对视频片断进行各种特技处理。

③ 对视频片段进行拼接，在视频片断之间增加各种过渡效果。

④ 在视频片断之上叠加各种字幕、图标、动画，制作标题和其他视频效果。

⑤ 给视频配音或配乐，并对音频片断进行编辑，调整音频与视频的同步。

⑥ 改变视频特性参数，如图像深度、视频帧率和音频采样率等。

⑦ 设置音频、视像编码及压缩参数。

⑧ 编译生成 AVI 或 MOV 格式的数字视频文件。编译生成的 AVI/MOV 文件可以在任何支持 Microsoft Video/QuickTime for Windows 格式的应用程序中播放。

⑨ 转换成 NTSC 或 PAL 的兼容色彩，以便把生成的 AVI 或 MOV 文件转换成模拟视频信号，通过录像机记录在磁带上或显示在电视上。由于 AVI 数据格式所采用的彩色系统与 NTSC 或 PAL 制式的模拟视频所采用的色彩标准不同，因此需要转换才能实现其兼容。

⑩ 刻录自定义的光盘。

除此之外，还具有管理方便、特效丰富、编辑方便等众多优点。

这里以 Adobe Premiere Pro CS4 为例介绍 Premiere 的使用方法。

9.2.1 Premiere 开始界面与主窗口介绍

启动 Adobe Premiere Pro CS4，出现欢迎界面，如图 9-1 所示。

图 9-1　Premiere Pro CS4 欢迎界面

在欢迎界面中显示了最近使用过的项目文件。Premiere 的项目文件是一种包含了序列以及组成序列的素材（视频、音频、图像、字幕等）的文件，文件扩展名为.prproj。项目中存储了序列和素材的相关信息，如采集设置、转场和音频混合等；还包含编辑操作的一些数据，如素材剪辑的入点和出点、各个效果的参数等。

单击项目文件名称，可以直接进入先前使用过的项目文件。如果要建立一个新项目，可单击"新建项目"按钮。进入 Premiere Pro CS4 主窗口，如图 9-2 所示。

Premiere Pro CS4 主窗口主要由标题栏、菜单栏和多个具有不同功能的面板组成。面板主要包括项目面板、源面板、节目面板、时间线面板、媒体浏览面板、效果面板、信息面板、历史面板、工具面板等。面板可以显示、隐藏起来或定制。其中，项目面板用于项目中所需素材的组织管理、浏览和播放。项目面板分成上、下两部分。上面部分是预览区，有一个小播放器，下面部分是文件区，显示项目中素材列表。选择某个素材，可以在项目面板上方的小播放器中播放出来，播放器的右边是对该素材格式的简单说明。

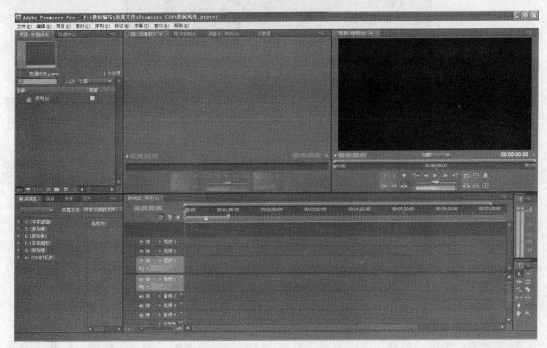

图 9-2　Premiere Pro CS4 主窗口

源面板用于观看和裁剪原始素材。

节目面板用于观看各种素材编辑与合成后的作品效果。

时间线面板是对素材进行编辑处理的主要地方。在默认状态下，时间线面板包含 3 个视频轨道、4 个音频轨和主音轨。对要编辑的素材可直接从项目面板中拖动到时间线窗口；然后使用工具面板中的工具对素材进行裁剪、分割、淡入、淡出等操作；最后的作品按时间线以视频叠加，音频混合方式播放。

媒体浏览面板用于浏览文件系统，快速找到要检索或导入的文件。

效果面板包含各种效果文件夹，用于设置音频效果、视频转场及许多改善剪辑效果的视频特效。

信息面板显示了所选片段或过渡的一些信息。选择时间线窗口中的素材，能在信息窗口中看到开始和结束时间的改变。

历史面板记录了每一步操作状态，允许用户快速回到前面某一状态，重新进行编辑。

工具面板显示了各种用于视频编辑的工具。

9.2.2　视频编辑

1. 创建项目配置项目

建立新的项目可以在启动 Premiere 的欢迎界面中单击"新建项目"按钮，也可在 Premiere 正在运行一个项目时选择"文件|新建|项目"命令。将出现"新建项目"对话框，如图 9-3 所示。

在"新建项目"对话框中有"常规"和"暂存盘"两个选项卡，用来对项目的一般属性进行设置。可以采用给定的默认设置，也可修改为需要的设置。

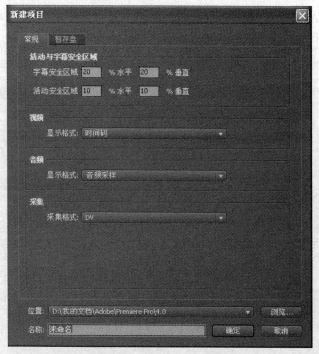

图 9-3 "新建项目"对话框

设置完毕，单击"常规"选项卡中"位置"下拉列表右侧的"浏览"按钮，打开"浏览文件夹"对话框，从中选择一个文件夹作为项目文件保存的位置；然后，在"名称"文本框中给出项目文件名；再单击"确定"按钮进入"新建序列"对话框，如图 9-4 所示。

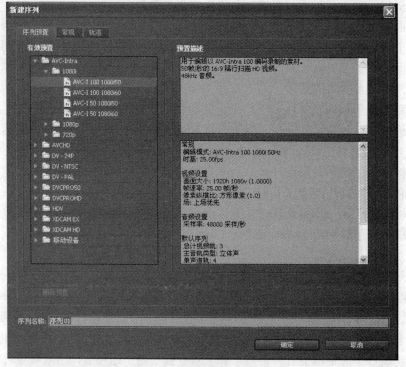

图 9-4 "新建序列"对话框

在"序列预置"选项卡"有效预置"栏中，可以选择一种合适的预置项目设置。右侧的"预置描述"栏中会显示预置设置的相关信息。"常规"和"轨道"选项卡可以设置序列的具体参数。设置好后，单击"确定"按钮，进入 Premiere Pro CS4 主窗口运行项目文件。

新建的项目，Premiere 都会为它在磁盘上创建用于存储采集文件、预览文件和音频转换文件的文件夹。

2．视频采集与导入素材

Premiere 的素材可以通过采集或录制的方式获得，也可以通过将存储设备上的素材文件导入获得。

例如从 DV 摄像机上采集视频的过程如下。

① 将视频输入设备与视频卡连接好。如将 DV 摄像机通过数据线直接与视频采集卡的 1394 接口相连，并将 DV 摄像机打开，模式设置为 Play（或 VCR）档。如果想捕捉正在拍摄的画面可以将 DV 状态设置为记录。

② 在 Premiere 中选择"文件|采集"菜单命令，进入"采集"对话框。

③ 在"采集"对话框中可进行采集设置。其中"记录"选项卡主要用来设置采集的内容信息，如"设置"区中"采集"下拉列表框是用来选择采集哪些素材的。在其中有 3 个选项："音频和视频"、"视频"、"音频"。如果选择"音频和视频"就是同时采集音频和视频信息，否则只采集音频或者是视频信息。"记录素材到"列表框是用来设置将采集的素材存放到项目窗口的哪个文件夹下。"素材编码"区是对采集片段信息的描述。

"设置"选项卡中可以设置采集格式，采集到的视频、音频文件保存的位置。

④ 设置好后，按下摄像机上的播放按钮，播放并预览录像带。当播放到欲采集片断的入点位置之前几秒钟时，按下控制面板上的录音按钮，开始采集。播放到出点位置后几秒钟的位置，按 Esc 键，停止采集。

在"采集"对话框中单击"播放"按钮，就可以在预览区看到正在播放的画面和相关信息。

⑤ 在弹出的保持采集文件对话框中输入文件名等相关数据，单击"确定"按钮，素材被采集到硬盘，并出现在项目面板中。

要导入素材，可选择"文件|导入|文件"命令，或双击项目面板列表栏的空白处，就会弹出"导入"对话框，选择要导入的素材即可。

3．剪辑素材

在 Premiere 中的编辑过程是非线性的，可以随时插入、移动、拼接、复制、粘贴、替换、分离、链接和删除素材片段，还可采取各种顺序和效果进行试验，并进行预演。

Premiere 中对素材的剪辑是在监视器面板（包括源面板和节目面板）和时间线面板中进行的。监视器面板用于播放观看素材和完成的影片，设置素材的入点和出点等。

时间线面板用于建立序列、安排素材、插入素材、分离素材、合成素材、混合音频素材等。把项目面板中的素材放置在时间线上，只需选中素材拖到时间线合适的位置即可。对于时间线上的素材可以使用工具面板中的各种工具剪裁。

在项目面板或时间线面板中的素材，都可以通过双击的方式选中在源面板的监视器中显示。使用监视器下面的播放工具栏可以控制素材播放，方便查看剪辑。

（1）设置入点出点

大部分导入到项目中来的素材都不会完全适合最终的节目需要，往往要去掉影片中不需要的部分。这可以通过设置入点或出点的方法来裁剪素材。在源面板中设置入点出点的方法如下。

① 在节目面板监视器中双击要设置入点出点的素材，将其打开在源监视器面板中。

② 在源监视器面板中拖动时间标记或按空格键，找到要使用的片段开始处。

③ 单击源监视器下方设置入点按钮 █ 或按 I 键，源监视器中显示当前素材入点画面，源监视器面板右上方显示入点标记。

④ 同样，单击源监视器下方的设置出点按钮 █ 或按 O 键，设置出点。

（2）视频拼接

将两段视频拼接在一起的步骤如下。

① 在 Premiere 中导入需要拼接的两段视频。

② 将两段视频按需要拼接的先后顺序放置在时间线窗口的时间轨道上，如图 9-5 所示。

③ 输出视频即可。

图 9-5　两段视频的拼接

4. 输出

制作完成的作品可以多种格式输出。选择"文件|输出"菜单下的命令项，即可把作品输出为影片，或输出当前某一帧图像，或输出音频或直接输出为 DVD 等。

9.2.3　视频效果的使用

1. 切换特效

有时为避免两段视频之间切换突然，可以在两段视频之间添加过渡效果。在 Premiere Pro CS4 中提供了多种过渡效果，要添加过渡效果，只需将某种过渡效果拖动到两段视频之间即可。过渡效果在"效果"面板上，如图 9-6 所示。

2. 添加字幕

在影视作品的开头或结尾，一般要出现滚动的字幕，以显示相关信息。在 Premiere 中添加字幕步骤如下。

① 在 Premiere Pro CS4 项目文件中选择"文件|新建|字幕"命令，出现"新建字幕"对话框，修改或保留默认设置，在名称编辑栏输入字幕名称，单击"确定"按钮，进入"字幕设计"窗口，如图 9-7 所示。

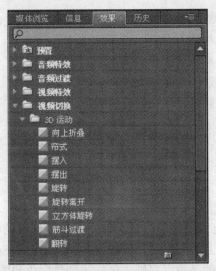

图 9-6　"特效"选项卡

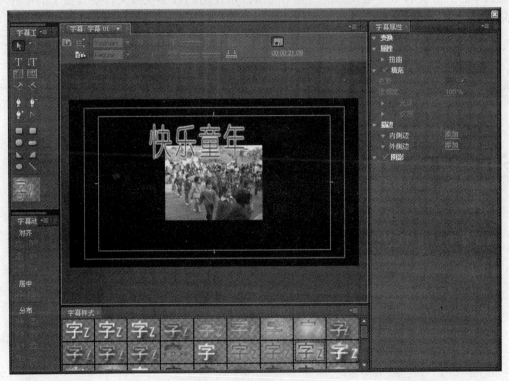

图 9-7　"字幕设计"窗口

② 在字幕设计窗口左边工具栏中选择文字工具，在预览窗口单击，便可输入文字。

③ 对输入的文字可以进行字幕样式字体和字幕属性如字体、颜色等设置。

④ 关闭字幕窗口。在项目面板中可以看到这个字幕文件。拖动此文件到时间线窗口的视频轨道上即可把字幕加入视频。双击字幕文件可再进入到字幕设计窗口修改字幕设计。

3. 添加音频

为视频添加声音，先将声音素材导入，然后将其选中拖动到时间线面板的音频轨道上即可。Premiere CS4 具有强大的音频处理能力，可以对音频进行多种处理，如剪辑音频素材长

度、调整音频增益、设置音频播放速度及持续时间、添加淡入淡出效果等特效。Premiere CS4
对音频的处理方式有以下 4 种。

（1）在时间线面板的音频轨道上修改关键帧。

（2）使用菜单命令对所选的音频素材进行编辑。

（3）在特效面板中为音频素材添加音频特效。

（4）使用调音台。

小　　结

本章针对多媒体视频技术进行了探讨，首先对视频信号的组成和获取方法作了简单介绍，在此基础上对现在世界上最流行的 3 种彩色电视制式（NTSC 制、PAL 制和 SECAM 制）进行了比较。本章重点讲述的是数字视频，包括视频数字化和图像子采样的实现方法；数字电视的概念、分类和数字电视标准；并对目前经常使用的数字视频文件格式做了简单介绍。本章最后以具体实例介绍了 Adobe Premiere 进行数字视频处理的全过程。

第三部分
Visual Basic 程序设计基础

第10章
Visual Basic 概述

Visual Basic 6.0 是微软公司系列可视化开发工具 VisualStudio 6.0 中的产品，是创建 Windows 应用程序最简便、最快捷的开发工具之一。通过阅读本章，可以：

● 了解 Visual Basic 的发展和特点；
● 掌握 Visual Basic 6.0 的集成开发环境；
● 理解 Visual Basic 程序设计的基本概念：对象、属性、事件与方法；
● 掌握对象（即窗体和控件）的属性、事件与方法；
● 掌握常用的基本控件：标签、文本框、命令按钮。

10.1　Visual Basic 的发展和特点

美国微软公司在 1991 年推出了建立在 Windows 开发平台基础上的开发工具 Visual Basic 1.0 （称为 VB1.0）以下的"Visual Basic"简写为"VB"。随着 Windows 操作平台的不断完善，微软公司相继推出了 VB 2.0、VB 3.0 和 VB4.0，这些版本主要用于在 Windows 3.x 环境中的 16 位计算机上开发应用程序。1997 年微软推出的 VB5.0 可以在 Windows 9X、Windows NT、Windows2000 或 Windows XP 环境中的 32 位计算机上开发应用程序。1998 年，微软公司又推出了 VB 6.0，VB 在功能上进一步完善和扩充，尤其在数据库管理、网络编程等方面得到了更广泛的应用。

VB 6.0 包括 3 种版本，分别为学习版、专业版和企业版。这些版本是在相同的基础上建立起来的，因此大多数应用程序可在 3 种版本中通用。3 种版本适合于不同的用户层次。3 种版本中，企业版功能最全，用户可以根据自己的需要购买不同的版本。但企业版的价格较高，如果不是绝对需要，一般不必购买企业版。对于大多数用户，专业版完全可以满足需要。本书中的例题均在 Visual Basic 6.0 企业版中调试完成。

VB 6.0 的突出特点如下。

1. 可视化编程

VB 为用户提供了大量的可视化控件，例如"窗体"、"命令按钮"、"图片框"等，用户只需将这些控件拖动到适当位置，设置其外观属性，就可以在屏幕上"画"出应用程序界面。

2. 面向对象的程序设计思想

所谓"对象"，就是在 VB 中用来构成图形用户界面（GUI）的可视化控件。例如，图形界面上有两个命令按钮 Command1 和 Command2。单击 Command1 用来统计数据，单击 Command2 用来打印数据，这两个按钮就是不同的对象，针对这两个对象编写不同的程序代码以完成各自的功能，这种编程的思想和方法就是"面向对象的程序设计（OOP）"。

3. 事件驱动机制

一个对象（即可视化控件）可以感知和接收多个不同类型的"事件"，每个"事件"均能驱动一段程序（事件过程）的执行。例如，某应用程序界面上的一个用来打印数据的命令按钮就是一个对象，当用户单击该按钮时就在该对象上产生了一个"单击"（click）事件，而该单击事件将驱动一段程序的执行，这段程序由编程者事先编写好用来实现打印数据的功能。这就是"事件驱动"的含义。

4. 支持多种数据库访问机制

VB 6.0 具有强大的数据库管理功能。利用其提供的 ADO 访问机制和 ODBC 数据库连接机制，可以访问多种数据库，如 Microsoft Acess、SQL Server、Oracle、MySQL 等。

10.2 Visual Basic 6.0 的集成开发环境

用户启动 VB6.0 后，将弹出一个"新建工程"的对话框，如图 10-1 所示。在"新建工程"对话框的"新建"选项卡中选中"标准 EXE"图标，单击"打开"按钮，就进入 VB6.0 的集成开发环境，如图 10-2 所示。集成开发环境（IDE，Integrated Development Environment）是指一个集设计、运行和测试应用程序为一体的环境。该集成开发环境包括标题栏、菜单栏、工具栏、窗体窗口、工具箱、属性窗口、代码窗口、工程资源管理器窗口、窗体布局窗口、立即窗口、监视窗口等，后 3 种窗口可以根据需要打开或关闭。

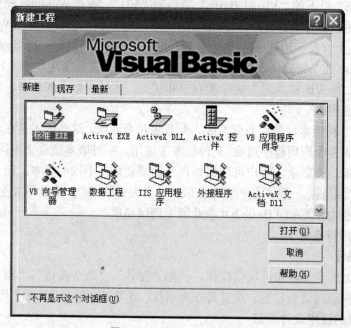

图 10-1 "新建工程"窗口

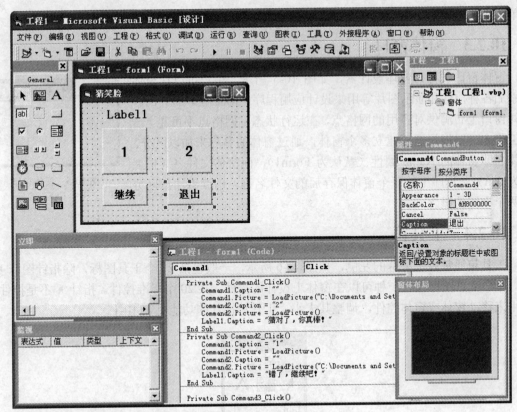

图 10-2　VB 集成开发环境

10.2.1　菜单栏

如图 10-3 所示，菜单栏显示了所有可用的 VB 命令。常见标准命令菜单有"文件"、"编辑"、"视图"等，VB 专用的编程菜单有"工程"、"调试"及"运行"等。通过鼠标单击可以打开菜单项，或者通过 Alt 键加上菜单项上的字母来打开该菜单项，如 Alt 键与 R 键同时按下，将打开 VB 中的"运行"菜单。

文件(F)　编辑(E)　视图(V)　工程(P)　格式(O)　调试(D)　运行(R)　查询(U)　图表(I)　工具(T)　外接程序(A)　窗口(W)　帮助(H)

图 10-3　菜单栏

10.2.2　工具栏

和大多数的 Windows 应用程序一样，VB6.0 也把菜单上的常用功能放置到工具栏中。工具栏位于菜单栏的下方，如图 10-4 所示，用户单击工具栏上的图标可以快速访问菜单栏的常用命令。鼠标停留在工具栏的图标上时，系统会自动显示关于该图标的提示信息。

图 10-4　标准工具栏

VB 6.0 中的工具栏包括编辑工具栏、标准工具栏、窗体编辑工具栏和调试工具栏。通过

菜单栏中的"视图"|"工具栏"选项可以打开或关闭各种工具栏。

10.2.3　窗体窗口

窗体窗口又称为窗体设计器，如图 10-5 所示。用户可以在窗体上添加各种控件和显示图片等用来设计应用程序（即工程）的界面。窗体窗口上布满供对齐用的网格点，在运行状态下网格点不可见。一个工程中可以根据需要建立多个窗体，通过窗体的名称来加以区分。窗体名即窗体的 Name 属性（默认为 Form1），而窗体文件名（扩展名为.frm）是程序中的每个窗体保存后的文件名称，请读者注意区分这两个不同的概念。

图 10-5　窗体窗口

10.2.4　工具箱

工具箱通常位于屏幕的左侧，如图 10-6 所示，一般包括 21 个工具图标，除指针图标 ▶ 外，每个工具图标代表一种可以在窗体上设计的控件，共 20 个标准控件。指针 ▶ 不是控件，仅用来移动窗体或窗体控件，调整其大小。工具箱控件的功能见表 10-1。

图 10-6　工具箱

表 10-1　　　　　　　　　　　　　　　工具箱控件功能说明

图　标	控 件 名 称	功 能 说 明
	图片框	用于显示图像或文本，或作为其他控件的容器
A	标签	用于显示文本信息
abl	文本框	用于显示或输入文本，允许编辑其中的内容
xy	框架	用于组合相关的控件，或作为容器显示其他控件
⌐	命令按钮	用于向 VB 应用程序发出指令
☑	复选框	用于多重选择
⊙	单选按钮	用于表示选项的开关状态
	组合框	为用户提供可以选择的列表，也允许用户自行输入选择项
	列表框	用于显示可供用户选择的固定列表

续表

图　标	控 件 名 称	功 能 说 明
	水平滚动条	用于提供快速定位或输入数据
	垂直滚动条	用于提供快速定位或输入数据
	定时器	以设定的时间间隔触发定时器事件
	驱动器列表框	用于寻找或切换当前的驱动器
	目录列表框	用于寻找或切换当前驱动器上的目录和路径，显示设备的目录列表
	文件列表框	用于显示指定目录下的文件列表
	形状控件	用于画各种形状
	直线控件	用于在窗体上画各种线条
	图像框	用于在窗体的指定位置显示位图、GIF 图形等
	数据控件	提供对存储在数据库中数据的访问
	OLE 控件	用于将其他应用程序的数据嵌入或链接到 VB6.0 的应用程序

在窗体窗口上绘制一个控件有两种方法。以绘制文本框为例，第一种方法步骤如下。

● 单击工具箱中的文本框图标，使该图标呈选中状态。

● 把鼠标移到窗体上，此时光标变成"+"号。

● 在窗体的适当位置，按下鼠标左键不释放，拖曳鼠标，窗体上将出现一个方框。

● 随着鼠标的拖动，方框大小逐渐变化。当到达合适的位置时，松开鼠标左键，即在窗体上画出一个文本框控件。

第二种方法比较简单，双击工具箱中某个控件图标，在窗体窗口中央即出现该控件，但该控件的大小和位置是固定的，可以根据需要自行调整。

10.2.5　属性窗口

在 VB 中，窗体和控件被称为对象，每个对象都有一组属性来描述其特征。选中某一对象后，按 F4 功能键或者单击"标准工具栏"上的"属性窗口"图标即可弹出该对象的属性窗口。

属性窗口用来设置窗体或控件的属性。如图 10-7 所示，属性窗口各组成部分及其作用见表 10-2。

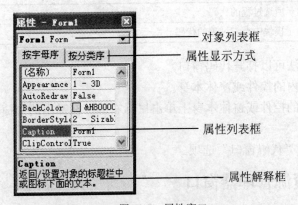

图 10-7　属性窗口

表 10-2　　　　　　　　　　　　　　　属性窗口各组成部分及作用

属性窗口组成部分	作　　用
对象列表框	单击其右边的下拉按钮 ▾，可以打开当前窗口所包含对象的列表
属性显示方式	单击"按字母序"或"按分类序"标签，可以按不同显示方式排列属性
属性列表框	列出在设计模式下某选定对象的属性及缺省值，不同对象所具有的属性是不完全相同的。列表框左边是对象的属性名，右边是对象的属性值。用户可以选定某一属性，对其属性值进行更改
属性解释框	用户在属性列表框选中某属性后，属性解释框将同步显示该属性的含义

10.2.6　代码窗口

VB6.0 提供了编写程序代码的窗口，如图 10-8 所示。代码窗口各组成部分及作用见表 10-3。

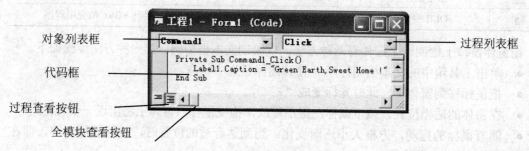

图 10-8　代码窗口

表 10-3　　　　　　　　　　　　　　　代码窗口各组成部分及作用

代码窗口组成部分	作　　用
对象列表框	显示窗体中选定对象的名称，单击右边的下拉按钮，将显示窗体中的所有对象名。其中的"通用"表示与特定对象无关的通用代码，一般是自定义过程代码或者模块级变量的声明代码
过程列表框	列出"对象列表框"中相应对象的事件过程名称（用户也可以自定义过程名）。在"对象列表框"中选定对象，再在"过程列表框"中选定事件过程名，就可以在"代码框"对所选对象的该事件编写事件过程（即程序代码）。其中的"声明"表示声明模块级变量
代码框	编写某控件关于某事件的事件过程
过程查看按钮	显示所选过程的代码
全模块查看按钮	显示模块中全部过程的代码

使用以下任一种方法可以打开代码窗口。

（1）双击窗体窗口内的控件或窗体本身。

（2）在窗体窗口内的控件或窗体本身上单击鼠标右键，在弹出的快捷菜单中选择"查看代码"选项。

（3）选择"视图"|"代码窗口"选项。

10.2.7　工程资源管理器窗口

VB 把开发一个应用程序视为一项工程，用创建工程的方法来创建一个应用程序，并利

用工程资源管理器窗口来管理工程。通过选择"视图"|"工程资源管理器"菜单命令可以打开工程资源管理器窗口，如图 10-9 所示。

该窗口内用树状的层次管理方法显示当前工程的文件结构，常见的文件类别如下。

● 窗体文件

工程的每个窗体对应一个窗体文件，其文件扩展名为.frm。窗体文件包括有关窗体的全部信息，如窗体属性、窗体内的控件及其属性、事件过程以及变量说明等。

● 工程文件

每个应用程序（即工程）对应一个工程文件，其文件扩展名为.vbp。工程文件包含了反映工程设置的项目。这些项目包括工程中的窗体、模块、引用以及为控制编译而选取的各种选项等。

● 标准模块文件

标准模块由程序代码组成，其文件扩展名为.bas。主要用来声明全局变量和定义一些通用模块，可以被不同窗体的程序调用。在多窗体工程中，供各个窗体调用的过程最好做成标准模块。标准模块可以通过"工程"|"添加模块"选项来建立。

【例 10.1】简单的欢迎程序。要求：程序运行时单击"显示"按钮，将在窗体的标签中显示"欢迎使用 VB6.0"的信息；单击"退出"按钮，将结束程序的执行。运行界面如图 10-10 所示。

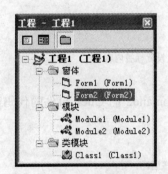

图 10-9　工程资源管理器窗口

图 10-10　运行界面

1．创建工程文件

选择"文件"|"新建工程"命令，弹出"新建工程"对话框，如图 10-11 所示。选择"标准 EXE"图标，单击"确定"按钮，即可创建一个标准的 EXE 工程。

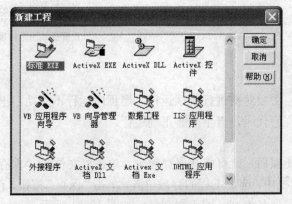

图 10-11　"新建工程"窗口

2. 设计界面

在工程创建后，VB 系统将自动创建一个新窗体（默认名为 Form1）。在该窗体上添加一个标签控件 A（默认名为 Label1）和两个命令按钮控件 ⌐（默认名为 Command1 和 Command2），如图 10-12 所示。

3. 设置属性

分别选中各个控件（命令按钮、标签等）和窗体，在属性窗口设置各个对象的属性，属性设置见表 10-4（控件的大小和位置属性也可以在窗体中通过鼠标拖动直接调整，属性窗口中的相应属性将随之改变）。

图 10-12　设计界面

表 10-4　　　　　　　　　　　　　控件的属性设置

控 件 名 称	Height	Width	Caption
Command1	495	855	显示
Command2	495	855	退出
Label1	495	2415	<删除默认值>

4. 编写代码

（1）双击窗体上的命令按钮 Command1，进入 Command1 的 Click（单击）事件的代码窗口，编写以下代码。

```
Private Sub Command1_Click( )
    Label1.Caption = "欢迎使用 VB6.0"    ' 设置标签内容
End Sub
```

（2）双击窗体上的命令按钮 Command2，进入 Command2 的 Click 事件的代码窗口，编写以下代码。

```
Private Sub Command2_Click( )
    End                            ' 结束程序运行
End Sub
```

（3）双击窗体 Form1，进入到 Form1 的 Load 事件的代码窗口，编写以下代码。

```
Private Sub Form_Load( )
    Form1.Caption = "第一个 VB 应用程序"     ' 设置窗体的标题属性
    Label1.Font = "宋体"                   ' 设置标签的字体属性
    Label1.FontSize = 16                   ' 设置标签的字号属性
    Label1.FontBold = True                 ' 设置标签的粗体属性
End Sub
```

5. 调试运行

代码编写完成后，需要对其进行调试运行。当程序运行不成功，出现错误提示信息时，应根据提示信息修改程序代码，直至能够正确运行。

6. 保存工程

当程序运行正确无误后，就可将其保存起来。单击"文件"|"保存工程"命令，在打开的"文件另存为"对话框中，选定工程的存放位置，单击"保存"按钮，首先保存扩展名为.frm 的窗体文件，再保存扩展名为.vbp 的工程文件，如图 10-13 所示。

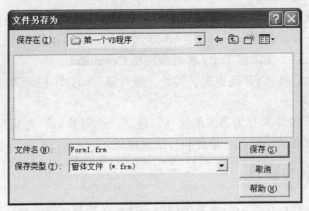

图 10-13 保存工程

7. 编译程序

工程保存完成后，如有需要，可以将已经编写好的程序编译成可执行文件（.exe 文件），以方便在其他计算机上运行。具体步骤为：选择"文件"|"生成 XXX.exe"命令（注：XXX 为上一步骤中具体的的工程文件名），在弹出的"生成工程"对话框中输入可执行文件的名称，单击"确定"按钮即可，如图 10-14 所示。

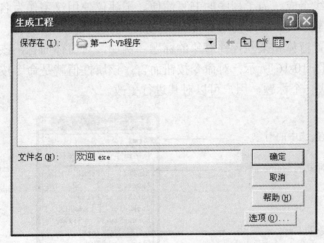

图 10-14 生成 EXE 文件

10.3 对象及其属性、事件与方法

面向对象程序设计的核心是对象，VB 应用程序的设计需要针对 VB 提供的大量对象编写过程模块。因此，读者应准确掌握对象的概念，以及与对象密切相关的属性、事件和方法的概念。

10.3.1 对象的概念

在面向对象的程序设计中，"对象"是系统中的基本运行实体。前面介绍了窗体窗口和工具箱，工具箱中的控件和窗体就是 VB 中预定义的对象，这些对象由系统预先设计好提供给用户使用。窗体就是窗口本身，是屏幕上的一个矩形区域；控件则是窗体上构成图形用户界面（GUI）的一些基本组成部分。如图 10-15 所示，读者可以看到 3 个对象，即窗体 Form1、文本框 Text1 和命令按钮 Command1。

除了窗体和控件之外，VB 还提供了其他一些对象，如打印机、调试、剪贴板、屏幕等。

对象是具有特殊属性和行为方式的实体。建立一个对象后，对其操作可通过与该对象有关的属性、事件和方法来描述。

图 10-15　对象示例

10.3.2　对象的属性

属性是对象的特性，不同的对象有不同的属性。窗体和控件的属性显示在相应的属性窗口中，常用属性如下。

1. Name 属性

名称是每个对象最基本的属性。当创建一个对象时，系统会自动赋予其一个默认的对象名。例如，窗体的默认名为 Form1，第一个放置在窗体上的命令按钮的默认名为 Command1，第二个放置在窗体上的命令按钮的默认名为 Command2。

VB6.0 允许用户自行定义对象的名字。自定义对象名必须以字母或汉字开头，由字母、汉字、数字或下划线组成。为了程序的书写简便，不建议使用汉字作为名字的一部分。

2. Caption 属性

此属性用于设置窗体和某些控件对象的标题。例如，对窗体而言，该属性值就是窗体标题栏中的文字，如图 10-16 所示；对命令按钮而言，该属性值就是命令按钮上的文字显示。通常，VB 自动默认一个标题，用户可以对其进行更改。

当前选中的对象

当前对象的 Name 属性

当前对象的 Caption 属性

当前选中属性的注释

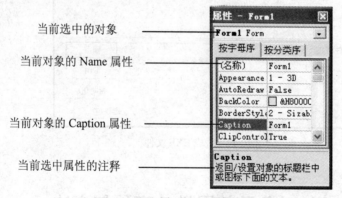

图 10-16　属性窗口

3. Enabled 属性

该属性决定对象（窗体或控件）当前是否有效。该属性只有两个属性值：True（真）和 False（假）。值为 True 时，该控件有效；值为 False 时，该控件无效。例如，在窗体上放置两个命令按钮 Command1 和 Command2，将 Command2 的 Enabled 属性值设为 False，运行此窗体时，将看到 Command2 上的标题是灰色显示，表示此命令按钮当前无效，如图 10-17 所示。当应用程序中某些功能不对某些权限级别的使用者开放时，常常使用此法禁用这些功能。

该属性也可决定某些对象是否只读。例如，把窗体上的文本框的 Enabled 属性值设为 False，运行此窗体时，将看到文本框上的内容是灰色显示，表示此文本框的内容只读（不可修改）。

4．Font 属性

此属性用于设置对象（窗体和控件）上所显示文字的字体和格式。凡是可以显示文字的控件都具有 Font 属性，如图 10-18 所示。选择某对象的 Font 属性，单击右边属性值方框内带省略号的小按钮 **…**，将弹出如图 10-19 所示的"字体"对话框，即可设置文字的字体。

图 10-17　Enabled 属性效果

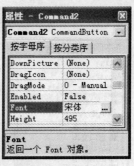

图 10-18　　Font 属性

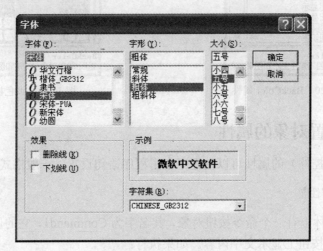

图 10-19　　字体对话框

5．颜色属性

常用的颜色属性有 ForeColor、BackColor、BorderColor、FillColor、MaskColor、UseMaskColor 等。各个颜色属性的含义见表 10-5。

表 10-5　　　　　　　　　　　　　颜色属性及其含义

颜 色 属 性	含　　义
ForeColor	窗体和图片框控件上的前景色
BackColor	窗体和控件的背景色
BorderColor	直线控件和形状控件的图形边框的颜色
FillColor	窗体和图片框上所画填充图形的填充颜色
MaskColor	图片的透明色
UseMaskColor	是否使用 MaskColor 属性

例如，要设置窗体背景色为红色，可以通过以下步骤来实现。

步骤 1　在窗体上单击一下（选中窗体），此时属性窗口的当前对象显示为窗体。

步骤 2　在窗体的属性窗口选择 BackColor 属性，单击右边属性值方框内的下拉按钮 ▼，弹出如图 10-20 所示的颜色对话框。

步骤 3　单击对话框的"调色板"选项卡，显示调色板如图 10-21 所示，在调色板中选择红色，即可设置窗体的背景色。

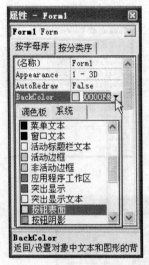

图 10-20　BackColor 属性

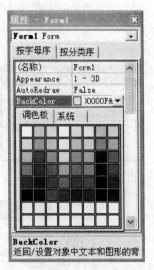

图 10-21　调色板

10.3.3　设置对象的属性

对象（窗体或控件）的属性可以在程序中用程序语句设置，一般格式如下：

对象名.属性名=属性值

例如，假定窗体上有一个命令按钮对象，其名字为 Command1，它的属性之一为 Caption（标题），即在命令按钮上显示文字内容。如果执行：

```
Command1.Caption = "开始"
```

则在命令按钮上显示的文字由原来系统默认的英文"Command1"改为汉字"开始"。在这里，Command1 是对象名，Caption 是属性名，字符串"开始"是所设置的属性值。再如：

```
Command1.Visible = False
```

表示把名字为 Command1 的命令按钮的属性 Visible 属性（可见性）值设置为 False。此处 Command1 是对象名，Visible 是属性名，False 是所设置的属性值。系统运行到这条语句时，命令按钮 Command1 将被隐藏，不显示出来。

除了用程序代码设置对象属性，也可以在程序设计阶段通过属性窗口设置对象属性。要设置某对象的属性，必须先选中要设置属性的对象，激活该对象的属性窗口。如果 VB 窗口中的属性窗口尚未开启，可以用以下任一种方法打开属性窗口。

- 按下功能键 F4。
- 单击"视图"|"属性窗口"命令项。

● 单击标准工具栏上的"属性窗口"图标。

在属性窗口通常有以下 3 种方式设置属性值。

1. 直接键入新属性值

有些属性，如 Name（名称）、Caption（标题）、Text（文本框的文本内容）等都必须由用户输入。在建立对象（控件或窗体）时，VB 为这些属性提供了默认值。要修改这些属性值，需要在属性窗口中选中该属性，把输入光标定位在属性值栏内，删除原值，输入新的属性值即可。

2. 通过下拉列表选择所需要的属性值

有些属性的取值情况有限，要修改这些属性值，需要在属性窗口中选中该属性，在属性值栏单击右端的下拉按钮 ▼，在弹出的下拉列表框中选择某一项值即可。

小技巧：设置只有两个属性值的属性。

对于属性值只有两个（通常为 True 和 False）的属性，如 Enabled、Visble 属性等，双击当前属性值即可将属性值设置为相反。

3. 利用对话框设置属性值

对于与图形（Picture）、图标（Icon）或字体（Font）有关的属性，设置框的右端会显示按钮图标 ..，单击图标 ..，将显示一个对话框，可以利用该对话框设置所需要的属性。

10.3.4　对象的事件

事件是指来自外部的刺激，能被对象所识别的动作，事件决定了对象之间联系的手段。

1. 事件

在 VB 中，事件是发生在对象身上，且能被对象识别的动作。系统提供的常用事件如下。

（1）Click（单击鼠标事件）。

（2）DblClick（双击鼠标事件）。

（3）MouseDown、MouseUp、MouseMove　（鼠标按下事件、鼠标释放事件、鼠标移动事件）。

（4）Load（窗体加载事件）。

（5）UnLoad（窗体卸载事件）。

（6）KeyPress、KeyDown、KeyUp（击键事件、键按下事件、键释放事件）。

2. 事件过程

当事件在对象身上发生后，应用程序就要处理这个事件，处理事件的步骤就是事件过程，每一个事件过程都是针对某个对象的某个事件。VB 应用程序开发的主要工作就是为对象编写事件过程的代码，编写事件过程的一般格式如下：

```
Private Sub 对象名_事件名( )
    事件过程代码
End Sub
```

编写事件过程时，打开代码窗口，在代码窗口的对象列表框中选中编程对象，在过程列表框中选择该对象要响应的事件，VB 系统将自动产生事件过程的程序框架，用户只需填写具体的事件过程代码即可。

【例 10.2】单击命令按钮改变窗体背景色。要求：程序启动时，若用户单击命令按钮，窗体的标题栏将显示"更改背景颜色"，且窗体的背景颜色变为红色。

步骤 1　在窗体 Form1 上绘制一个命令按钮 Command1。

步骤 2　编写命令按钮的事件过程如下：

```
Private Sub Command1_Click( )
    Form1.BackColor = RGB(255, 0, 0)      ' RGB(255, 0, 0)代表红色
    Form1.Caption = "更改背景颜色"          ' 设置窗体显示标题
End Sub
```

值得注意的是，当用户向一个对象发出动作时，可能同时在该对象身上发生多个事件，例如单击鼠标时，同时发生了 Click（单击）、MouseDown（鼠标按下）、MouseUp（鼠标释放）事件。设计程序时，并不要求对这些事件都进行编程，只需对感兴趣的事件编写事件过程。没有编程的为空事件过程，系统就不会响应这些事件。

10.3.5　对象的方法

"方法"就是对象本身所包含的一些特殊函数或过程，这些特殊函数或过程实质上就是 VB 系统内部已经设计好的一些具有特殊功能的程序，对象可以通过"方法"实现一些特殊功能和动作。方法是对象的一部分，正如属性和事件是对象的一部分一样，不同类型的对象其具有的方法会有差别。VB 系统提供的最简单、最常见的方法见表 10-6。

表 10-6　　　　　　　　　　　　VB 中的常用方法

方　法　名	功　　能
Print	用于在对象上显示文本
Refresh	用于重画窗体或控件
SetFocus	用于设置焦点在对象上
cls	用于清除对象上的文字和图形
Move	用于移动对象
Show	用于显示窗体对象
Hide	用于隐藏窗体对象

程序设计中，调用对象方法的一般格式为：

【对象名.】方法名【参数表】

如果省略了对象名，表示默认是当前对象，一般指当前窗体。某些方法需要带参数，只需将参数放在方法名后面即可。

【例 10.3】单击图像框将其移动到窗体中的新坐标位置。要求：程序启动时，窗体中出现一个图像框；当用户单击该图像框时，将其移动到窗体的新位置，如图 10-22 所示。

图 10-22　运行前后

分析：VB 中的坐标均是指对象（此处是图像框）的左上角端点的坐标，坐标的 x 值和 y 值分别是该对象的 Left 和 Top 属性值，这两个属性决定了对象左上角在载体（通常是窗体）上的位置。关于 left 和 top 的含义读者可以在属性窗口查看该属性的注释。

步骤 1　在窗体上放置一个图像框控件 Image1，在图像框控件的属性窗口中设置其 Picture 属性为某张图片（单击 Picture 属性右边属性值方框内的按钮 **...**，在弹出的"加载图片"对话框中选择某文件夹下的图片）。

步骤 2　针对图像框控件 Image1 的单击事件编写事件过程，其中利用 move 方法来移动图像框对象的坐标位置。

```
Private Sub Image1_Click()
    Image1.Move Form1.Width * 0.5, Form1.Height * 0.3
End Sub
```

Move 方法后面的用逗号分隔的两个参数，代表图像框控件目标位置的坐标。

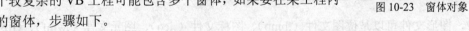

10.4　窗体及其属性、事件与方法

在设计程序时，窗体是程序员的"工作台"，它是 VB 应用程序的最基本的对象，是设计图形用户界面的平台，所有的控件都放置在窗体上；在运行程序时，窗体是用户所看到的实际窗口。

10.4.1　窗体的属性

窗体的结构与其他软件的窗口界面很相似，包括控制菜单框、标题栏、最大化按钮、最小化按钮和关闭按钮。如图 10-23 所示。

启动 VB 6.0 后，选择"文件"|"新建工程"命令，弹出"新建工程"对话框。选择"标准 EXE"图标，单击"确定"按钮，即可创建一个标准的 EXE 工程，此时系统将自动创建该工程的第一个窗体。

一个较复杂的 VB 工程可能包含多个窗体，如果要在某工程内添加新的窗体，步骤如下。

图 10-23　窗体对象

- 选择"工程"|"添加窗体"命令，打开"添加窗体"对话框。
- 选择"新建"选项卡，选中"窗体"选项用于建立一个空白新窗体，选择其他选项则将建立一个预定义了某些功能的窗体。
- 单击"打开"按钮，一个新窗体被加入到当前工程中。
- 单击某窗体的标题栏区域可以使该窗体切换成当前的活动窗体，就可对该窗体进行操作。

窗体属性决定了窗体的外观和操作。大部分的窗体属性，既可以在设计状态通过属性窗口设置，也可以在运行状态通过程序中的语句设置，只有少量属性只能在设计状态或运行状态设置。以下介绍窗体的一些常用属性，其他窗体属性可以在属性窗口查看其注释说明。

1. **Name 属性（名称）**

用于设置窗体的名称，默认窗体名为 Form1。Name 属性只能在属性窗口设置。

2. **Caption 属性（标题）**

用于设置窗体标题栏中显示的文本，默认标题为"Form1"。

3. **Height、Width 属性（高、宽）**

用于指定窗体的高度和宽度，其单位为 Twip（缇）。

4. **Left、Top 属性（左边位置、顶边位置）**

用于确定窗体左上角端点的位置，即窗体左上角与屏幕左边和屏幕顶端的距离，其单位为 Twip。

5. **Font 属性（字形）**

用于设置窗体上所显示文本的字形。

6. **Enabled 属性（允许）**

用于确定是否允许操作窗体。属性值为 True，允许；属性值为 False，禁止。

7. **Visible 属性（可见）**

用于决定运行时窗体是否可见。属性值为 True，可见；属性值为 False，不可见。

8. **MaxButton、MinButton 属性（最大化按钮、最小化按钮）**

用于设置窗体右上角是否有最大化、最小化按钮。MaxButton 属性值为 True，窗体右上角有最大化按钮；值为 False，则无最大化按钮。MinButton 属性值的含义类似。

9. **BackColor、ForeColor 属性（背景色、前景色）**

用于设置窗体的背景色和前景色，其中前景色是窗体上用 Print 方法输出的文本的颜色，程序运行时才能看到。

10. **Picture 属性（图形）**

用于设置窗体中要显示的背景图片。方法是：选中 Picture 属性，单击属性值方框右边的 **…** 按钮，在弹出的"加载图片"对话框中选择某文件夹下的图片。设置图片框（Picture）和图像框（Image）控件的 Picture 属性也与此类似。

除了在设计状态下通过属性窗口设置 Picture 属性外，还可以在程序运行状态使用 LoadPicture 函数将指定图形文件装入对象（对象可以是窗体、图片框、图像框等）。

LoadPicture 函数的语法格式为：

【对象名.】Picture=LoadPicture("<图形文件路径及文件名>")
例如：Form1.Picture=LoadPicture ("c:\tu.jpg")

其中，图形文件可以是位图文件（.bmp）、图标文件（.ico）、图元文件（.wmf）、GIF 格式的图像文件（.gif）以及 JPEG 格式的图像文件（.jpg）等。

当 LoadPicture 函数中的括号内为空，即

【对象名.】Picture = LoadPicture( )

表示清除对象中的图片内容。

11. **WindowState 属性（窗口状态）**

用于设置窗口的状态。属性值的含义如下：

0（Normal）　　　　正常窗口状态，有窗口边界；
1（Minimized）　　最小化状态，以图标方式运行；

2（Maximized）　最大化状态，无边框，充满整个屏幕。

10.4.2　窗体的事件

当在窗体进行各种操作时，便会引发窗体的相关事件，进而触发系统执行相应的事件过程。与窗体有关的事件很多，以下是常用的窗体事件。

1．Click 事件（单击事件）

当用户在窗体上进行单击操作时，便会在窗体上触发 Click 事件，VB 将调用窗体事件过程 Form_Click。注意，如果单击位置落在窗体上的其他控件（如命令按钮）上，则只能调用相应控件的 Click 事件过程。

【例 10.4】单击窗体时弹出提示信息 "您单击了窗体！"。

该事件代码如下：

```
Private Sub Form_Click()
    MsgBox  "您单击了窗体！", vbInformation, "信息提示"
End Sub
```

　　　　程序中的 MsgBox 是一个 VB 系统提供的函数，可在程序代码中直接调用，其功能是产生一个信息框。MsgBox 函数其后带了 3 个参数，双引号里面的文字可以是任意的文字信息。

2．DblClick 事件（双击事件）

DblClick 事件是当用户在窗体上进行双击操作时触发的事件，引发 VB 系统调用窗体事件过程 Form_DblClick。注意，如果双击位置发生在窗体上的其他控件（如命令按钮），则只能调用相应控件的 DblClick 事件过程。

【例 10.5】双击窗体弹出提示信息 "您双击了窗体！"。

该事件代码如下：

```
Private Sub Form_DblClick()
    MsgBox "您双击了窗体！", vbInformation, "信息提示"
End Sub
```

3．Load 事件（装入事件）

当一个窗体被装载入内存时引发 Load 事件。当使用 Load 语句启动应用程序，或引用未装载的窗体属性或控件时，此事件发生。该事件过程通常用来在启动应用程序时对属性和变量进行初始化。

10.4.3　窗体的方法

"方法" 就是对象（包括窗体和控件两大类）本身所包含的一些特殊函数或过程，这些特殊函数或过程实质上是 VB 系统内部已经写好的一些有特殊功能的程序，可以通过 "方法" 实现某些特殊功能和动作。有些方法是窗体和控件对象共有的，有些方法是窗体独有的。窗体的常用方法有如下 3 种。

1．Print 方法

用于在窗体、图片框或打印机上输出文字信息。

格式：　【对象名.】Print　文字信息

例如：　　　Form1.Print "VB Language"　　　' 在窗体上显示字符串：VB Language
　　　　　　Picture1.Print "hello"　　　　　' 在图片框上显示字符串：hello

在当前窗体上使用方法时，可以省略当前窗体名，系统默认是针对当前窗体使用该方法。所以，如果当前窗体是 Form1，则语句：

```
Print "VB Language"
```

表示在当前窗体 Form1 上输出字符串：VB Language。

上述 Form1.Print "VB Language" 语句之后的单引号 "'" 引导一串文字是一条注释语句，它的作用是提示读者本行语句的功能。在复杂的程序中使用注释语句将增加程序的可读性，有利于程序日后的维护和调试。实际上注释内容是不被计算机执行的，仅供编程人员查看。程序中注释内容还可以用关键字 Rem 替代单引号来引导。

2. Move 方法

用于移动对象，并且可以在移动的同时改变对象的大小。

格式：　　【对象名.】Move Left【, Top【, Width【, Height】】】

说明　　　　Left、Top、Width、Height 参数是对象相应属性的新设定值，其中 Left 参数是必需的，其余参数不是必需。如果要指定某参数，必须指定该参数前的所有参数值。例如，要指定 Width 参数的值，必须同时指定其前面的 Left 和 Top 参数值。

如果对象是"窗体"，则 Left 和 Top 是相对于"显示器屏幕"而言；如果对象是放置在窗体内的"控件"，则 Left 和 Top 是相对于"窗体"而言，如图 10-24 所示。

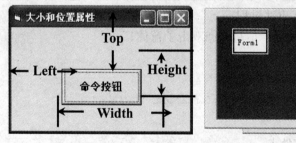

图 10-24　Left、Top、Width、Height 属性

【例 10.6】单击窗体后，窗体的宽和高变为原来的一半，并将窗体放置在显示器屏幕中央。

该事件代码如下：

```
Private Sub Form_Click( )
    Height = Form1.Height * 0.5
    Width = Form1.Width * 0.5
    Left = (Screen.Width — Form1.Width) / 2      ' 计算窗体在中央位置时的左边距
    Top = (Screen.Height — Form1.Height) / 2     ' 计算窗体在中央位置时的上边距
    Form1.Move Left, Top, Width, Height
End Sub
```

注意　　　　程序中的 Screen.Width 代表显示器屏幕的宽度，Screen.Height 代表显示器屏幕的高度。

3. Hide 和 Show 方法

用于在多窗体工程中隐藏和显示窗体。

```
格式：  窗体名.Hide
        窗体名.Show
例如：  Form1.Hide          ' 隐藏窗体 Form1
        Form2.Show          ' 显示窗体 Form2
```

10.5　基 本 控 件

为了便于进行程序设计，本节介绍 3 个最基本的控件：标签、文本框、命令按钮，这是大多数应用程序中经常用到的，其余的标准控件将在后面章节介绍。对于控件对象，要从它的属性、事件及方法 3 个方面去学习，并掌握其实际应用。

10.5.1　标签

标签（Label）主要用于显示一小段文本，某些没有 Caption 属性的控件可以用标签来进行标注，如文本框、列表框、组合框等控件可以用标签为其添加附属说明以增进程序界面的友好。

标签具有控件的一些共同属性，如 BackColor、ForeColor 等属性描述其外观；FontBold、FontItalic 等属性描述其字体；Height、Left 等属性描述其位置及大小；Enabled、Visible 描述其行为能力。

标签的主要功能是用来显示标题或文字说明，很少用来触发事件。

10.5.2　文本框

文本框（TextBox）为用户提供了一个既能显示又能编辑文本的区域。在程序运行过程中，用户可以通过文本框查看文字信息，也可以在文本框中输入和编辑文本。

1. 属性

常用的文本框属性见表 10-7。

表 10-7　　　　　　　　　　　　　　　　文本框的常用属性

属 性 名 称	属 性 值	说　　　明
Locked	True	不允许编辑文本框中的文字内容
	False	允许编辑文本框中的文字内容
MaxLength	数值型数据	用来设置文本框中允许输入的最大字符数。默认为 0，表示无字符数限制
MultiLine	True	文本框中允许输入多行文字
	False	文本框中只能输入一行文字
PasswordChar	字符型数据	设置密码输入。默认值为空，此时用户输入的字符按原样显示在文本框中；若属性值为非空字符，则用户输入的字符按该非空字符形式显示在文本框中
Text	字符型数据	文本框中显示的文字内容

2．事件

文本框和其他对象一样支持 Click 和 DblClick 事件，另外还支持 Change、GetFocus、LostFocus 等事件。

（1）Change

当文本框的 Text 属性值发生变化，即用户向文本框输入新的文字信息，或通过程序改变文本框的 Text 属性时，将触发 Change 事件。程序运行时，在文本框中每键入一个字符，就会引发一次 Change 事件。

（2）GetFocus

当文本框获得输入光标（即焦点）时，即该文本框处于活动状态时，触发该事件。

（3）LostFocus

当文本框失去焦点时（即光标离开），触发该事件。

（4）KeyPress

文本框获得焦点后，当用户在键盘上按下某个键时，触发该事件。

焦点就是对象接收用户鼠标或键盘输入的能力。当一个对象具有焦点时，就可以接收用户的输入，并且只有具有焦点的控件对象才能接收用户输入。

对于大多数可以接收焦点的控件来说，从外观上就可以看出它是否具有焦点。例如，当命令按钮、复选框、单选按钮等控件具有焦点时，在其内侧有一个虚线框；而当文本框具有焦点时，在文本框内部有闪烁的光标，如图 10-25 所示。

图 10-25　具有焦点的命令按钮和文本框

当一个对象获得焦点时，将触发该对象的 GetFocus 事件；当一个对象失去焦点时，将触发该对象的 LostFocus 事件。要注意的是，当某一控件对象获得焦点时，其他控件对象将失去焦点，也就是说，某时刻只有一个对象具有焦点。

通过下面的方法之一可以使某对象获得焦点。

- 程序运行时，用鼠标单击该对象。
- 程序运行时，用 Tab 键或快捷键选择该对象。
- 在程序代码中针对该对象使用 SetFocus 方法。

并不是所有对象都可以接收焦点，某些控件例如框架（Frame）、标签（Label）、菜单（Menu）、直线（Line）、形状（Shape）、图像框（Image）和计时器（Timer）都不能接收焦点。对于窗体而言，只有当窗体上的任何控件都不能接收焦点时，该窗体才能接受焦点。

3．方法

文本框最常用的方法是 SetFocus 方法。程序中使用该方法的格式如下：

【对象名.】SetFocus

格式中的"对象名"可以是任意能够接收焦点的对象的名字。文本框对象使用该方法后，可以使文本框获得输入光标（焦点）。当在窗体上建立了多个文本框后，可以用该方法把光标置于所需要的文本框内。

【例 10.7】加法运算界面。要求：用户在 3 个文本框中输入数据，当存放结果的文本框其值发生变化时，将判断运算结果是否正确，并在窗口的标签上显示判断结果，如图 10-26所示。

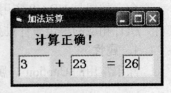

图 10-26　设计界面

步骤 1　在窗体中设置 3 个文本框和 3 个标签，其相关属性设置见表 10-8，其中控件的位置和大小属性也可直接在窗体中通过鼠标拖动来调整。

表 10-8　　　　　　　　　　　　　　　　控件属性的设置

对 象 名 称	Caption	Font	Height	Width
Form1	加法运算			
Text1		宋体、粗体、小三	495	735
Text2		宋体、粗体、小三	495	735
Text3		宋体、粗体、小三	495	735
Label1	+	宋体、粗体、小二		
Label2	=	宋体、粗体、小二		
Label3		宋体、粗体、小二		

步骤 2　针对窗体的装入（Load）事件和文本框 Text3 的变化（Change）事件编写程序如下：

```
Private Sub Form_Load( )
    Text1.Text = ""          ' 将文本框内容赋值为空，即清空文本框内容
    Text2.Text = ""
    Text3.Text = ""
    Label3.Caption = ""
End Sub

Private Sub Text3_Change( )
    If  Val(Text1.Text) + Val(Text2.Text) = Val(Text3.Text) Then
        Label3.Caption = "计算正确！"
    Else
        Label3.Caption = "计算错误！"
    End If
End Sub
```

说明　　Text3_Change 事件过程用到了选择结构的 If 语句，将在后续章节中详细介绍。这段程序的含义是：如果前两个文本框的值相加等于结果文本框的值，则标签 3 的标题显示为"计算正确！"；否则，标签 3 的标题显示为"计算错误！"。

运行情况：程序启动时，光标首先在最左边的文本框中跳动，用户可以依次在 3 个文本框中输入数据，当在最右边的文本框（Text3）中输入数据时，由于 Text3 显示的内容发生改变，即其 Text 属性值被改变，于是触发 Text3_Change 事件，执行该事件过程，从而使 Label3（标签 3）根据实际计算正确与否显示判断结果。

10.5.3 命令按钮

命令按钮是 VB 6.0 应用程序中最常用的控件,用户可以通过单击命令按钮触发其单击事件,执行相应的单击事件过程。

1. 属性

除了常用的 Caption 等属性外,命令按钮的其他常用属性见表 10-9。

表 10-9　　　　　　　　　　　　命令按钮的常用属性

属 性 名 称	属 性 值	说　明
Cancel	逻辑型数据	属性值为 True 时,在程序运行时按 Esc 键与用鼠标单击该按钮效果相同。窗体中只能有一个命令按钮可被设置为取消按钮。当一个命令按钮的 Cancel 属性设置为 True 时,窗体中其他命令按钮的该属性值自动设置为 False
Default	逻辑型数据	用于设置该命令按钮是否为窗体的默认按钮。属性值为 True 表示是默认按钮,即在程序运行时按 Enter 键与用鼠标单击该按钮效果相同。窗体中只能有一个命令按钮设置为默认按钮。当一个命令按钮的 Default 属性设置为 True 时,窗体中其他命令按钮的该属性值自动设置为 False
Picture	<通过对话框选择>	用于设置命令按钮的图标。当 Style 属性的值为 1 时有效
Style	0	命令按钮的外观形式为标准方式,只能显示文字
	1	命令按钮的外观形式为图形方式,能显示文字或图标

2. 事件

通常命令按钮响应 Click 事件。

【例 10.8】猜红笑脸程序。要求:开始运行时,窗体上的标签显示"猜猜红笑脸在哪里?";当用户单击标题为"1"的命令按钮时,窗口显示"猜对了,你真棒!",同时该命令按钮显示红笑脸图片,当用户单击标题为"2"的命令按钮时,窗口显示"错了,继续吧!",同时该命令按钮显示绿笑脸图片,如图 10-27 所示;当用户单击"继续"命令按钮时,窗体又恢复到开始运行时的状态;当用户单击"退出"命令按钮时,结束程序运行。

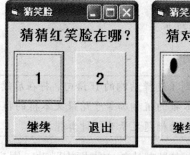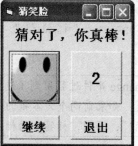

图 10-27　程序运行界面

步骤 1　在窗体中设置 4 个命令按钮和一个标签(其中相同大小的控件可以通过复制来建立,以保证其大小一致),调整各控件大小和位置如图 10-27 所示,设置相关属性见表 10-10。

表 10-10　　　　　　　　　　　　控件属性设置

对 象 名 称	Caption	Font	Style
Form1	猜笑脸		
Label1		新宋体、粗体、小三	
Command1			1
Command2			1
Command3	继续	宋体、粗体、小四	
Command4	退出	宋体、粗体、小四	

步骤 2　编写各对象的事件过程如下：

```
Private Sub Form_Load( )                    ' 窗体的装入事件过程
    Command1.Caption = "1"
    Command2.Caption = "2"
    Command1.Picture = LoadPicture( )       ' 设置命令按钮上的图片为空
    Command2.Picture = LoadPicture( )
    Label1.Caption = "猜猜红笑脸在哪？"
End Sub

Private Sub Command1_Click( )
    Command1.Caption = ""
    Command1.Picture = LoadPicture("C:\红笑脸.jpg")   ' 设置命令按钮上的图片为：C:\红笑脸.jpg
    Command2.Caption = "2"
    Command2.Picture = LoadPicture( )
    Label1.Caption = "猜对了，你真棒！"
End Sub

Private Sub Command2_Click( )
    Command1.Caption = "1"
    Command1.Picture = LoadPicture( )
    Command2.Caption = ""
    Command2.Picture = LoadPicture("c:\绿笑脸.jpg")
    Label1.Caption = "错了，继续吧！"
End Sub

Private Sub Command3_Click( )    ' "继续"命令按钮的单击事件
    Command1.Caption = "1"
    Command2.Caption = "2"
    Command1.Picture = LoadPicture( )
    Command2.Picture = LoadPicture( )
    Label1.Caption = "猜猜红笑脸在哪里？"
End Sub

Private Sub Command4_Click( )    ' "退出"命令按钮的单击事件
    End
End Sub
```

10.6　创建应用程序的基本步骤

　　VB 的最大特点就是能够快速高效地开发具有良好图形用户界面（GUI）的应用程序。如前所述，VB 的对象已经被抽象为窗体和控件，因而大大简化了程序设计。一般来说，创建

VB 应用程序包括以下三步：

- 建立用户界面；
- 设置用户界面的对象属性；
- 编写对象的事件过程。

1. 建立用户界面

启动 VB 后，屏幕上将显示一个窗体，默认名称为 Form1，可以在这个窗体上绘制用户界面。如果还需建立新的窗体，可以通过"工程"|"添加窗体"命令来实现。

用户界面由对象（包括窗体和控件）组成，所有的控件均放在窗体上。程序运行时，将在屏幕上显示由窗体和控件组成的用户界面。

2. 设置用户界面的对象属性

建立用户界面后，就可以设置窗体和每个控件的属性。在实际的应用程序设计中，建立界面和设置属性可以同时进行，即每绘制一个控件，接着就设置该控件的属性。当然，也可以在所有的对象建立完之后再设置每个对象的属性。对象属性既能通过属性窗口设置，也能通过程序代码设置，可以根据实际需要选择不同方式。

3. 编写对象的事件过程

VB 采用事件驱动编程机制，因此大部分程序都是针对各个对象的特定事件编写的，这样的程序称为事件过程。

可以通过以下任一种方式进入代码窗口编写事件过程：

- 双击已建立好的对象（窗体或控件）；
- 执行"视图"|"代码窗口"命令；
- 按下 F7 键；
- 单击"工程资源管理器"窗口中的"查看代码"按钮。

小　结

本章介绍了 VB 的发展过程和 VB 6.0 的特点，详细介绍了 VB 6.0 集成开发环境、4 个基本概念（对象、属性、事件和方法）以及最常用的 3 个基本控件（标签、文本框和命令按钮），并总结了创建 VB 应用程序的基本三步骤。

第 11 章
Visual Basic 程序设计基础

本章主要介绍进行 Visual Basic（以下简称 VB）程序设计所需的基础知识，包括程序中定义变量所用的数据类型、构成程序语句的基本运算符和表达式，可供调用的内部函数、基本语句、简单的输入输出等。通过阅读本章，可以：

- 掌握标准数据类型：整型、浮点型、字符串型、逻辑型、变体型等；
- 掌握常量和变量的定义和用途；
- 理解和掌握常用的运算符和表达式；
- 理解常用的内部函数（标准函数）及其调用方法；
- 了解 VB 程序的编程风格；
- 掌握常用的赋值语句、注释语句、程序结束语句；
- 掌握数据的输入输出方法：Print 方法、InputBox 函数、MsgBox 函数和 MsgBox 语句。

11.1 标准数据类型

程序处理的对象是数据，而数据一般是以某种特定的形式（如整型、字符型、单精度型等）存在的。所有高级语言都对数据进行分类处理，不同类型的数据其所占用的内存空间大小、取值范围和操作处理方式均不同。VB 中的数据类型分为两类：标准数据类型（即系统提供的数据类型）和用户自定义的数据类型。数据类型的分类如图 11-1 所示。本节主要介绍标准数据类型。

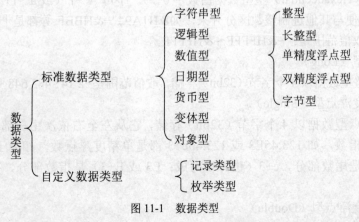

图 11-1　数据类型

标准数据类型主要有数值型、字符串型、逻辑型、日期型、变体型和对象型等。表 11-1 给出了常用标准数据类型的关键字、占用内存空间的字节数、取值范围等。

表 11-1　　　　　　　　　　　　　　VB 的标准数据类型

数 据 类 型		关键字	类型说明符	字节数	取 值 范 围
数值型	整型	Integer	%	2	−32 768～32 767
	长整型	Long	&	4	−2 147 483 648～2 147 483 647
	字节型	Byte	无	1	0～255
	单精度浮点型	Single	!	4	负数：−3.402823E38～−1.401298E−45 正数：1.401298E−45～3.402823E38
	双精度浮点型	Double	#	8	负数：−1.79769313486232D308～−4.94065645841247D−324 正数：4.94065645841247D−324～1.79769313486232D308
字符串型	定长字符串	String	$	不定	定长字符串：0～65 535 个字符
	变长字符串	String	$	不定	变长字符串：0～20 亿个字符
逻辑型		Boolean	无	2	True 和 False
日期型		Date	无	8	01/01/100～12/31/9999
货币型		Currency	@	8	−922 337 203 685 477.5808～922 337 203 685 477.5807
对象型		Object	无	4	
变体型		Variant	无	不定	按需分配字节

1. 数值型

VB 的数值型分为整型和浮点型。整型数不带小数点和指数，但可以带正负号，在计算机内部以二进制补码的形式表示；浮点数也称实型数或实数，是带有小数部分的数值。整型数分为整型和长整型，浮点数分为单精度浮点型和双精度浮点型。

（1）整型（Integer）

十进制（Decimal）整型数据由数字 0~9 的序列组成，如 126、−6 582 等都是十进制整数。十进制整型的取值范围是：−32 768～32 767。

八进制（Octal）整型数据由数字 0~7 的序列组成，前面冠以&或者&O（注意：是字母 O 而不是数字 0）以便与十进制整数区分开来，如&126、−&O77 等都是八进制整数。八进制整型的取值范围是：−&177 777～&177 777。

十六进制（Hexadecimal）整型数据由数字 0~9、字母 A~F（或 a~f）的序列组成，前面冠以&H，以便与其他进制整数区分开来，如&H1A9、−&HBBF 等都是十六进制整数。十六进制整型的取值范围是：−&HFFFF～&HFFFF。

（2）长整型（Long）

十进制长整型数据以 4 个字节（32bit）存储，取值范围是−2 147 483 648～+2 147 483 647。

（3）单精度浮点型（Single）

单精度浮点型数据以 4 个字节（32bit）存储，它从左至右依次由三部分组成：（正负）符号、尾数及指数，如 123.45E3 或 123.45e+3 都是单精度浮点数，相当于 $123.45×10^3$，其中，123.45 是尾数部分，e+3（也可以写成：E3 或 E+3）是指数部分，符号部分的正号被省略。

（4）双精度浮点型（Double）

双精度浮点型数据以 8 个字节（64bit）存储，它从左至右依次由三部分组成：（正负）符号、尾数及指数，如 $-123.45678D-3$ 或 $-123.45678d-3$ 都是双精度浮点数，相当于 $-123.45678 \times 10^{-3}$。其中，123.45678 是尾数部分，d-3（也可以写成：D-3）是指数部分，符号为负号"$-$"。

（5）字节型（Byte）

字节型数据是以一个字节（8bit）存储的无符号整型数，取值范围为 0～255。

2. 字符串型（String）

字符串是用双引号括起的一个字符序列，由 ASCII 字符（除了双引号和回车符之外）、汉字及其他可打印字符组成。例如："Hello"、"Visual Basic 6.0 程序设计"、""（空字符串）等都是字符串型数据，不含任何字符的字符串称为空字符串。

注意

（1）双引号起字符串的界定作用，没有双引号，编译系统将无法区分某字符序列是一个字符串常量还是一个变量名。双引号仅仅在程序中使用，字符串输出时屏幕上并不显示双引号，从键盘输入一个字符串时，也不需要键入双引号。

（2）字符串中的字符通过 ASCII 码识别，所以区分大小写，即"VB"和"vb"是两个不同的字符串。

（3）字符串中包含的字符个数称为字符串的长度。字符串分为变长字符串和定长字符串，变长字符串的长度是不确定的，而定长字符串含有确定长度的字符。空字符串的长度为 0。

---

3. 逻辑型（Boolean）

逻辑型也称为布尔型，以两个字节（16bit）存储，逻辑型数据只有两个可能值：True（逻辑真）或者 False（逻辑假）。

4. 日期型（Date）

日期型数据以 8 个字节（64bit）存储，可以表示的日期范围为 100 年 1 月 1 日至 9999 年 12 月 31 日，时间可以从 0：00：00 到 23：59：59。任何可辨认的文本日期都可以赋值给日期变量。日期型数据必须以符号"#"括起来，例如，#June 15, 2006#、#9 Jan, 1976#、#1976-12-02   16：00：00pm #都是合法的日期型数据。

5. 货币型（Currency）

货币数据类型是为表示钱款而设置的，以 8 个字节（64bit）存储，精确到小数点后 4 位。

6. 对象型（Object）

对象型数据以 4 个字节（32bit）存储，用来表示图形、OLE 对象或其他对象。

7. 变体型（Variant）

变体型是一种可变的数据类型，如果程序中的变量未定义数据类型，VB 将视之为变体类型。变体型变量可以存储上述的任何一种类型的数据。给变体型变量赋值时，不必进行任何转换，VB 自动完成各种必要的转换。例如：

```
Var1="110"      ' Var1 赋值为字符串"110", Var1 为字符串型变量
Var1=Var1-10    ' Var1 赋值为数值 100, Var1 为整型变量
Var1="Hello"    ' Var1 赋值为字符串"Hello", Var1 为字符串型变量
```

由此可见，随着所赋值的不同，变体型变量的类型也随之不断变化，这就是"变体型"

the含义。

11.2　常量和变量

程序中要处理的数据，必须先存放到计算机的内存单元。在高级语言程序中，将数据存入已命名的内存单元，以后就可以在程序中通过内存单元的名字来访问其中的数据。已命名的内存单元就是常量或变量。常量在程序运行期间，其内存单元中存放的值始终不能改变；而变量在程序运行过程中，其内存单元中存放的数据可以根据需要随时改变。

11.2.1　命名规则

VB 6.0 中，常量或变量的命名遵循以下规则（后续章节将会涉及的过程名、记录类型名、元素名等也同样遵循以下规则）。

● 必须以字母开头，后跟字母、数字或下划线序列，最后一个字符可以是类型说明符（类型说明符详见表 11-1）。

● 长度不超过 255 个字符。

● 字母不区分大小写，如 COUNT、COunt、count 表示同一个名字。

● 不能与 VB 中的关键字相同，例如，Print、End 等都是非法的常量或变量名，而 Print_3 或 End9 是合法的常量或变量名。

为使程序的可读性更好，一般常量名全部用大写字母表示，例如 NUM；变量名习惯上每个单词开头的字母用大写，即大小写混合使用组成变量名，例如 MoneyTotal。

根据以上规则，Score、Number12、Student_Name 等均为合法的变量或常量名；8Times、Price/2、Low!value、Dim（关键字）等均为非法的变量或常量名。

11.2.2　变量

变量是存储和调用信息的标识符。一个变量对应计算机内存中的一块存储单元，该存储单元存放变量的值。在程序运行过程中该存储单元的值可以不断更新。

如图 11-2 所示，有一个存储单元名字为 Count（即变量名），初始存放的值为整型数 299，程序运行过程中通过赋值语句将其重新赋值为 1 266，则 Count 存储单元的值即被更新为 1 266。

图 11-2　变量 Count 存储单元内值的变化

在程序中使用变量前，一般必须先声明变量名，系统将根据所作的声明为变量分配存储单元。VB 程序中可以显式或隐式声明变量。

1. 显式声明

使用 Dim 语句可以显式地声明变量，其作用是通知 VB 编译系统为该类型变量开辟存储空间。

语法格式：

Dim　变量名　【As　数据类型】

（1）"变量名"是用户要声明的变量名称，遵循变量常量的命名规则。

（2）"数据类型"可以是 VB 提供的各种标准数据类型或用户自定义数据类型。

（3）方括号【】内的部分可以省略。如果省略"As 数据类型"部分，则所声明的变量默认为变体类型（Variant）。

一条 Dim 语句可以同时定义多个变量，但每个变量必须有自己的类型声明，变量声明之间用逗号分隔。此外，还可以把类型说明符（详见表 11-1）放在变量名的尾部，以标识不同类型的变量，其中%表示整型；&表示长整型；！表示单精度型；#表示双精度型；@表示货币型；$表示字符串型。例如：

```
Dim  X  As  Integer, Total  As  Single    （定义 X 为整型变量，Total 为单精度变量）
Dim  X%,  Total!                （与上面的声明语句等价，"%"和"！"是类型说明符）
Dim  Name  As  String            （定义 Name 为变长字符串变量）
Dim  Name$                 （与上面的声明语句等价，"$"是字符串型类型说明符）
Dim  MyName  As  String *10        （定义 MyName 为定长字符串变量，最多可存放 10 个字符）
```

关于字符串型变量，有如下几点说明。

● VB 中，一个汉字与一个英文字符一样，都算作一个字符，占用存储空间为两字节。

● 对于定长字符串变量，若赋值的字符数少于定义的字符数，则右端补空格；若赋值的字符数多于定义的字符数，则将多余的字符部分截去。

使用一个 Dim 语句定义多个变量时，每个变量都要用 As 子句声明其类型，否则该变量将被看作是变体类型。

例如：

```
Dim  D1, D2 As Double          （定义 D1 为变体类型、D2 为双精度型）
Dim  D1 As Double, D2 As Double    （定义 D1、D2 均为双精度型）
```

2. 隐式声明

在 VB 中，如果一个变量未经 Dim 语句显式声明便直接使用，称为"隐式声明"。使用时，系统会自动为该名字创建一个变量空间，并默认为变体类型（Variant）。

隐式声明使用起来方便，并可以节省代码，但也很可能带来无法预计的后果。例如，某程序显式声明了一个变量 Total，并准备为其赋值为 3，但在赋值语句中将变量名 Total 输错为 Tota（Tota 没有显式声明），程序运行时系统将创建一个名为 Tota 的变体型变量，将其赋值为 3，而变量 Total 则无法获得赋值，导致程序出错。

为了避免以上麻烦，可以强制规定每个变量都要经过显式声明后才可使用。这样 VB 一旦遇到一个未显式声明的变量时，就会发出错误警告。编程者可以通过以下任何一种方式来强制程序中的变量必须"先显式声明，后使用"：

● 在程序模块的通用声明段加入如下强制声明语句：Option Explicit。

● 选择"工具"|"选项"命令，弹出"选项"对话框，单击"编辑器"选项卡，复选"要求变量声明"选项，如图 11-3 所示，这样在任何新建模块中将自动加入"Option Explicit"语句。

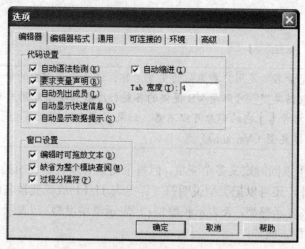

图 11-3　强制变量声明

11.2.3　常量

常量也称常数，是存放在静态存储区的常量区中的数值，在程序运行过程中其值不能改变。根据表示形式可以将常量分为两类：直接常量和符号常量。

1．直接常量

直接常量是指在程序中直接给出的各种数据类型（如数值型、字符串型、日期型等）的具体数据值。

以下数据均是直接常量：

```
-1 256          （十进制整型常量）；
&HFF00          （十六进制整型常量）；
235.988E-7      （单精度浮点数常量）；
2359D6          （双精度浮点数常量）；
"Hello"         （字符串常量）；
#9 Jan, 1976#   （日期型常量）。
```

VB 系统在判断常量的数据类型时会存在"多义性"，例如，常量 3.06 可能是单精度型，也可能是双精度型或货币型。默认情况下，VB 将设定其为需要内存容量最小的那种类型，所以常量 3.06 通常被当做单精度常量来处理。为了显式地指明常量的类型，可以在常数后面加上类型说明符以示区别，例如：

```
3.06#           （双精度浮点型常量）；
78!             （单精度浮点型常量）。
```

2．符号常量

符号常量是用一个标识符来代表一个直接常量，该标识符就是符号常量名。符号常量分为两类：系统常量和用户自定义的符号常量。

（1）系统常量

系统常量是指 VB 系统内部大量预定义的常量，可以在程序中直接使用，这些常量均以小写字母 vb 开头。如：

```
Form1.WindowState=vbMaximized          ' 将 Form1 的窗口状态属性设为极大化
```

```
Form1.WindowState=2                ' 与上条语句等价
Label1.ForeColor=vbRed             ' 将 Label1 的前景色属性设为红色
Label1.ForeColor=&HFF              ' 与上条语句等价
```

上面语句中，系统常量 vbMaximized 与常量 2 等价，vbRed 与常量&HFF 等价，显然，在程序中使用系统常量的可读性更好。

（2）用户自定义符号常量

语法格式：

> Const　常量名　【As 数据类型】= 表达式

（1）"常量名"是要声明的符号常量的名字，不区分字母的大小写，但习惯上全部用大写字母来表示，以便和变量名区分开。

（2）可选项【As 数据类型】用来说明常量的类型，可以用类型说明符来代替，如果省略，则由表达式的结果来确定最合适的数据类型。

（3）"表达式"可以是数值常量、字符串常量以及由算术运算符和逻辑运算符所构成的表达式。

以下是一些合法的常量声明：

```
Const  PI=3.14159
Const  STR1="Visual"+"Basic"        ' 加号是字符串运算符，表示连接
Const  STR2="SOS", VAR2 As Single=26.5  ' 一行中说明多个符号常量时用逗号分隔
Const  FIRST&=1                     ' 用类型说明符&来替代【As 数据类型】部分
```

例如，有以下过程：

```
Private Sub Command1_click()
    Const PRICE = 30
    Dim Num1%, Num2%, Total1%, Total2%
    Num1 = 10
    Num2 = 20
    Total1 = Num1 * PRICE
    Total2 = Num2 * PRICE
    Print "Total1="; Total1
    Print "Total2="; Total2
End Sub
```

使用符号常量而不使用直接常量的好处如下。

● 程序更加清晰。例如，用系统常量 vbMaximized 来代替数值 2，用自定义符号常量 PRICE 来代替数值 30，使程序可读性更好。

● 程序更易修改。例如，上述程序中符号常量 PRICE 的值需要改变时，只需在符号常量声明处修改即可；如果使用的不是符号常量，而是直接常量 30，则需对程序中的直接常量一一进行修改。

11.3　基本运算符与算术表达式

程序设计的目的是为了让计算机对数据进行加工处理，即进行运算（也称为操作），程

序中的表达式就是对数据的加工处理。VB 语言的表达式是由操作数和运算符组成的。操作数可以是常量（直接常量、符号常量）、变量，也可以是另一个表达式（每个表达式均有一个确切的结果值，结果值将作为一个操作数）。VB 提供的运算符分为 4 种：算术运算符、字符串运算符、关系运算符和逻辑运算符。

11.3.1 算术运算符与算术表达式

算术运算符用来对数值型数据执行简单的算术运算。算术运算符和操作数组成的式子称为算术表达式。VB 提供了 8 种算术运算见表 11-2（假设 a 和 b 是两个数值型变量）。

表 11-2　　　　　　　　　　　　　Visual Basic 算术运算符

运　算　符	含　义	表达式举例	等价的代数表达式	优　先　级
^	乘方	a^b	a^b	1
−	负号	−a	−a	2
*	乘	a*b	$a \times b$	3
/	除	a/ b	$a \div b$	3
\	整除	a\ b		4
Mod	取模	a Mod b		5
+	加	a+b	a+b	6
−	减	a−b	a−b	6

在表 11-2 中，"−"运算符在单目运算（即表达式中该运算符只对应一个操作数）中表示负号运算，在双目运算（即表达式中该运算符对应两个操作数）中表示减号运算。

VB 的算术运算中，加、减（负号）、乘、除运算的含义与数学中的意义相同。在此重点介绍以下几种运算及优先级。

1. 指数运算

指数运算用来计算乘方和方根。计算 a^b 时，若 a 为正实数，则操作数 b 可以为任意数值；若 a 为负实数，则操作数 b 必须是整数。

例如：

```
25^2              （25 的平方，结果为 625）
25^−2             （25 的平方的倒数，结果为 1/625，即 0.001 6）
25^0.5            （25 的平方根，结果为 5）
8^(1/3)           （8 的立方根，结果为 2）
8^(−1/3)          （8 的立方根的倒数，结果为 0.5）
(−8)^(1/3)        （表达式有误）
(−2) ^3           （−2 的立方根，结果为−8）
(−2) ^(−3)        （−2 的立方根的倒数，结果为−1/8，即−0.125）
```

2. 浮点数除法与整除运算

浮点数除法的运算符是"/"，其左右两边的操作数可以是整数或浮点数，运算结果的类型由结果值决定。

例如：

```
3/2               （结果等于 1.5，浮点型）
4.2/2.1           （结果等于 2，整型）
```

整除的运算符是"\"。整除的操作数一般为整型数，运算结果是简单地截取整数部分，小数部分不作舍入处理。若操作数带有小数部分时，VB 首先对操作数四舍五入化为整型数，然后进行整除运算。

例如：

```
9\ 2              (结果等于4，整型)
25.7\6.89         (相当于26\7，结果等于3，整型)
```

3. 取模运算

取模运算符 Mod 用于求余数，其结果是用第一个操作数除以第二个操作数所得的余数。取模运算的操作符一般是整型，如果有操作数为浮点型，VB 将对其四舍五入取整，然后求模。运算结果的正负与第一个操作数的正负保持一致。

例如：

```
10 Mod 3          (结果等于1)
-10 Mod 3         (结果等于-1)
-10 Mod -3        (结果等于-1)
10 Mod -3         (结果等于1)
10 Mod 3.6        (相当于 10 Mod 4，结果等于2)
10.8 Mod 3.6      (相当于11Mod 4，结果等于3)
```

4. 优先级

一个稍微复杂的表达式中，通常包括不止一种运算符，此时系统将按预先确定的顺序进行计算，这个顺序称为运算符的优先级。

VB 中的算术运算符优先级见表 11-2，级别从高到低分别为：指数运算符"^"、取负运算符"−"、乘除运算符"*""/"、整除运算符"\"、取模运算符"Mod"、加减运算符"+""−"。同级别的运算符从左至右运算。如果表达式中有括号，先算括号内的表达式。

例如：

```
3+2*5             (乘号优先，结果等于13)
2*-3              (负号优先，结果等于-6)
11Mod 4/2         (除法优先，结果等于1)
8^1/3             (指数优先，结果等于2.6667)
8^(1/3)           (括号优先，结果等于2)
1+((2+3)*6)*2     (括号优先，从内层到外层运算，结果等于61)
```

虽然 VB 能够按运算符的优先级区分出先算什么，后算什么，但是为了使程序的可读性更好，建议在书写表达式时用括号来"显式"地提升优先级——例如，表达式 8^1/3 可以写成（8^1）/3，表达式 2*−3 可以写成 2*（−3），避免由书写方式给程序员自己或阅读程序者带来误解。

11.3.2　字符串运算符与字符串表达式

VB 中的字符串运算符有两种："&"和"+"，它们的功能都是将两个字符串连接起来，生成一个新的字符串，所以称这两个运算符为"连接运算符"。它们是双目运算符（即一个运算符对应两个操作数），其操作数可以是字符串常量、字符串变量甚至是字符串表达式。字符串运算符和操作数组成的式子称为字符串表达式。

例如：（假设变量 a 的值为"Visual"，变量 b 的值为"Basic"）

```
a$ + b$   （或：a+b）        （操作数为变量，结果为字符串"Visual Basic"）
a$ & b$   （或：a & b）      （操作数为变量，结果为字符串"Visual Basic"）
"湖南省" + "长沙市"          （操作数为常量，结果为字符串"湖南省长沙市"）
"湖南省" & "长沙市"          （操作数为常量，结果为字符串"湖南省长沙市"）
```

进行连接运算时，变量名与运算符"&"之间要加一个空格。因为"&"本身也是长整型（Long）的类型说明符，当变量名与符号"&"连接在一起时，系统会将其处理为一个长整型变量。

连接运算符"&"与"+"的区别如下。

● "&"：强制将两个操作数作为字符串连接，不管操作数是字符串型还是数值型。

● "+"：当两个操作数都是字符串时，作连接运算；当操作数一个是数值型而另一个为数字字符串（即：全部由数字字符组成的字符串）时，进行加法运算；若操作数一个为数值型，另一个为包含非数字字符的字符串数据，则出错。

例如：

```
"23" + "3"          （操作数均为字符串，结果为字符串"233"）
"23" +3             （操作数数值型和数字字符串，结果为整型 26）
"a3" +3             （出现"类型不匹配"的错误提示信息）
"23" & "3"          （操作数均为字符串，结果为字符串"233"）
"23" & 3            （先将数值型数据强制转换成字符串型，再连接，结果为字符串"233"）
"a3" & 3            （先将数值型数据强制转换成字符串型，再连接，结果为字符串"a33"）
```

11.3.3　关系运算符与关系表达式

关系运算符是双目运算符，用于比较两个操作数之间的大小关系，因此也称为比较运算符。由关系运算符和操作数组成的式子称为关系表达式，其运算结果是一个逻辑值，当关系表达式成立时结果为 True，当表达式不成立时结果为 False。表 11-3 列出了 VB 的关系运算符。

表 11-3　　　　　　　　　　　　　VB 关系运算符

运　算　符	含　　义	关系表达式举例	表达式结果	优　先　级
=	等于	"HY" = "YH"	False	相同
<>	不等于	"HY" <> "hy"	True	
>	大于	25 > 3	True	
>=	大于等于	"visual" >= "basic"	True	
<	小于	1E+6 < 2.56	False	
<=	小于等于	1E-6 < =2.56	True	

进行关系运算时，如果两个操作数是字符串，则按字符的 ASCII 码值（参见附录 B 常用 ASCII 字母键码表）从左至右一一比较，即先比较两个字符串的第一个字符，ASCII 码值大的其字符串也为大；如果两个字符串的第一个字符相同，则比较第二个字符，以此类推。

其他关系运算符还有 Like 和 Is，Like 运算符用来比较字符串表达式和 SQL 表达式中的样式，主要用于数据库的查询。Is 运算符用于两个对象变量引用比较，还可用于 Select Case 语句。

11.3.4　逻辑运算符与逻辑表达式

逻辑运算（也称为布尔运算）要求它的两个操作数为逻辑值（True 或者 False），操作数的形式可以是逻辑常量、逻辑变量甚至又是一个逻辑表达式。用逻辑运算符把操作数连接起来的式子称为逻辑表达式（也称为布尔表达式）。逻辑表达式的结果仍然是一个逻辑值。表 11-4 列出了 VB 中的常用逻辑运算符，根据操作数的各种组合得到逻辑运算真值见表 11-5。

表 11-4　　　　　　　　　　　　　　　VB 的常用逻辑运算符

运　算　符	含　　义	说　　　　明	优　先　级
Not	取反	单目运算，结果为操作数的反值	1
And	与	两个操作数均为真时，结果为真	2
Or	或	两个操作数有一个为真，则结果为真	3

表 11-5　　　　　　　　　　　　　　　　逻辑运算真值

X	Y	Not X	X And Y	X Or Y
True	True	False	True	True
True	False	False	False	True
False	True	True	False	True
False	False	True	False	False

例如：

```
Not (5>8)              (结果为True)
4<9 And 8<=8           (结果为True)
True Or 3 <>3          (结果为True)
```

VB 中把任何非 0 值都认为是"真"（True），一般以–1 表示真（True），0 表示假（False）。如果逻辑常量进行算术运算，系统会自动将逻辑值转换成数值型后再参与运算。

例如：

```
39-True               (逻辑常量 True 转换成数值-1 参与运算，结果为 40)
False+10+"2"          (逻辑常量 False 转换成数值 0、字符串常量转换成数值 2 参与运算，结果为 12)
```

11.3.5　表达式及运算的优先级

表达式是运算符和操作数连接而成的式子。运算符包括算术运算符、连接运算符、关系运算符、逻辑运算符和圆括号；操作数可以是常量（直接常量和符号常量）、变量、表达式（算术表达式、字符串表达式、关系表达式和逻辑表达式等）。

1．表达式书写规则

VB 表达式与数学表达式有相似更有区别，书写 VB 表达式要注意以下事项：

（1）表达式中的所有字符、符号都要并排书写，没有上标或下标的形式。

（2）两个操作数之间的乘号"*"不能省略，也不能用"."（黑点）代替。

（3）表达式中只能使用圆括号（不使用方括号等），且能够嵌套，注意括号要左右匹配。

（4）数学表达式 $0 \leqslant x \leqslant 100$，在 VB 中应书写成逻辑表达式形式：$(0<=x)$ And $(x<=100)$。

例如：

数学表达式 等价的 VB 表达式

$$\dfrac{1+\dfrac{y}{x}}{1-\dfrac{y}{x}}$$
$(1+y/x)/(1-y/x)$

$$\left(\dfrac{x}{y}\right)^{n-1}$$
$(x/y)\wedge(n-1)$

2. 表达式的运算顺序

一个稍微复杂的表达式其中可能包括多种类型的表达式（算术表达式/字符串表达式/关系表达式/逻辑表达式等）和多种运算符，系统进行运算的顺序如下。

（1）有括号先算括号内的运算，有函数先算函数运算。

（2）不同类别的运算符：按"算术运算（连接运算）→关系运算→逻辑运算"的顺序。

（3）同类别的运算符：按优先级的顺序。

VB 中各类运算符的优先级见表 11-6。

表 11-6 运算符的优先级

类　别	运 算 符	含 义	优 先 级
强制运算符	（）	括号	1
算术运算符	∧	乘方	2
	＋　－	正、负号	3
	＊	乘	4
	/	除	
	\	整除	5
	Mod	取模	6
	＋	加	7
	－	减	
字符串运算符	&	连接	8
关系运算符	=	等于	9
	<>	不等于	
	>	大于	
	>=	大于等于	
	<	小于	
	<=	小于等于	
逻辑运算符	Not	取反	10
	And	与	11
	Or	或	12

例如：

```
16 / 2 ^ 3 * 6-4
```

（运算符的计算顺序为：指数、除、乘、减；该表达式结果为 8）

```
2 = 2 Or Not 2 > 0 And (2-2) / 1 < > 0
```

（运算符的计算顺序为：减、除、等于、大于、不等于、Not、And、Or；该表达式结果为 True）

11.4　常用内部函数

VB 6.0 中有很多系统预定义好的内部函数（也称为"标准函数"），编程者利用这些函数能够轻松地实现很多功能，可以在这些函数的基础上构造程序，而不需要一切从头做起。

常用内部函数见表 11-7。

表 11-7　　　　　　　　　　　　　　　VB 中的常用内部函数

类别	函　　　数	功　　　能
数学函数	Sin (x)	求 x 的正弦值
	Cos (x)	求 x 的余弦值
	Tan (x)	求 x 的正切值
	Atn (x)	求 x 的反正切值
	Abs (x)	求 x 的绝对值
	Sgn (x)	x 为负数/0/正数时，返回–1/0/1 值
	Sqr (x)	求 x 的平方根
	Log (x)	求 x 的自然对数值
	Exp (x)	求 e 的 x 次方
字符串函数	Ltrim (字符串)	去掉字符串左边的空白字符
	Rtrim (字符串)	去掉字符串右边的空白字符
	trim (字符串)	去掉字符串左右两边的空白字符
	Left (字符串, n)	取字符串左部的 n 个字符
	Right (字符串, n)	取字符串右部的 n 个字符
	Mid (字符串, p, n)	从第 p 个字符开始取字符串的 n 个字符
	Len (字符串)	求字符串的长度
	String (n, 字符串)	返回由 n 个字符串首字母组成的字符串
	Space (n)	返回 n 个空格
	Ucase (字符串)	把字符串中的小写字母转换为大写字母
	Lcase (字符串)	把字符串中的大写字母转换为小写字母
转换函数	Int (x)	返回不大于 x 的最大整数
	Fix (x)	返回 x 的整数部分
	Hex (x)	返回十进制数 x 对应的十六进制数
	Oct (x)	返回十进制数 x 对应的八进制数
	Asc (字符串)	返回字符串的第一个字符的 ASCII 码
	Chr (x)	返回 x 值对应的 ASCII 字符
	Str (x)	将数值型数据 x 转换成字符串数据

类别	函 数	功 能
转换函数	CInt (x)	把 x 四舍五入转换成整数
	CCur (x)	把 x 转换成货币类型值
	CDbl (x)	把 x 转换成双精度类型值
	CLng (x)	把 x 四舍五入转换成长整型数
	CSng (x)	把 x 转换成单精度类型数
	CVar (x)	把 x 转换成变体类型
日期和时间函数	Now	返回计算机系统的日期和时间
	Date	返回计算机系统的日期
	Time	返回计算机系统的时间
	Day (Now)	返回当前的日期
	Month (Now)	返回当前的月份
	Year (Now)	返回当前的年份
	Weekday (Now)	返回当前的星期
	Hour (Now)	返回当前的小时（0～23）
	Minute (Now)	返回当前的分钟（0～59）
	Second (Now)	返回当前的秒（0～59）
判断函数	IsNull (x)	判断某表达式的值是否为 Null
	IsNumeric (x)	判断某表达式的值是否为数值
	IsArray (x)	判断某变量名是否为数组
随机函数	Randomize	给随机函数 Rnd()重新赋予不同的种子
	Rnd (x)	产生一个大于或等于 0 小于 1 的单精度随机数
其他	Shell (程序名称字符串)	运行 Windows 下的可执行程序

以下列举了几个常用函数语法及使用情况。

1. Sqr 函数

功能：计算平方根。

语法：Sqr（Number）

参数：参数 Number 是任何大于或等于 0 的数值表达式。

返回值：其类型为数值型。

【例 11.1】使用 Sqr 函数计算参数的平方根。

代码如下：

```
Private Sub Form_Click()
    Print Sqr(4)   ' 计算 4 的平方根
    Print Sqr(3)   ' 计算 3 的平方根
End Sub
```

上述例题运行结果如图 11-4 所示。

2. Left、Right 函数

功能：Left 函数用于获得某字符串最左边的指定数量的字符。

Right 函数用于获得某字符串最右边的指定数量的字符。

语法：Left（String，Length）

Right（String，Length）

参数：String 为字符串表达式；Length 为整型表达式。

返回值：其类型为字符串型。

　　　如果参数 Length 为 0，返回空字符串（""）；如果 Length 大于参数 String 的长度，则返回整个字符串。

【例 11.2】使用 Left、Right 函数获得某字符串最左边或最右边指定数量的字符。

代码如下：

```
Private Sub Form_Click()
    Print Left ("HuNan University", 5)      ' 返回值为 "HuNan"
    Print Left ("HuNan University", 7)      ' 返回值为 "HuNan U"
    Print Right ("HuNan University", 4)     ' 返回值为 "sity"
    Print Right ("HuNan University", 10)    ' 返回值为 "University"
End Sub
```

上述例题运行结果如图 11-5 所示。

图 11-4　运行结果

图 11-5　运行结果

3. Val 函数

功能：将数字字符串转换成数值型常数。

语法：Val（String）

参数：参数 String 为字符串类型表达式。

返回值：其类型为数值型。

【例 11.3】使用 Val 函数将数字字符串转换成数值型常数。

代码如下：

```
Private Sub Form_Click()
    Print Val ("12")           ' 返回值为 12
    Print Val ("12A")          ' 返回值为 12
    Print Val ("+12.2+3")      ' 返回值为 12.2
End Sub
```

上述例题运行结果如图 11-6 所示。

4. Hour、Minute、Second 函数

功能：Hour 函数用于提取小时数。

　　　Minute 函数用于提取分钟数。

　　　Second 函数用于提取秒值。

语法：Hour（TimeString）

　　　Minute（TimeString）

Second（TimeString）

参数：TimeString 是表示时刻的表达式。

返回值：Hour 函数返回小时数，范围是 0～23。

Minute 函数返回分钟数，范围是 0～59。

Second 函数返回秒值，范围是 0～59。

【例 11.4】使用 Hour、Minute、Second 函数提取某时刻的小时数、分钟数和秒值。

代码如下：

```
Private Sub Form_Click()
    Print  Now              ' 输出系统日期和时间
    Print  Hour(Now)        ' 输出系统时间的小时
    Print  Minute(Now)      ' 输出系统时间的分钟
    Print  Second(Now)      ' 输出系统时间的秒
End Sub
```

上述例题运行结果如图 11-7 所示。

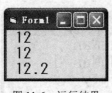

图 11-6 运行结果

图 11-7 运行结果

11.5 程序书写规则

高级程序设计语言的各种语句必须依照一定的语法规则，才能被编译系统识别。除了语法规则，VB 源代码的书写一般还遵守以下原则以提高程序的可读性。

1. 关键字（如 Integer、Dim 等）和标识符（如变量名、函数名、控件名等）不区分字母的大小写

VB 对输入的程序代码进行自动转换，以提高程序的可读性。

● 关键字被自动转换成首字母大写、其余字母小写的样式；若关键字由多个英文字母连接而成，则每个单词的首字母都将被转换成大写。

● 用户自定义的名字（如变量名、过程名等），VB 以用户首次输入的为准，后续输入时自动向首次定义时的样式转换。

2. 关键字和各种标识符之间要间以空格

3. 语句书写自由

● 一行可以书写多条 VB 语句，语句间用冒号"："分隔。

例如：A=10：B=20：C=30

● 一条语句也可分为多行书写，但需在行后添加"续行标志"：空格加下划线"_"。

例如：　　　　　A = "hello " + _

　　　　　　　　　"world"

4. 适当添加注释有利于提高程序的可读性

以关键字 Rem 开头或者以单引号 "'" 开头引导注释内容。以单引号开头的注释内容可以与语句同一行，而以 Rem 开头的注释必须独自占一行。

5. 除注释内容和字符串具体内容外，语句中出现的所有标点符号均为英文标点符号

例如：Print　"你好！"

如果上述语句的双引号是在中文输入法状态下输入，将出现错误，这种错误往往很难查出，因为编程者一般都是从程序编写角度来探究出错原因，而很少从输入法角度考虑。

11.6　基 本 语 句

顺序结构是一种最简单的程序结构，计算机按照语句的书写顺序执行每条语句。以下介绍编程时要用到的一些最基本的语句。

1. 赋值语句

格式 1：变量名=表达式

格式 2：【对象名.】属性名=表达式

功能：将表达式的值赋给变量或对象属性。

（1）赋值号 "=" 既是赋值号，也是等号，它的实际意义应根据其在程序代码中的上下文来判断。

（2）赋值语句兼有计算与赋值的双重功能，先计算出表达式的值，再将该值赋给变量或对象属性。

（3）表达式与变量或对象属性的数据类型必须相容。例如，不能将字符串表达式赋值给整型变量。

（4）VB 提供了对某些数据类型的自动转换机制，可强制变量转换成适当的数据类型，实现赋值相容。

例如：

```
Dim A1 As Variant              ' 声明变量 A1 为变体型
Dim A2 As Integer              ' 声明变量 A2 为整型
Dim Str As String              ' 声明变量 Str 为字符串型
A1=26                          ' 变量 A1 被赋值为 26
A2=3*A1-2                      ' 变量 A2 被赋值为 76
A2= "3.569"                    ' 变量 A2 被赋值为 4,数字型字符串与整型变量赋值相容
A2=" Hello "                   ' 赋值不相容，运行出错
Str=" hellokitty "             ' 变量 Str 被赋值为字符串" hellokitty "
label1.Caption = " One World,One Dream! "   ' 标签 Label1 的 Caption 属性被赋值为字符串
Command1.Visible = False       ' 命令按钮 Command1 的 Visible 属性被赋值为 False
```

2. 注释语句

格式 1：Rem 注释内容

格式 2：'　　注释内容

功能：对程序的语句或语句段作注释，便于阅读理解程序。

（1）"注释内容"可以是任意字符（包括汉字）的序列。

（2）格式 1 的注释语句只能单独占一行，格式 2 的注释语句可以单独占一行，也可写在其他语句的末尾。

（3）计算机对注释语句不编译不执行。简而言之，注释语句是给人看的，不是写给计算机执行的。

（4）调试程序时，如果想要取消计算机对某段程序的执行，又不希望立即删除该段程序时，可以将该程序段设置为注释块，通过"编辑"工具栏的"设置注释块"按钮来完成。如果想把注释块内容解除，使其成为计算机要执行的语句部分，通过"编辑"工具栏的"解除注释块"按钮实现。

例如：

```
Rem   以下是计算三角形的周长
a=3 : b=4 : c=5          ' a,b,c 为三角形的边
L=a+b+c                  ' 计算三角形的周长 L
```

3. 结束语句

格式：End

功能：终止程序的运行。

（1）在程序中执行 End 语句后，将强制终止当前程序的运行，重置所有变量，并关闭所有数据文件。

（2）还有一些其他环境下的 End 语句，将陆续学到：

```
End Sub              ' 结束一个 Sub 过程
End Function         ' 结束一个 Function 过程
End If               ' 结束一个 If 语句块
End Type             ' 结束记录类型的定义
End Select           ' 结束情况语句
```

例如：

```
Private Sub Command1_Click( )
    End        ' 当用户单击命令按钮 Command1 时，将导致程序运行结束
End Sub
```

11.7 数 据 输 出

应用程序一般都会有输出，VB 中用于输出的主要是 Print 方法。以下介绍 Print 方法以及与其相关的函数。

11.7.1 Print 方法

Print 方法既可用于输出到窗体，也可用于输出到其他对象，如打印机、立即窗口等。

格式：【对象名.】Print【表达式表】【，或者；】

功能：在对象上输出表达式的值。

（1）"对象名"：可以是窗体（Form）、立即窗口（Debug）、图片框（PictrueBox）、打印机（Printer）等的名字。若省略则默认为当前窗体名。

（2）"表达式表"：可以是一个或多个表达式，可为数值表达式或字符串表达式。若为数值表达式则输出结果值；若为字符串则按原样输出该字符串（注意：用于界定字符串的双引号不输出）；若"表达式表"省略则输出一空行。

（3）分隔符号：多个表达式之间可以用逗号","或分号";"分隔：逗号表示按标准格式输出（即以 14 列为一个单位把一个输出行分为若干个区段，逗号后面的表达式在下一个区段输出）；分号表示按紧凑格式输出。

（4）如果 Print 方法引导的语句最后以逗号或分号结尾时，执行完该语句后将不换行，下一个要输出的数据应在同一行显示；如果 Print 方法引导的语句最后无逗号或分号时，执行完该语句后将自动换行，下一个要输出的数据将另起一行显示。

【例 11.5】字符串表达式与数值表达式的输出。

代码如下：

```
Private Sub Form_Click()
    Print "Good Boy!"          ' 在当前窗体输出字符串"Good Boy!"，然后换行
    Print                      ' 输出一空行
    Print -360 / 6             ' 输出计算结果-60，然后换行
    Print 360 / 6              ' 输出计算结果60（注意数值前有一个符号位），然后换行
    Print "360/6"              输出字符串"360/6"（注意双引号未输出），然后换行
    Printer. Print "360/6"     ' 在打印机上输出字符串"360/6"
End Sub
```

运行结果如图 11-8 所示。

【例 11.6】紧凑格式与标准格式输出。

代码如下：

```
Private Sub Form_Click()
    Dim a, b, c
    Dim x As Integer
    a = 10: b = 20: c = 30     ' 给3个变量赋值
    Print a, b, c              ' 按标准格式输出3变量的值，然后换行
    Print a; b; c              ' 按紧凑格式输出3变量的值，然后换行
    Print a, b,                ' 按标准格式输出2变量的值后不换行，在同一行按标准格式输出数据c
    Print c
    Print a; b;                ' 按紧凑格式输出2变量的值后不换行，在同一行按紧凑格式输出数据c
    Print c
    Print "X="; a + b + c      ' 按紧凑格式输出字符串和数值
End Sub
```

运行结果如图 11-9 所示。

图 11-8 运行结果

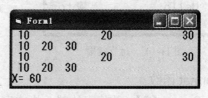

图 11-9 运行结果

11.7.2 Print 方法的相关函数

Print 方法常常与某些函数联合使用，控制数据和文本的输出格式，使得程序的输出结果更加整齐美观。

1. Tab 函数

格式：Tab【(*n*)】

功能：从输出行的第 *n* 列开始输出数据。

参数：*n* 是整型表达式，若省略 "(*n*)"，则从下一个输出区段（每 14 列为一个输出区段）的起点开始输出数据。

 说明 　　　一个 Print 方法中使用多个 Tab 函数时，每个 Tab 函数对应一个输出项，各项之间用分号隔开。

例如：

```
Private Sub Form_Click()
    Print  "12345678901234567890"        ' 从第 1 列开始输出字符串
    Print  Tab(4); "Hello"; Tab(20); "Motor"   ' 分别从第 4 列和第 20 列输出字符串
    Print  Tab(4); "Hello"; Tab; "Motor"    ' 分别从第 4 列和下一个输出区（即第 15 列）输出字符串
End Sub
```

运行结果如图 11-10 所示。

2. Spc 函数

格式：Spc (*n*)

功能：使输出点（光标）从当前位置跳过 *n* 个空格。

 说明 　　　Tab 函数中的参数 *n* 是相对于对象（如屏幕）最左而言的列数；而 Spc 函数的参数 *n* 是前后 2 个输出项之间的间隔列数。

【例 11.7】对比 Tab 函数和 Spc 函数，代码如下：

```
Private Sub Form_Click()
    Print  "123456789012345678901 2345"
    Print  Tab(2); "Hello"; Tab(10); "Motor"     ' 分别从第 2 列和第 10 列输出字符串
    Print  Spc(2); "Hello"; Spc(10); "Motor"
    ' 第一个字符串与屏幕左端间隔 2 列，第二个字符串与第一个字符串间隔 10 列
End Sub
```

运行结果如图 11-11 所示。

图 11-10　运行结果

图 11-11　运行结果

3. Format 函数

格式：Format【$】（数值表达式，格式字符串）

功能：按"格式字符串"指定的格式输出"数值表达式"的值。

"格式字符串"是一个字符串常量或变量，它由专门的格式说明字符组成，这些字符决定数据项的显示格式和显示区段的长度。格式说明字符见表 11-8。

表 11-8　　　　　　　　　　　　　　　格式说明字符

字　符	名　称
#	数字占位符
0	数字占位符
.	小数点
,	千位分隔符
$	美元符号
%	百分号
+、−	正、负号
E+、E−	指数符号

（1）数字占位符（#）

表示一个数字位。#的个数决定了显示区段的长度。如果要输出的数值的位数小于格式字符串指定的区段长度，则该数值靠显示区段的左端输出，多余的位不补 0。如果要输出的数值的位数大于指定的区段长度，则数值按原样显示。

（2）数字占位符（0）

与数字占位符#的功能类似，只是多余的位用 0 补齐。

（3）小数点（.）

通常与数字占位符（#或者 0）结合使用。小数点可以放在显示区段的任何位置。根据格式字符串规定的格式，小数部分多余的数字将四舍五入。

（4）千位分隔符（,）

在格式字符串中起"分位"的作用，即从小数点左边第一位开始，每三位用一个千位分隔符分开。千位分隔符放在小数点左边的位置，但不能紧邻小数点或者数据开头。

（5）美元符号（$）

通常作为格式字符串的起始字符，用于在所显示的数值前加一个美元符号。

（6）百分号（%）

通常作为格式字符串的末尾字符，用于输出百分号。

（7）正号（+）

通常放在格式字符串的起始位置，在数值前面强加上一个正号。

（8）负号（−）

通常放在格式字符串的起始位置，在数值前面强加上一个负号。

（9）指数符号（E+、E−）

用指数形式显示数值。

【例 11.8】按格式输出数据，代码如下：

```
Private Sub Form_Click()
    Print Format(23167, "## ")              ' 区段不足，按原样显示
    Print Format(23167, "######## ")        ' 靠左端显示
    Print Format(23167, "00000000 ")        ' 多余的用 0 补齐，输出 00023167
```

```
        Print Format(203.167, "###.## ")        ' 小数多余部分四舍五
入，输出 203.17
        Print Format(12345.67, "####,#.## ")     ' 输出: 12, 345.67
        Print Format(12345.67, "###,##.## ")     ' 输出: 12, 345.67
        Rem  Print Format(12345.67, "#####,.## ")  千位分隔符不能紧邻
小数点，出错
        Print Format(0.2678, "00.0%")            ' 输出：26.8%
        Print Format(12 345.67, "+###.## ")      ' 输出：+12345.67
        Print Format(-12 345.67, "+###.## ")     ' 输出：-+12345.67
        Print Format(-12 345.677, "-###.## ")    ' 输出：--12345.68
        Print Format(123 45.67, "0.00E+00 ")     ' 输出：1.23E+04
        Print Format(0.034 855 2, "0.00E-00 ")   ' 输出：3.49E-02
End Sub
```

```
Form1
23167
23167
00023167
203.17
12,345.67
12,345.67
26.8%
+12345.67
-+12345.67
--12345.68
1.23E+04
3.49E-02
```

该例题运行结果如图 11-12 所示。

图 11-12　运行结果

11.8　数 据 输 入

一个计算机程序通常分为三部分：输入数据、处理数据和输出结果数据。使用文本框（TextBox）或 InputBox 函数来输入数据是比较常见的方法。

1．文本框

利用文本框的 Text 属性可以获得用户输入的数据，也可显示结果数据。

【例 11.9】将字符串中的小写字母转换成大写字母。要求：用户在文本框中输入字符串后，单击命令按钮，将在另一个文本框中显示转换后的字符串，如图 11-13 所示。

步骤 1　在窗体中设置一个命令按钮（Command1）、两个标签（Label1 和 Label2）和两个文本框（Text1 和 Text2），调整各控件大小、位置及 Caption 属性如图 11-13 所示。

步骤 2　编写命令按钮对象的事件过程如下：

```
Private Sub Command1_Click()
    Text2.Text = UCase(Text1.Text)  ' 调用转换函数 Ucase，将小写字母转换成大写
End Sub
```

2．InputBox 函数

在微软的电子表格软件 Excel 中，如图 11-14 所示的输入对话框等待用户输入数据设置行高。VB 中也可通过调用 InputBox 函数产生类似的输入对话框。

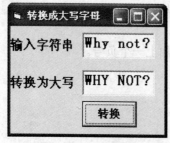

图 11-13　运行结果

图 11-14　Excel 中的"行高"输入对话框

InputBox 函数用于产生一个输入对话框，作为输入数据的界面，等待用户输入数据或按

下按钮。该函数的返回值为所输入的内容，函数的语法格式为：

```
InputBox【$】(prompt【,title】【,default】【,xpos,ypos】)
```

该函数的参数说明见表 11-9。

表 11-9　　　　　　　　　　　　　　　　InputBox 函数的参数

参　数	说　明
$	可选的参数。当该参数存在时，返回值为字符串型；否则，返回值为变体型
prompt	必需的参数。该参数是一个字符串，其长度不超过 1 024 个字符，显示在对话框内用来提示用户输入。如果希望提示信息按照程序者的要求换行，则需在需换行处插入回车换行字符串，即 Chr$(13)+Chr$(10) 或者 vbCrLf
title	可选的参数。该参数是一个字符串，显示在对话框顶端作为标题
default	可选的参数。该参数是一个字符串，显示在输入文本框中作为默认值。如果用户没有输入任何信息，则以此字符串作为输入值；若用户输入数据，则输入数据取代默认值；若省略 default 项，则文本框为空白，等待用户输入
xpos, ypos	可选的参数。这两个参数是整数值，用来确定对话框左上角在屏幕上的点坐标，单位为 TWIP。两个参数要么全部给出，要么全部省略

【例 11.10】编写程序，显示如图 11-15 所示的输入对话框，注意给提示字符串换行，代码如下：

```
Private Sub Form_Click()
    c1$ = Chr$(13) + Chr$(10)           ' 回车换行字符串，等价于系统常量 vbCrLf
    msg1$ = "Enter your ID"
    msg2$ = "Then Press Enter or Click Ok"
    msg$ = msg1$ + c1$ + msg2$          ' 在字符串 msg1 和 msg2 之间加回车换行
    Rem  上条语句还可以写成 msg$ = msg1$ + vbCrLf + msg2$
    value1 = InputBox(msg$, , "9999")   ' 若只指定第一个和第三个参数，则两个参数间用两个逗号
间隔
End Sub
```

（1）每执行一次 InputBox 函数只能输入一个数据，如果需要输入多个值，必须多次调用 InputBox 函数。

（2）用户在输入区输入数据后，如果单击"确定"按钮（或者按回车键），将返回在输入区输入的数据；如果单击"取消"按钮（或者按 Esc 键），则使当前的输入作废，返回一个空字符串。

（3）InputBox 函数默认返回一个字符串类型的值。因此，当需要使用 InputBox 函数输入的数据进行数值运算时，最好用 Val 函数把它转换成数值再进行运算，否则有可能得到不正确的结果。

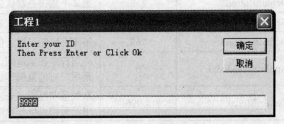

图 11-15　运行结果

11.9 信息对话框和信息提示框

在使用 Windows 操作系统时，屏幕上常常会显示一个信息对话框，让用户进行选择，然后根据用户的选择执行相应的操作。MsgBox 函数的功能就是产生一个信息对话框，并返回用户在信息对话框上的按键选择；而 MsgBox 语句的功能是产生一个信息提示框。

1．MsgBox 函数产生信息对话框

格式：MsgBox (msg 【,type】【,title】)

该函数常用的参数有 3 个，除第一个参数外，其余参数都是可选的。各参数的说明见表 11-10。

表 11-10　　　　　　　　　　　MsgBox 函数的参数说明

参　数	说　　　　明
msg	必需的参数。是一个字符串，其长度不超过 1 024 个字符，该字符串的内容将在由 MsgBox 函数产生的信息对话框中显示。如果希望字符串信息按照编程者的要求换行，可以插入 "Chr$(13)+Chr$(10)" 字符串进行换行
type	可选的参数。是一个整型数或系统常量，用来控制在信息对话框内显示的按钮、图标的种类及数量。该参数的值由四类数值相加而成，形式为 c1+c2+c3+c4
title	可选的参数。是一个字符串，用来显示信息对话框的标题

组成参数 type 的四类数值 c1～c4 见表 11-11，凡有 0 值的参量，0 值为默认值。

表 11-11　　　　　　　　　　组成参数 type 的四类数值

类别	作　用	系统常量值	整　数　值	描　　述
c1	描述按钮的类型和数目	vbOKOnly	0	只显示"确定"按钮
		VbOKCancel	1	显示"确定"及"取消"按钮
		VbAbortRetryIgnore	2	显示"终止"、"重试"及"忽略"按钮
		VbYesNoCancel	3	显示"是"、"否"及"取消"按钮
		VbYesNo	4	显示"是"及"否"按钮
		VbRetryCancel	5	显示"重试"及"取消"按钮
c2	描述图标的样式	VbCritical	16	显示 Critical Message 图标"×"
		VbQuestion	32	显示 Warning Query 图标"？"
		VbExclamation	48	显示 Warning Message 图标"！"
		VbInformation	64	显示 Information Message 图标"i"
c3	指明默认活动按钮	vbDefaultButton1	0	第 1 个按钮是默认值
		vbDefaultButton2	256	第 2 个按钮是默认值
		vbDefaultButton3	512	第 3 个按钮是默认值
		vbDefaultButton4	768	第 4 个按钮是默认值
c4	决定强制返回模式	vbApplicationModal	0	应用程序强制返回；应用程序一直被挂起，直到用户对消息框作出响应才继续工作
		vbSystemModal	4 096	系统强制返回；全部应用程序都被挂起，直到用户对消息框作出响应才继续工作

从表 11-11 中的每一类中选择一个值，把这几个值加在一起就是 type 参数的值（大多数

应用程序中只使用前三类数值）。

例如，假设 type 参数为 0+32+0（等价于：vbOKOnly+ vbQuestion+ vbDefaultButton1），则该参数决定的信息对话框样式为：只显示"确定"按钮、显示"？"图标，默认活动按钮为第一个按钮"确定"。

MsgBox 函数的返回值是一个整数，这个整数与用户在信息对话框单击的按钮有关。用户单击不同的按钮，将返回不同的结果值见表 11-12。

表 11-12　　　　　　　　　　　　　　MsgBox 函数的返回值

操　作	返回整数值	返回系统常量
单击"确定"按钮	1	vbOk
单击"取消"按钮	2	vbCancel
单击"终止"按钮	3	vbAbort
单击"重试"按钮	4	vbRetry
单击"忽略"按钮	5	vbIgnore
单击"是"按钮	6	vbYes
单击"否"按钮	7	vbNo

【例 11.11】编写程序，显示如图 11-16 所示的信息对话框，代码如下：

```
Private Sub Form_Click()
    msg1$ = "要继续吗？"
    msg2$ = "提示信息"
    r = MsgBox(msg1$, 2+32+0, msg2$)
    Rem  上条语句也可以写成 r = MsgBox(msg1$, 34, msg2$)
    Rem  上条语句也可以写成 r = MsgBox(msg1$, vbAbortRetryIgnore + vbQuestion, msg2$)
    Print  r
End Sub
```

图 11-16　运行结果

说明　　　　变量名 msg1$、msg2$ 中最后一个字符$是类型说明符，用于说明该变量的类型为字符串型。

运行情况：该程序产生的信息对话框如图 11-16 所示。如果用户单击"终止"按钮，函数返回值为 3，窗体上将输出"3"；如果用户单击"重试"按钮，函数返回值为 4，窗体上将输出"4"；如果用户单击"忽略"按钮，函数返回值为 5，窗体上将输出"5"。

在实际应用中，MsgBox 函数的返回值通常用来作为继续执行程序的依据，根据该返回值决定程序后续的操作。

如果上例改写成如下形式：

```
Private Sub Form_Click()
```

```
        msg1$ = "要继续吗？"
        msg2$ = "提示信息"
        r = MsgBox(msg1$, 34, msg2$)
        If  r = 3 Then
          End                ' 终止运行
        ElseIf  r = 4 Then
         r = InputBox("重新输入 ID:", "重试", "6")
        ElseIf  r = 5 Then
          Print  r * r
        End If
End Sub
```

运行情况：该程序产生的信息对话框如图 11-16 所示。如果用户单击"终止"按钮，函数返回值为 3，将终止程序运行；如果用户单击"重试"按钮，函数返回值为 4，窗体上将弹出 InputBox 函数对话框，提示用户重新输入一个数值赋值给 r；如果用户单击"忽略"按钮，函数返回值为 5，窗体上将输出"25"。此题涉及后面章节要学到的选择控制结构。

2. MsgBox 语句产生信息提示框

格式：　　　　　　　　MsgBox　　msg　【,type】　【,title 】

对比 MsgBox 函数：　　MsgBox（ msg　【,type】　【,title 】）

（1）MsgBox 语句中各参数的含义及作用与 MsgBox 函数相同，但 MsgBox 语句没有返回值，常用于显示提示信息。

（2）MsgBox 语句中如果省略掉 type 参数，将仅显示一个"确定"按钮，且无显示图标。若只需要 msg 和 title 两个参数，应写成如下形式，两个参数之间有两个逗号作为分隔开（将 type 参数的位置留出来）。

```
    MsgBox  msg, , title
```

例如：

```
Private Sub Form_Click()
    MsgBox  "信息提示框已开启！"
End Sub
```

执行上面的程序，单击窗体后，将显示信息提示框如图 11-17 所示。

图 11-17　例题产生的信息提示框

11.10　程 序 范 例

本节通过一个程序范例，让读者加强综合应用和实际编程能力。

【例 11.12】鸡兔同笼问题。将鸡和兔子关在同一个笼子里，假如知道鸡和兔的总头数为 Head，总脚数为 Foot，问鸡兔各有多少只？

要求：（1）设置窗体的前景色以及输出文本的外观属性。（2）通过 InputBox 函数输入鸡兔的总头数和总脚数，如果输入有误，将弹出信息提示框提醒用户。（3）在窗体中输出计算结果。运行结果如图 11-18 所示。

分析：设鸡有 Chick 只，兔有 Hare 只，则方程式如下：

```
Chick+Hare=Head
2*Chick+4*Hare=Foot
```

解方程，得出 Chick 和 Hare 的计算公式为：

```
Chick= (4*Head-Foot) /2
Hare=(Foot-2*Head)/2
```

步骤 1　在窗体中绘制一个命令按钮，设置窗体和命令按钮的 Caption 属性。

步骤 2　编写命令按钮的 Click 事件过程如下。

```
Private Sub Command1_Click()
    Dim Head As Integer, Foot As Integer, Chick As Integer, Hare As Integer
    ' Head--总头数  Foot--总脚数  Chick --鸡数量  Hare--兔数量
    FontSize = 13: FontBold = True: FontName = "黑体": ForeColor = vbBlue
    Head = Val(InputBox("请输入鸡兔总头数","输入"))
    If Head < 0 Then
      MsgBox "输入有误! ",,"提醒"
      End                        '   结束程序运行
    End If
    Print "鸡兔总头数为："; Head
    Foot = Val(InputBox("请输入鸡兔总脚数","输入"))
    If Foot <= Head Then
      MsgBox "输入有误! ",,"提醒"
      End
    End If
    Print "鸡兔总脚数为："; Foot
    Chick = (4 * Head - Foot) / 2
    Hare = (Foot - 2 * Head) / 2
    Print "鸡："; Chick; "只"
    Print "兔："; Hare; "只"
End Sub
```

运行情况：运行界面如图 11-18 所示。运行时，用户单击"计算"命令按钮，将先后两次弹出输入对话框提示用户输入数据。如果输入数据有误，将弹出标题为"提醒"的信息提示框。用户输入完鸡兔总头数和鸡兔总脚数以后，单击输入对话框中的"确定"按钮，将在窗体上打印出结果数据。

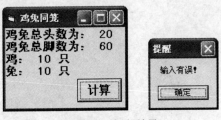

图 11-18　运行结果

小　　结

本章讲述 VB 程序设计的基础知识，虽然很琐碎，但却是最基本的程序构成元素。

构成程序的基本元素有：变量、常量和运算符。

任何变量、常量都属于某一种数据类型（标准数据类型或自定义数据类型），具有一定的取值范围。

程序中对数据进行处理会用到各种表达式，表达式是由运算符和常量、变量及其他表达式构成，按照一定的优先级进行算术、关系和逻辑运算。

系统内部提供的内部函数供编程者使用可以减少工作量。

VB 程序顺序结构的主要语句和函数：赋值语句、结束语句、用于输入的 InputBox 函数、用于输出的 Print 方法以及 MsgBox 函数和 MsgBox 语句。

第 12 章
选择结构程序设计

顺序结构的程序只能按照程序语句的书写顺序来依次执行，但现实问题往往没有这么简单，有时需要根据不同的情况执行不同的操作。这就要求计算机程序能够对问题进行判断，根据判断的结果选择不同的处理方式。选择结构正是为解决这类问题而设定的。通过阅读本章，可以：

● 掌握单行结构 If 语句和块结构 If 语句的语法、执行流程和应用；
● 掌握 Select Case 语句（即情况语句）的语法、执行流程和应用。

12.1　If 语句

If 语句也称为条件语句，用来判定所给定的条件是否满足，根据判断的结果（真或假）决定执行哪个分支的操作。If 语句有两种格式：单行结构和块结构。

12.1.1　单行结构 If 语句

单行结构 If 语句必须将整条语句写在一行以内，因而要求语句中的条件表达式和条件分支操作相对简单。

语法格式：

If　表达式　Then　语句A　【　Else　　语句B　】

功能：

若表示条件的"表达式"成立（即结果为 True 或非 0），则执行"语句 A"；否则（即结果为 False 或 0）执行"语句 B"。

（1）If、Then、Else 是 If 语句的关键字。

（2）"表达式"通常是关系表达式或逻辑表达式，其结果值为逻辑值（True 或者 False）；有时也为数值表达式，其结果值为非 0 则表示 True，值为 0 则表示 False。

（3）"语句 A"或者"语句 B"可以是一条语句，也可以是复合语句（多条语句组成的一个整体）。

（4）单行结构 If 语句必须将整条语句写成一行，如果其中包括复合语句，则构成复合语句的语句之间用冒号分隔。

（5）Else 引导的部分可以省略，省略时表示如果条件不成立则什么也不执行，即该 If 语句结束。

单行结构 If 语句执行流程如图 12-1 和图 12-2 所示。

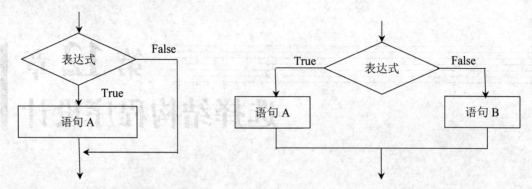

图 12-1　单分支 If 语句（无 Else 部分）　　　　图 12-2　双分支 If 语句（有 Else 部分）

【例 12.1】输入两个不相等的数，按由小到大的顺序输出这两个数。要求：使用 InputBox 函数输入数据，结果显示在窗体上。

步骤 1　在窗体中绘制一个命令按钮 Command1，设置其 Caption 属性为"开始"。

步骤 2　编写"开始"命令按钮的事件过程。

```
Private Sub Command1_Click()
    Dim Data1!, Data2!, T!    ' 定义 3 变量均为单精度类型
    FontSize = 13
    Data1 = InputBox("请输入第 1 个数")
    Data2 = InputBox("请输入第 2 个数")
    Print "输入的数为: "
    Print Data1; Data2
    Print "从小到大输出为: "
If Data1 > Data2 Then  T = Data1: Data1 = Data2: Data2 = T
' 单行结构 if 语句（单分支），Then 后面接的是复合语句
    Print Data1; Data2

End Sub
```

说明

　　复合语句 T = Data1: Data1 = Data2: Data2 = T 起到交换变量 Data1 和 Data2 值的作用。

运行情况：单击"开始"命令按钮，先后两次弹出信息对话框要求用户输入数据，如图 12-3 所示。当输入完第二个数据，并单击信息对话框中的"确定"按钮后，将在窗体上显示结果信息如图 12-4 所示。

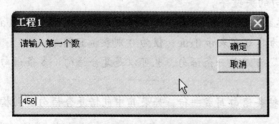

图 12-3　提示输入的信息对话框

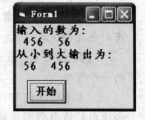

图 12-4　运行结果

【例 12.2】有阶跃函数如下，要求根据输入的 x 值，输出相应的 Y 值。

$$Y=\begin{cases} -1, & x<0 \\ 0, & x=0 \\ 1, & x>0 \end{cases}$$

步骤 1　在窗体中绘制一个命令按钮，设置窗体的 Caption 属性及命令按钮的 Caption 和 Font 属性，如图 12-5 所示。

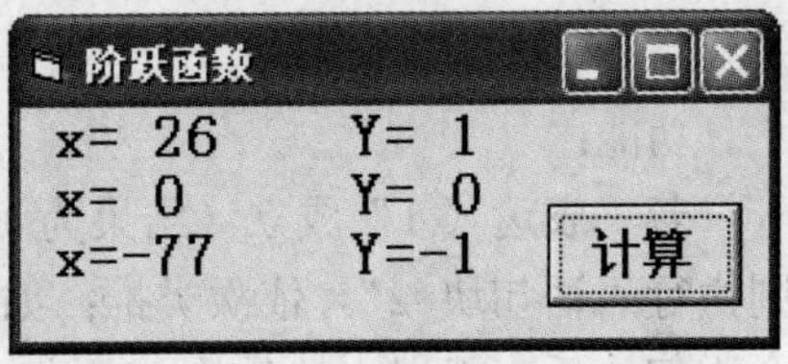

步骤 2　编写命令按钮的事件过程如下。

```
Private Sub Command1_Click()
    Dim x As Single, y As Single
    x = InputBox("请输入 x 的值")
    If x > 0 Then y = 1 Else  If  x = 0 Then y = 0 Else y = -1  ' 单行结构 if 语句
    Print " x="; x; Tab(10); " Y="; y
End Sub
```

图 12-5　运行结果

运行情况：运行情况如图 12-5 所示。每次单击"计算"命令按钮都能触发其单击事件。本次运行中，先后三次单击了"计算"命令按钮，每次都将该事件过程执行一遍。

事件过程中的 If 语句是一个双分支，其 Else 引导的语句本身又是一个双分支的 If 语句。

本例中的 If 语句流程如图 12-6 所示。

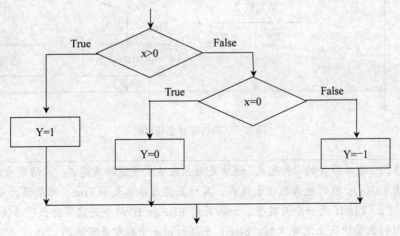

图 12-6　本例中的 If 语句流程

12.1.2　块结构 If 语句

如果单行结构 If 语句中的条件分支执行的操作比较复杂，难以在一行内书写完全，可以使用块结构 If 语句。

语法格式：

```
If  表达式 1  Then
    语句块 1
【ElseIf  表达式 2  Then
    语句块 2 】
【ElseIf  表达式 3  Then
```

```
        语句块 3 】
        ......
   【 Else
        语句块 n 】
   EndIf
```

功能：

若"表达式 1"成立（结果为 True），则执行"语句块 1"；否则如果"表达式 2"成立，则执行"语句块 2"，依次类推；如果上述表达式均不成立，则执行"语句块 n"。执行完某个语句块后，就退出块结构 If 语句，继续执行其他程序语句。

执行流程：如图 12-7 所示。

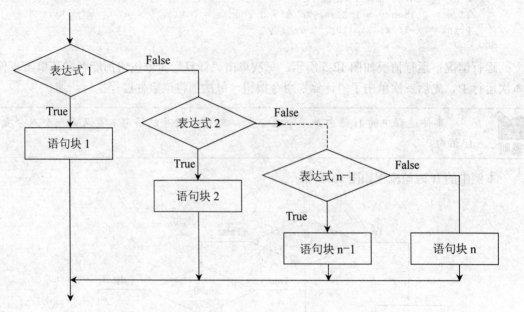

图 12-7　块结构 If 语句流程

（1）表示条件的"表达式"通常是关系表达式或逻辑表达式，其结果为逻辑值（True 或者 False）；有时也为数值表达式，其结果值为非 0 表示 True，结果值为 0 表示 False。

（2）ElseIf 是一个关键字，如果写成 Else 和 If 两个关键字会出现语法问题。Elseif 子句的数量理论上没有限制。Elseif 子句和 else 子句都是可选的。

（3）语句块可以是一个语句，也可以是多个语句。如果是多个语句，可以写在多行里，也可用冒号分隔写在一行中。

（4）块结构 If 语句与单行结构 If 语句的主要区别有：Then 后面的语句（注释语句除外）如果和 Then 在同一行上，则为单行结构，否则为块结构；块结构必须以 EndIf 结束，而单行结构没有 End If。

（5）单分支的单行 If 语句和双分支的单行 If 语句均可以改写成块结构 If 语句。使用块结构 If 语句可读性更好。

【例 12.3】判断等级。要求：在文本框中输入学生某门课程的百分制分数，在另一文本框中自动显示其等级（不及格、及格、中等、良好、优秀）。百分制分数与等级之间的关系见表 12-1。

表 12-1 百分制分数与等级的对应关系

百分制分数	等 级
大于等于 90	优秀
80～89	良好
70～79	中等
60～69	及格
小于 60	不及格

步骤 1 在窗体中绘制一个命令按钮、两个标签、两个文本框 Text1（显示：百分制分数）和 Text2（显示：等级），窗体和各控件的外观属性设置如图 12-8 所示。

步骤 2 编写文本框 Text1 的 Change 事件过程和命令按钮的单击事件过程如下：

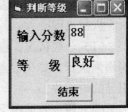

图 12-8 运行结果

```
Private Sub Command1_Click( )          ' 命令按钮的单击事件过程
    End                                ' End 语句：终止程序的运行
End Sub

Private Sub Text1_Change( )
    Dim Score As Single, Strx As String
    ' Score----百分制分数    Strx----等级
    Score = Val(Text1.Text)
    If Score >= 90 Then
        Strx$ = "优秀"
    ElseIf Score >= 80 Then
        Strx$ = "良好"
    ElseIf Score >= 70 Then
        Strx$ = "中等"
    ElseIf Score >= 60 Then
        Strx$ = "及格"
    Else
        Strx$ = "不及格"
    End If
    Text2.Text = Strx$
End Sub
```

运行情况：运行界面如图 12-8 所示。当文本框 Text1 的 Text 属性值发生变化，即用户向文本框输入新的文字信息时，将触发 Change 事件，将在文本框 Text2 中显示相应等级。

程序运行中，用户在文本框中每键入或删除一个字符，即只要文本框内的信息发生改变时，就会引发一次 Change 事件。

12.2　Select Case 语句

如果某个条件存在多种分支情况，使用多重分支的 If 语句来实现，会很麻烦而且不直观。VB 提供了一种可以方便简洁地处理多种情况的控制结构——Select Case 语句，也称为情况语句。

语法格式：

```
Select  Case   测试表达式
```

```
        Case   表达式表列 1
            语句块 1
     【Case   表达式表列 2
         【语句块 2】 】
         ……
     【Case Else
         【语句块 n】 】
     End Select
```

功能：

根据"测试表达式"的值，从多个语句块中选择符合条件的一个语句块执行。如果"测试表达式"的值与"表达式表列"的值均不匹配，则执行 Case Else 引导的语句块。

执行流程：

（1）一般情况，根据"测试表达式"的值，选择与其匹配的"表达式表列"所对应的语句块来执行。如果"测试表达式"的值与"表达式表列"的值均不匹配，则执行 Case Else 引导的语句块。

（2）极少数情况下，可能有多个"表达式表列"的值与"测试表达式"的值匹配，但也只执行第一个与之匹配的"表达式表列"所对应的语句块。

（3）如果 Select Case 结构中的没有一个"表达式表列"的值与"测试表达式"的值匹配，而且也没有 Case Else 子句，则不执行任何操作。

执行流程如图 12-9 所示。

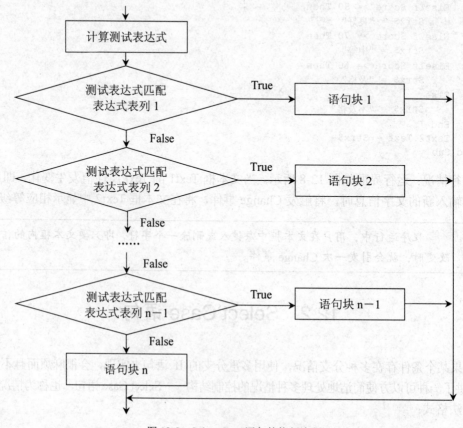

图 12-9   Select Case 语句的执行流程

（1）情况语句以 Select Case 开头，以 End Select 结束。

（2）"测试表达式"可以是数值表达式或字符串表达式，可以为常量、变量或运算表达式。

（3）"语句块"可以是一条或多条 VB 语句。

（4）"表达式表列"中的表达式应与"测试表达式"的类型一致，可以是如下形式之一：

① 表达式【，表达式】……

　功能：判断"测试表达式"的值是否与其中之一相同。

　例如：Case 2，4，8。

② 表达式 To 表达式

　功能：判断"测试表达式"的值是否落在 2 个表达式之间。

　例如：Case −3 To 8

　　　　Case "Apple" To "Orange"。

③ is 关系表达式

　功能：判断"测试表达式"的值是否满足"关系表达式"指定条件。注意，此处只能是简单的关系表达式，不能是逻辑表达式。

　例如：Case Is >2

【例 12.4】运费计算。运输距离越远，运费折扣越多。标准如下：

运输距离<250（公里）	折扣为 0%；
250≤运输距离 < 500	折扣为 2%；
500≤运输距离 < 1 000	折扣为 5%；
1 000≤运输距离 < 2 000	折扣为 8%；
2 000≤运输距离 < 3 000	折扣为 10%；
运输距离 ≥3 000	折扣为 15%。

根据每公里每吨货物的运费单价、货物重量、运输距离，求折扣及总运费。

分析：设每公里每吨货物的运费单价为 Price、货物重量为 Weight、运输距离为 Distance、折扣为 Discount，则总运费 Freight 的计算公式为：

Freight=Price*Weight*Distance*（1−Discount）。

步骤 1　在窗体中绘制两个命令按钮，5 个标签和 5 个文本框，窗体及各控件的外观属性设置如图 12-10 所示。

步骤 2　"清除"命令按钮的作用是：将所有文本框的内容清空；"计算"命令按钮的作用是：根据输入的单价、重量、运输距离，求得折扣和总运费。编写两个命令按钮的 Click 事件过程代码如下：

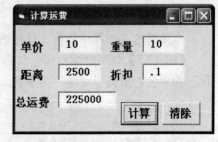

图 12-10　运行结果

```
Private Sub Command2_Click()      ' "清除"命令按钮
    Text1.Text = ""               ' 将文本框的内容赋值为空字符串
    Text2.Text = ""
    Text3.Text = ""
    Text4.Text = ""
    Text5.Text = ""
End Sub
```

```
Private Sub Command1_Click( )      ' "计算"命令按钮
    Dim Price!, Weight!, Distance!, Discount!, Freight!
    ' Price----单价 Weight----重量 Distance----距离 Discount---- 折扣 Freight----总运费
    Price = InputBox("每吨每公里运价为（元）")
    Weight = InputBox("运送货物重量为（吨）")
    Distance = InputBox("运送距离为（公里）")
    Select Case Distance
        Case Is < 250
            Discount = 0
        Case Is < 500
            Discount = 0.02
        Case Is < 1000
            Discount = 0.05
        Case Is < 2000
            Discount = 0.08
        Case Is < 3000
            Discount = 0.1
        Case Is >= 3000
            Discount = 0.15
    End Select
    Freight = Price * Weight * Distance * (1—Discount)  ' 计算总运费
    Text1.Text = Str$(Price)
    Text2.Text = Str$(Weight)
    Text3.Text = Str$(Distance)
    Text4.Text = Str$(Discount)
    Text5.Text = Str$(Freight)
End Sub
```

运行情况：运行情况如图 12-10 所示。用户单击"计算"按钮，将先后弹出 3 个输入对话框要求用户输入运费单价、货物重量、运输距离等信息。输入完成后，窗体的 5 个文本框中将显示"单价"、"重量"、"距离"、"折扣"、"总运费"等数据信息。用户单击"清除"按钮，5 个文本框中的信息将全部清除。

12.3 程 序 范 例

本节通过几个程序范例，让读者加强综合应用和实际编程能力。

【例 12.5】体型判断程序。体指数计算公式为：体指数=体重÷身高^2，其中体重以"公斤"为单位，身高以"米"为单位。现有以下标准：

体指数< 18	低体重；
18≤体指数<25	正常体重；
25≤体指数<27	超重体重；
体指数≥ 27	肥胖。

输入某人的身高和体重，得出其体指数进而判断体型。要求：（1）身高和体重由输入对话框输入，最后显示在窗体的文本框中；（2）体型判断结果显示在窗体的标签上。

步骤 1   在窗体中绘制一个命令按钮，3 个标签和两个文本框，窗体及各控件的外观属性设置如图 12-11 所示。

步骤 2   编写"判断"命令按钮的 Click 事件过程代码如下：

```
Private Sub Command1_Click( )
    Dim Height!, Weight!, T!
    Rem  Height---身高    Weight---体重    T---体指数
    Height = InputBox("请输入身高(米)", "输入", 1.6)      ' 参数 1.6 代表默认值
    Weight = InputBox("请输入体重(公斤)", "输入", 50)
    T = Weight / (Height * Height)                      '体指数= 体重÷ 身高²
    If  T < 18 Then
        Label3.Caption = "体重偏低! "                     ' 判断结果显示在标签 3 中
    ElseIf T < 25 Then
        Label3.Caption = "正常体重! "
    ElseIf T < 27 Then
        Label3.Caption = "超重体重! "
    Else
        Label3.Caption = "肥胖! "
    End If
    Text1.Text = Str(Height) + "米"               ' 运算符 + 在此做连接运算,连接 2 个字符串
    Text2.Text = Str(Weight) + "公斤"
End Sub
```

运行情况：运行界面如图 12-11 所示。运行时，用户单击"判断"按钮，将依次弹出两个输入对话框分别要求输入身高和体重。当输入完毕，按 Enter 键或单击"确定"按钮后，将在窗体的文本框中显示身高、体重的数值，并在窗体最下面的标签内显示判断结果。

　　　　本题既可以使用块结构 If 语句来实现，也可使用 Select Case 语句来实现。读者不妨一试。

【例 12.6】四则运算程序。输入两个操作数和一个运算符，计算表达式的结果。要求：（1）运算符可以是：加（+）、减（−）、乘（*）、除（/）。（2）操作数和运算符由用户直接在文本框内输入，输出结果显示在标签中。运行界面如图 12-12 所示。

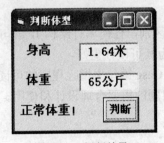

图 12-11　运行结果

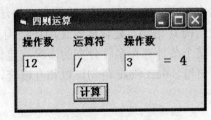

图 12-12　运行界面

分析：根据运算符的不同，选择不同的分支，进行不同的运算。

步骤 1　在窗体中绘制一个命令按钮，4 个标签和 3 个文本框，窗体及各控件的外观属性设置如图 12-12 所示。其中显示结果的标签是 Label1，其 Caption 属性在运行之前为空字符串。

步骤 2　编写"计算"命令按钮的 Click 事件过程代码如下：

```
Private Sub Command1_Click( )
    Dim Data1!, Op$, Data2!, Result!
    ' Data1--数据 1  Op--运算符  Data2--数据 2  Result--结果
    Data1 = Val(Text1.Text)
```

```
        Op = Text2.Text
        Data2 = Val(Text3.Text)
        Select Case Op      ' 针对运算符分情况
        Case "+"
            Result = Data1 + Data2
        Case "-"
            Result = Data1 - Data2
        Case "*"
            Result = Data1 * Data2
        Case "/"
            If Data2 <> 0 Then Result = Data1 / Data2 Else MsgBox "除数为0!", , "出错"
        Case Else
            MsgBox "不支持该运算符!", , "提示"
        End Select
        Label1.Caption = "=" + Str(Result)  ' 显示结果在标签上
    End Sub
```

运行情况：运行界面如图 12-12 所示。运行开始时，显示结果的标签上无内容。用户在 3 个文本框中根据标签提示输入数据，然后单击"计算"按钮，运算结果将显示在结果标签上。如果运行过程中，输入四则运算之外的运算符或输入除数为 0，将弹出信息提示框提示用户输入有误。

提示：文本框的文字内容为字符串类型，如果要对其进行数值运算，建议通过 Val 函数将其类型转换成数值类型，再进行运算。

小　　结

应用程序常常要求计算机根据实际情况来对数据作相应处理。本章主要介绍了几种选择结构语句形式：单行结构 If 语句、块结构 If 语句和 Select Case 语句。这些语句都是先对条件进行判断，再根据判断结果决定下一步做什么。

块结构 If 语句与单行结构 If 语句在语法上有明显的区别，任何单行结构 If 语句都可以改写成块结构 If 语句。建议读者使用块结构 If 语句，因为其可读性更好。

对于某个条件存在多种分支的情况，建议使用 Select Case 语句来增强程序的可读性。

If 语句与 Select Case 语句可以相互嵌套，但应根据问题的需要合理设计和使用。

第 13 章
循环结构程序设计

　　所谓循环，是指对同一段程序重复执行若干次。被重复执行的部分称为循环体，由一条或多条语句构成。很多实际问题需要用到循环，例如，累加、累乘运算，排序问题，从某范围内中找出符合一定条件的数等。循环结构与顺序结构、选择结构是结构化程序设计的三大基本结构，熟练掌握三大基本结构的语法、执行流程及应用是程序设计的最基本的要求。通过阅读本章，可以：

- 掌握 For、While、Do 循环语句的语法、执行流程和应用；
- 理解和掌握循环嵌套的执行流程和应用。

13.1　For 循环语句

For 循环也称为计数循环，常用于循环次数已知的程序结构中。

语法格式：

```
For  循环变量=初值 To 终值  【Step 步长】
     【循环体】
     【Exit For】
Next 【循环变量】
```

例如：

```
For X=1 To 100  Step 1
     Sum=Sum+X
Next X
```

功能：

按指定的次数执行循环体。

（1）"循环变量"：是一个数值类型的变量，也称为"循环计数器"。

（2）"初值"、"终值"：均为数值型变量或表达式。

（3）"步长"：循环变量的增量，是一个数值表达式。其值可以为正数或负数，但不能为 0。省略则默认步长为 1。

（4）"循环体"：重复执行的语句序列，可以是一条或多条语句。

（5）Exit For：用于中途退出循环。省略则循环正常结束，即当循环变量超出终值时退出。

（6）循环次数可以由循环变量的初值、终值和步长确定，计算公式为：

循环次数 = Int（终值－初值）/步长 + 1

执行流程：

首先把"初值"赋值给"循环变量"，然后检查"循环变量"的值是否超过"终值"（"步长"为正值时，检查"循环变量"是否大于"终值"；"步长"为负值时，检查"循环变量"是否小于"终值"），如果超过则停止执行"循环体"，跳出循环，转而执行循环语句后面的语句；否则执行一次"循环体"，然后把"循环变量+步长"的值赋给"循环变量"，重复上述流程。For 循环语句的执行流程如图 13-1 所示。

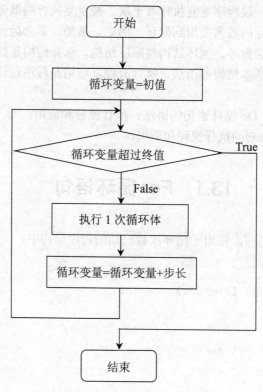

图 13-1　For 循环语句的执行流程

【例 13.1】求 1+2+…+100 的累加结果。要求：直接在窗体上显示结果。

步骤 1　设置窗体的 Caption 等外观属性，如图 13-2 所示。

步骤 2　编写窗体的单击事件过程。

```
Private Sub Form_Click()
    Dim X%, Sum%
    ' X----加数  Sum----累加和
    FontSize = 13: FontBold = True
    Sum = 0
    For X = 1 To 100
        Sum = Sum + X
    Next X
```

```
    Print " 1+2+…+100 ="; Sum
End Sub
```

运行情况：运行时，用户在窗体上单击将触发该事件过程。运行结果如图 13-2 所示。

程序中"循环变量"是 X；"初值"为 1，"终值"为 100，"步长"省略，默认为 1；"循环体"只有一条语句：Sum = Sum + X，起累加作用；循环次数为 100（根据公式：循环次数 = Int（终值 - 初值）/步长+1）。

退出循环时，循环变量 X 的值不是 100 而是 101。因为当循环变量 X 从 100 变为 101 后，与"终值"作比较，超过了"终值"，才导致循环正常结束。

【例 13.2】求 Fibonacci（斐波拉契）数列的前 40 项。这个数列有如下特点，前两项均为 1，从第三项开始，每项都是前面两项之和。即

$$\begin{cases} F_1=1 \quad (n=1) \\ F_2=1 \quad (n=2) \\ F_n=F_{n-1}+F_{n-2} \quad (n \geqslant 3) \end{cases}$$

步骤 1　设置窗体的 Caption 等外观属性，如图 13-3 所示。

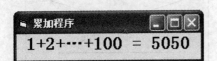

图 13-2　运行结果　　　　　　　　　　图 13-3　运行结果

步骤 2　编写窗体的单击事件过程。

```
Private Sub Form_Click()
    Dim F1&, F2&, F3&, Count%
    ' F1--第 n-2 项  F2--第 n-1 项  F3--第 n 项  Count--计数
    FontSize = 9: FontBold = True
    F1 = 1
    F2 = 1
    Print F1, F2,                    ' 逗号表示按照标准格式输出数据，输完后不换行
    For Count = 3 To 40 Step 1
        F3 = F1 + F2
        Print F3,
        If Count Mod 3 = 0 Then Print    ' 每输 3 个数据换一行
        F1 = F2
        F2 = F3
    Next Count
End Sub
```

运行情况：运行结果如图 13-3 所示。因为是按照标准格式输出数据，同一行的下一个数据从下一个输出区段（每 14 列为一个输出区段）的起点开始输出数据，可以使得不同大小

的数据对齐格式。

（1）表示数列项的变量应定义为长整型（Long），整型的表数范围为-32 768～32 767，不够用。

（2）循环体包括 5 条语句，这些语句有一定的先后顺序，应仔细斟酌，不能简单地堆砌。

13.2 While 循环语句

While 循环语句又称为"当循环语句"。如果循环次数无法明确获知，需要通过某个条件是否出现来控制循环时，应使用 While 循环。

语法格式：

```
While  条件
      【循环体】
Wend
```

例如：

```
While  X<=100
      Sum=Sum+X
      X=X+1
Wend
```

功能：

当"条件"成立时，执行"循环体"。

执行流程：

当"条件"为 True（非 0 值）时，则执行一次"循环体"。遇到 Wend 时，返回到语句开始重新对"条件"进行判断，如果仍为 True，则重复上述过程。一旦"条件"为 False，则不执行"循环体"，退出该循环语句的执行，转而执行其后的语句。

While 语句的执行流程如图 13-4 所示。

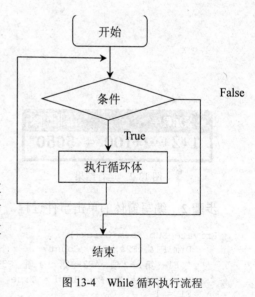

图 13-4 While 循环执行流程

循环体中应包含有逐渐使得"条件"发生改变的语句，从而使循环能正常结束，否则将是"死循环"。

While 循环与 For 循环的区别：

For 循环指定循环执行次数，While 循环则指定循环继续的条件。对于具体问题，需根据情况选择合适的循环语句来解决。有时对于同一问题，使用这两种循环语句均可解决。

生活中某些事情的执行流程也可以类比写成当循环，例如超市购物：

```
While  购物单中仍有物品项
      找到该物品
```

　　　　将该物品放入购物车
　　　　从购物单中删除该物品
```
Wend
```

【例 13.3】对输入的字符串进行计数。要求：（1）使用输入对话框来输入字符串。（2）当输入的字符串为问号"？"时，停止计数，并输出结果。

步骤 1　设置窗体的 Caption 等外观属性，如图 13-5 所示。

步骤 2　编写窗体的单击事件过程。

```
Private Sub Form_Click( )
    Dim Char As String, Count As Integer
    ' Char-- 字符串   Count-- 字符串计数
    FontSize = 13: FontBold = True
    Count = 0
    Char = InputBox$("请输入一个字符串:")
    While Char <> "?"
        Count = Count + 1
        Char = InputBox("请输入一个字符串:")
    Wend
    Print "一共输入了"; Count; "字符串"
End Sub
```

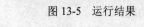

图 13-5　运行结果

运行情况：运行时，用户单击窗体，将弹出输入对话框提示用户输入字符串。每次输入完毕按"确定"后，将再次弹出输入对话框。如此反复。第 7 次输入问号后，不再弹出输入对话框。此时，窗体上显示运行结果如图 13-5 所示。最后一次输入不计数。

注意

　　（1）本题无法预先获知循环次数，不能用 for 循环语句，只能使用 While 循环语句来实现。
　　（2）输入法的问题：运行时输入的问号应与程序中的问号在同一个输入法下输入（即要么都是全角问号，要么都是半角问号），才能够匹配；否则将出现问题。

13.3　Do 循环语句

Do 循环语句也是根据条件来决定循环是否继续。其语法形式灵活，既可以指定循环继续的条件，也可以指定循环终止的条件。

语法格式 1：（Do While…Loop）

```
Do【While  条件】
   【循环体】
   【Exit  Do】
Loop
```

语法格式 2：（Do Until…Loop）

```
Do 【Until  条件】
   【循环体】
   【Exit  Do】
Loop
```

语法格式 3：（Do…Loop While）

```
Do
    【循环体】
    【Exit Do】
Loop 【While 条件】
```

语法格式 4：（Do…Loop Until）

```
Do
    【循环体】
    【Exit Do】
Loop 【Until 条件】
```

功能：

当（While）"条件"为 True 时重复执行循环体，或者直到（Until）"条件"变为 True 之前重复执行循环体。

（1）Do、Loop、While 和 Until 都是关键字。

（2）"条件"是一个逻辑表达式，其值为 True 或 False。

（3）包含关键字 While 的循环语句，其功能是：当"条件"为 True 时重复执行循环体；包含关键字 Until 的循环语句，其功能是：直到"条件"为 True 之前重复执行循环体（即"条件"为 False 时重复执行循环体，"条件"为 True 则退出循环）。

（4）前两种语法格式中，While 和 Until 放在循环的开始，所以是先判断条件，再决定是否执行循环体，其流程如图 13-6 和图 13-7 所示。后两种语法格式中，While 和 Until 放在循环的末尾，所以是先执行一次循环体，再判断条件，以决定是重复执行循环还是终止循环，其流程如图 13-8 和图 13-9 所示。

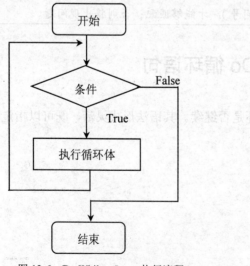

图 13-6　Do While…Loop 执行流程

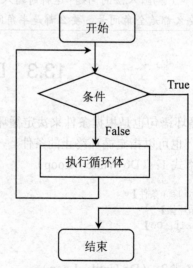

图 13-7　Do Until…Loop 执行流程

（5）"Exit Do"一般与选择结构语句联合使用实现中途退出循环，依据问题的实际情况选用或省略。

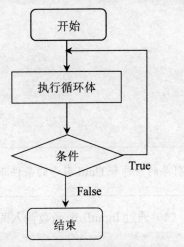

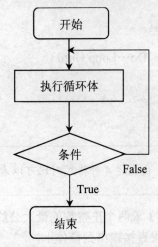

图 13-8　Do…Loop While 执行流程　　　　　图 13-9　Do…Loop Until 执行流程

【例 13.4】分析下面程序的运行结果，代码如下。

```
Private Sub Form_Click()
    FontSize = 11: FontBold = True
    m = 0
    Print "***** loop start *****"
    Do
        Print "value of m is:"; m
        m = m + 1
    Loop While m < 10
    Print "***** loop end *****"
    Print "value of m at end of loop is"; m
End Sub
```

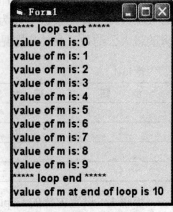

运行情况：运行结果如图 13-10 所示。由结果可以看出，
在循环中，m 的数值由 0 依次变到 9，当 m 的值大于或等于
10 时（即使得循环继续的条件不成立时），循环终止。退出循
环时，m 的值为 10。

上述程序可以使用 Do 循环语句的 4 种格式来书写，其中
的循环部分如下。

图 13-10　运行结果

格式 1：（Do While…Loop）

```
Do While m < 10
  Print "value of m is:"; m
  m = m + 1
Loop
```

格式 2：（Do Until…Loop）

```
Do Until m >= 10
  Print "value of m is:"; m
  m = m + 1
Loop
```

格式 3：（Do…Loop While）

```
Do
  Print "value of m is:"; m
```

```
    m = m + 1
Loop While m < 10
```

格式 4：（Do…Loop Until）

```
Do
  Print "value of m is:"; m
  m = m + 1
Loop Until m >= 10
```

注意　　　由上述 4 种格式对比可以看出，While 引导的条件和 Until 引导的条件正好相反。

【例 13.5】 求两个正整数的最大公约数。要求：（1）通过 InputBox 函数输入两个正整数。（2）判断结果直接输出到窗体上。

分析：可以用"辗转相除法"来求两数的最大公约数。"辗转相除法"的算法如下。

（1）以第一个数 B 作被除数，第二个数 C 作除数，求余数 Y。

（2）如果 Y 不为 0，则将当前除数作为新的被除数（即：B=C），当前余数作为新的除数（即：C=Y），再进行相除，得到新的余数 Y。

（3）如果余数 Y 仍不等于 0，则重复上述步骤 2。如果 Y 等于 0，则此时的除数 C 就是最大公约数。

例如求 28 和 36 两数的最大公约数。先将 28 作为被除数，36 作为除数，相除后余数为 28；再将当前的除数 36 作为被除数，当前的余数 28 作为除数，相除后得到余数 8；再将当前的除数 28 作为被除数，当前的余数 8 作为除数，相除后得到余数 4；再将当前的除数 8 作为被除数，当前的余数 4 作为除数，相除后得到余数 0。余数为 0 时，当前的除数 4 即为所求的最大公约数。具体步骤见表 13-1。

表 13-1　　　辗转相除法求 28 和 36 的最大公约数

步　骤	被　除　数	除　数	余　数	结　论
1	28	36	28	尚无
2	36	28	8	尚无
3	28	8	4	尚无
4	8	4	0	当前除数 4 为所求

步骤 1　设置窗体的 Caption 等外观属性，如图 13-11 所示。

步骤 2　编写窗体的单击事件过程。

```
Private Sub Form_Click()
    Dim B%, C%, Y%
    ' B----被除数  C----除数  Y----余数
    FontSize = 13: FontBold = True
    B = InputBox("请输入第 1 个正整数")
    C = InputBox("请输入第 2 个正整数")
    Print B; "和"; C;
    Y = B Mod C
    Do While Y <> 0
        B = C
        C = Y
        Y = B Mod C
```

图 13-11　运行结果

```
    Loop
    Print " 最大公约数是: "; C
End Sub
```

运行情况:用户 3 次单击窗体触发该事件过程的运行结果如图 13-11 所示。

 赋值语句 Y = B Mod C 出现了两次,将程序中的 Do While…Loop 循环语句改写成 Do…Loop While 循环语句可以省掉循环体外的那条语句。请读者自己编写。

13.4 循环的嵌套

循环的嵌套也称为多重循环,是指在一个循环语句的循环体内完整地包含其他循环语句。For 循环语句、While 循环语句和 Do 循环语句可以相互嵌套。循环嵌套的形式有很多,以下例举的 3 种都是合法的二重循环,如图 13-12 所示,注意处于内层的循环语句应被完全包含在外层循环语句的循环体内。循环嵌套的层次数理论上没有限制,但实际中尽量避免太多和太深的循环嵌套结构。

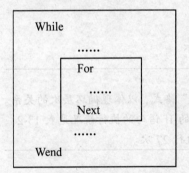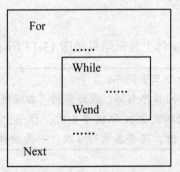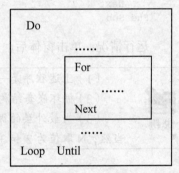

图 13-12 二重循环语法形式举例

内外层的循环语句可以不同,也可以相同。例如,关于内外层均为 For 语句的多重循环,常用的形式为:

```
For J=……
    For K=……
        ……
    Next K
Next J
```

上述语句也可以省略 Next 后面的循环变量,写成:

```
For J=……
    For K=……
        ……
    Next
Next
```

当内外层循环有相同的终点时(即两条 Next 语句前后相连),可以共用同一个 Next 语句,此时 Next 后面的循环变量不能省略,如:

```
For J=……
   For K=……
      ……
   Next K, J
```

【例 13.6】输出由 1、2、3 这 3 个数字组成的所有三位数。要求：（1）组成三位数的 3 个数字互不相同。（2）直接在窗体输出结果。

步骤 1 设置窗体的 Caption 等外观属性，如图 13-13 所示。

步骤 2 编写窗体的单击事件过程。

```
Private Sub Form_Click()
    Dim M%, N%, K%
    ' N----外层循环变量  M----中层循环变量 K----内层循环变量
    FontSize = 13: FontBold = True
    For N = 1 To 3
        For M = 1 To 3
            For K = 1 To 3
                If M <> N And N <> K And K <> M Then   ' N、M、K两两互不相等
                    Print N * 100 + M * 10 + K;
                End If
            Next K
        Next M
    Next N
End Sub
```

运行情况：单击窗体后，窗体上显示结果如图 13-13 所示。

（1）上述程序是一个三重循环。

（2）循环嵌套结构的程序书写，最好采用"右缩进"格式，以体现循环层次的关系。

（3）当最外层的循环变量 N 取值为 1 时，程序中的 If 语句的执行情况见表 13-2。当然，N 取值为 2 和 3 时，还要各执行 9 次，一共被执行 27 次。

表 13-2　　　　　　　　　　本例中 If 语句的执行流程表（N 赋值为 1 时）

执行顺序（次）	N 值	M 值	K 值	是否输出数据
1	1	1	1	
2	1	1	2	
3	1	1	3	否
4	1	2	1	
5	1	2	2	
6	1	2	3	输出 123
7	1	3	1	否
8	1	3	2	输出 132
9	1	3	3	否

【例 13.7】找出 100～200 之间的所有素数。所谓素数，是指除了 1 和自身外，不能被其余任何数整除的正整数，如 3、7、11 等。要求：判断结果直接输出到窗体上。

分析：本题需要用到两重循环。外层循环用于控制需要判断的数据从 100 增加到 200。内层循环用于判断某一个值是否为素数。

步骤 1 设置窗体的 Caption 等外观属性，如图 13-14 所示。

图 13-13　运行结果

图 13-14　运行结果

步骤 2　编写窗体的单击事件过程。

```
Private Sub form_click()
    Dim Count%, Data%, K%
    ' Count---- 计数功能  Data---- 100~200间的数   K----循环变量
    Count = 0
    FontSize = 12: FontBold = True
    Data = 101
    Do While (Data < 200)
        For K = 2 To (Data \ 2)
            If (Data Mod K) = 0 Then Exit For
        Next K
        If K > (Data \ 2) Then
            Print Data;
            Count = Count + 1
            If Count Mod 5 = 0 Then Print
        End If
        Data = Data + 1
    Loop
End Sub
```

13.5　程序范例

本节通过几个程序范例，让读者加强综合应用和实际编程能力。

【例 13.8】猜数游戏。由计算机"想"一个 1~100 之间的数请人猜，如果猜对了，则给出"猜对了"的提示信息和人猜的次数，并结束游戏；否则计算机提示应该增加还是减少，直到人猜对为止。

步骤 1　设置窗体的 Caption 等外观属性，如图 13-15 所示。

步骤 2　编写窗体的单击事件过程。

```
Private Sub Form_Click()
    Dim Magic%, Data%, Count%
    ' Magic----计算机"想"的数   Data----用户猜的数  Count----用户猜的次数
    FontSize = 10: FontBold = True
    Randomize                      ' 给随机函数 Rnd 重新赋予不同的种子
    Magic = Int(Rnd * 100) Mod 100+1      ' 产生一个 1~100 之间的随机整数
    Count = 0
    Do
        Data = InputBox("请输入一个 1~100 之间的数：")
        Count = Count + 1
        If Magic > Data Then
            Print "输入"; Data; "增加一点"
        ElseIf Magic < Data Then
```

```
                Print "输入"; Data; "减少一点"
          Else
                Print "输入"; Data
                Print "猜对了！！共猜了"; Count; "次。"
          End If
    Loop Until Magic = Data
End Sub
```

【例13.9】百钱买百鸡。我国古代《算经》中有一道题："鸡翁一，值钱五；鸡母一，值钱三；鸡雏三，值钱一。百钱买百鸡，问鸡翁、母、雏各几何？"

分析：假设鸡翁、鸡母、鸡雏各有 X，Y，Z 只，根据题意可得以下方程式：

$$5X+3Y+Z/3=100$$
$$X+Y+Z=100$$

此题可以用"穷举法"来解决。"穷举法"就是将各种 X、Y、Z 组合的可能性全部考虑到，对每一组合检查是否满足给定的条件，符合条件的组合将被输出。

步骤 1 设置窗体的 Caption 等外观属性，如图 13-16 所示。

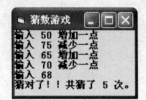

图 13-15　运行结果

图 13-16　运行结果

步骤 2 编写窗体的单击事件过程。

```
Private Sub Form_Click( )
    Dim X%, Y%, Z%
    ' X----鸡翁数  Y----鸡母数  Z----鸡雏数
    For X = 0 To 100
        For Y = 0 To 100
            Z = 100-X-Y
            If 5 * X + 3 * Y + Z/3 = 100 Then
                Print "鸡翁"; X, "鸡母"; Y, "鸡雏"; Z
            End If
    Next Y, X   ' 当内外层循环具有相同的终点时，可以共同一个 Next 语句
End Sub
```

运行：运行结果如图 13-16 所示。

说明

　　　在程序设计中，高运行效率和低内存空间是程序高质量的重要体现。以上程序的循环次数为 $101 \times 101 = 10\ 201$ 次。事实上 100 元最多可以买鸡翁 $100 \div 5 = 20$ 只，100 元最多买鸡母 $100 \div 3 = 33$ 只，所以上述事件过程可以减少循环次数从而提高运行速度。优化后的事件过程如下。

```
        Private Sub Form_Click()
            Dim X%, Y%, Z%
            ' X----鸡翁数  Y----鸡母数  Z----鸡雏数
            For X = 0 To 20
                For Y = 0 To 33
                    Z = 100-X-Y
```

```
                     If 5 * X + 3 * Y + Z / 3 = 100 Then
                             Print "鸡翁"; X, "鸡母"; Y, "鸡雏"; Z
                     End If
                 Next Y, X
             End Sub
```

【例 13.10】 数字金字塔。输出如图 13-17 所示的数字金字塔。要求：（1）直接输出到窗体上。（2）输出行数由用户通过输入对话框随机输入，行数可以是 1～9。

步骤 1　设置窗体的 Caption 属性和 Font 属性，如图 13-17 所示。

步骤 2　编写窗体的单击事件过程。

图 13-17　运行结果

```
Private Sub form_click( )
    Dim N%, Line%, MaxLine%
    ' N----内层循环变量  Line----外层循环变量（行号）
MaxLine----要求输出行数
    FontSize = 11: FontBold = True
    MaxLine = InputBox("输出多少行的数字金字塔? ")
    For Line = 1 To MaxLine
        Rem 以下循环输出空格
        For N = 1 To MaxLine - Line
            Print "   ";       ' 双引号内有 3 个空格
        Next N
        Rem 以下循环输出递增数据
        For N = 1 To Line
            Print N;           ' 按紧凑格式输出数字 N（占 3 列）
        Next N
        Rem 以下循环输出递减数据
        For N = Line-1 To 1 Step-1
            Print N;
        Next N
        Print
    Next Line
End Sub
```

（1）外层循环变量 Line 从 1 变到 MaxLine，表示分别输出 MaxLine 行数据。任意一行数据的输出可以分解为 4 个步骤：输出有规律的空格数、输出升序数字、输出降序数字、换行，由 3 个内层循环语句和一条换行语句实现。

（2）按紧凑格式输出的数字之间间隔两空格，相当于每个数字占 3 列，所以以 3 列作为一个输出单位输出空格以便于格式对齐。

小　　结

VB 提供了三类不同风格的循环语句：For 循环语句（计数循环）、While 循环语句（当循环）和 Do 循环语句。

For 循环按照规定的次数执行循环体，而 While 循环和 Do 循环则是在给定的条件满足或不满足时执行循环体。如果循环次数明确，使用 For 循环比较方便。用 For 循环可以解决的问题，一般也可以用 While 和 Do 循环来实现。

While 循环和 Do 循环中，对于"循环条件"写在"循环体"之前的循环语句，先判断后执行，所以有可能一次也不执行循环体；"循环条件"写在"循环体"之后的循环语句，先执行后判断，所以至少执行循环体一次。

三类循环语句可以相互嵌套或自身嵌套构成循环的嵌套。

用循环来解决问题时，应着重考虑以下几点。

- 变量赋什么初值。
- 循环体的语句组成有哪些，语句顺序如何安排。
- 循环体中是否有使得循环条件发生改变的语句，或者是否有 Exit Do 语句与选择结构的联用，以保证循环有出口，不会无限循环。
- 循环变量的边界值是什么，可否等于该边界值。

第 14 章
常用标准控件

控件是构成应用程序界面的基本元素。前面已经简单介绍了最基本的 3 个控件：标签、文本框和命令按钮。在 VB 程序设计过程中，还有许多控件需要使用。本章主要讲解工具箱上主要控件的基本概念、常用属性、事件和方法，以及如何应用这些控件。通过阅读本章，可以：

- 理解和掌握选择性控件（复选框、单选按钮、列表框、组合框）的属性、事件和方法；
- 理解和掌握图形控件（图片框、图像框）的属性、事件和方法；
- 理解和掌握定时器的属性、事件和方法。

14.1 复选框（CheckBox）

复选框 ☑ 是选择类控件，用来设置是否需要某一选项功能。运行时，单击复选框左边的方框，方框中将会出现一个"√"符号，表示已经选中某项功能；再单击一次，将取消选中状态。

1. 属性

复选框的常用属性见表 14 -1。

表 14-1 复选框的常用属性

属性名称	属性值	说　　明
Caption		设置复选框右边的文字内容，用来说明复选框的选项内容
Value	0（默认值）	设置未复选。复选框呈现未选中状态
	1	设置选中。复选框呈现选中状态
	2	设置灰显选中。复选框呈选中状态，但灰色显示，表示不允许用户修改其状态

2. 事件和方法

复选框的常用事件为 Click，复选框的方法较少使用。

【例 14.1】复选框应用演示。要求：（1）在标签上显示一行文字。（2）复选左边的复选框，标签上的文字字体加粗；取消复选，文字不加粗。（3）复选右边的复选框，标签上的文字字体类型为黑体；取消复选，文字字体恢复为原来的类型。

步骤 1　在窗体上放置一个标签 Label1 和两个复选框 Check1、Check2。在属性窗口设置各控件的属性见表 14-2。

表 14-2　　　　　　　　　　　　　控件的属性设置

控　　件	Caption	Font
Form1	复选框演示	
Label1	外圆内方	宋体、常规、小初
Check1	粗体	宋体、粗体、小四
Check2	黑体	隶书、常规、小四

步骤 2　编写两个复选框的单击事件过程。

```
Private Sub Check1_Click( )
    If Check1.Value Then Label1.FontBold = True Else Label1.FontBold = False
End Sub

Private Sub Check2_Click( )
    If Check2.Value Then Label1.FontName = "黑体" Else Label1.FontName = "宋体"
End Sub
```

运行情况：运行结果如图 14-1 所示。刚开始运行时，标签上文字字体是"宋体、常规"；用户单击标题为"粗体"的复选框，标签上文字字体加粗显示，再次单击取消选中该复选框，标签上文字将取消加粗；用户单击标题为"黑体"的复选框，标签上文字字体类型变为"黑体"，再次单击取消选中该复选框，标签上文字字体类型恢复为原来的"宋体"。

图 14-1　复选框运行结果

14.2　单选按钮（OptionButton）

单选按钮 ⊙ 的功能类似于复选框，常用来表示"选中"和"未选中"两种状态，选中时该单选按钮的圆圈中出现一个黑点。单选按钮与复选框的区别是，在一系列复选框中可以根据需要选择多个；而在一系列单选按钮中只允许选定其中的一个，各选项间的关系是互斥的。因此经常将多个单选按钮放在一个框架（Frame）中组成一个选项组。

1. 属性

单选按钮的常用属性见表 14 -3。

表 14-3　　　　　　　　　　　　　单选按钮的常用属性

属 性 名 称	属 性 值	说　　明
Caption		设置单选按钮右边的文字内容，用来说明单选按钮的选项。也可用 Alignment 属性改变文字的位置
Alignment （对齐方式）	0（默认值）	设置圆形按钮位于控件的左边，文字显示在右边
	1	设置圆形按钮位于控件的右边，文字显示在左边
Value	True	设置单选按钮呈现选中状态
	False（默认值）	设置单选按钮呈现未选中状态

2. 事件和方法

单选按钮的常用事件为 Click，单选按钮的方法较少使用。

【例 14.2】单选按钮应用演示。要求：（1）在文本框中显示一行文字内容。（2）单击 3 个单选按钮中的任一个，文本框中的文字字体类型将改变成相应的单选按钮标题上所显示的类型。

步骤 1 在窗体上放置一个文本框 Text1 和 3 个单选按钮 Option1、Option2、Option3。在属性窗口设置各控件的属性见表 14-4。

表 14-4 控件的属性设置

控 件	Caption	Text	Font	Value
Form1	单选按钮演示			
Text1		Jane Eyre	Arial、常规、一号	
Option1	Arial		Arial、常规、小四	True
Option2	Monotype Corsiva		Monotype Corsiva、粗斜体、小三	
Option3	Script		Script、粗斜体、小三	

步骤 2 编写 3 个单选按钮的单击事件过程。

```
Private Sub Option1_Click( )
    Text1.FontName = "Arial"
End Sub

Private Sub Option2_Click( )
    Text1.FontName = "Monotype Corsiva"
End Sub

Private Sub Option3_Click( )
    Text1.FontName = "Script"
End Sub
```

运行情况：运行结果如图 14-2 所示。用户单击不同的单选按钮，文本框中的文字字体类型将随之变成相应的单选按钮标题上所显示的类型。

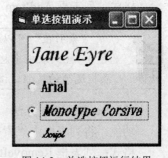

图 14-2 单选按钮运行结果

14.3 列表框（ListBox）

列表框 为用户提供可选择的列表，用户可以从列表框列出的选项中选取一个或多个选项。如果项目太多，超出了列表框设计时的长度，则 VB 会自动给列表框加上滚动条。

1. 属性

列表框的常用属性见表 14-5。

表 14-5 列表框的常用属性

属 性 名 称	属 性 值	说 明
List（数组）	字符串型	数组的每个元素对应一个列表框选项，第 1 个选项对应数组元素 List(0)，第 2 个选项对应数组元素 List(1)，以此类推
ListCount	整型数据	返回列表框中所有选项的总数

续表

属 性 名 称	属 性 值	说　　明
ListIndex	整型数据	当前被用户选中的选项的序号。列表框中选项的排列从 0 开始，最后一项的序号为 ListCount–1。若无选中项目，值为–1
MultiSelect	0（默认）	只允许单选，用户一次只能选择一个
	1	简单多重选定，用户单击或按 Space 键来选取多重列表项，但一次只能增加一个选项
	2	高级多重选定，用户可利用鼠标与 Ctrl 键的配合来选取多个不连续的选项，或利用鼠标与 Shift 键的配合来选取多个连续的选项
Selected（数组）	逻辑型	与 List 数组中的各个元素相对应的一维数组，记录 List 数组中的每个选项是否被选取。例如，如果 List(1)被选取，则 Selected(1)的值为 True，否则为 False
Sorted	True	列表框中的选项按字母、数字的升序排列
	False（默认）	列表框中的选项按加入列表框的先后顺序排列
Text	字符型	返回最后一次被选中的选项内容

2．事件

列表框的常用事件为 Click 事件。

3．方法

（1）AddItem 方法

功能：用于将选项的文本内容添加到列表框中。

格式：列表框.AddItem　选项文本【，索引值】

"索引值"可以指定插入"选项文本"在列表框中的位置，注意"索引值"的范围是 0～（列表框中总项数–1）。如果格式中省略"索引值"，则"选项文本"将被放在列表框选项的尾部。该方法只能单个地向表中添加选项。

（2）RemoveItem 方法

功能：将列表框中"索引值"指定位置的选项删除，同时 ListCount 属性自动减 1。

格式：列表框.RemoveItem 索引值

（3）Clear 方法

功能：用于清除列表框中的全部选项内容，将 ListCount 属性设置为 0。

格式：列表框.Clear

【例 14.3】简单的点菜系统界面。要求：（1）利用列表框设计点菜系统界面如图 14-3 所示。（2）单击上面的命令按钮，将把左边列表框中选中的菜名选项移动到右边列表框内；单击下面的命令按钮，将把右边列表框中选中的菜名选项移动到左边列表框内。

步骤 1　窗体上绘制两个标签 Label1 和 Label2，两个列表框 List1 和 List2，两个命令按钮 Command1 和 Command2。在属性窗口设置各控件的属性见表 14-6，各控件的大小等外观属性如图 14-3 所示。

表 14-6　　　　　　　　　　　　　　控件的属性设置

控　　件	Caption	Font	BorderStyle
Form1	列表框演示		
Label1	饭店菜单	宋体、粗体、四号	1

续表

控　件	Caption	Font	BorderStyle
Label2	我点的菜	宋体、粗体、四号	1
List1		黑体、粗体、五号	
List2		黑体、粗体、五号	
Command1	>>	宋体、粗体、四号	
Command2	<<	宋体、粗体、四号	

步骤 2　编写窗体的加载事件过程和两个命令按钮的单击事件过程。

```
Private Sub Form_load( )
    ' 向列表框 1 中添加选项
    List1.AddItem "宫爆鸡丁"
    List1.AddItem "鱼香肉丝"
    List1.AddItem "青菜蘑菇"
    List1.AddItem "清蒸鲈鱼"
    List1.AddItem "铁板牛排"
End Sub

Private Sub Command1_Click( )
    ' 此按钮用于向列表框 2 中加入点菜
    Dim N%, C%
    ' N----列表框 1 的选项总序号  C----计数变量
    N = List1.ListCount-1
    C = 0
    Do While C <= N
        If  List1.Selected(C) Then
            List2.AddItem List1.List(C)
            List1.RemoveItem C
            N=N-1
        Else
            C=C+1
        End If
    Loop
End Sub

Private Sub Command2_Click( )
    ' 此按钮用于向列表框 1 中退回点菜
    Dim N%, C%
    ' N----列表框 2 的选项总序号  C----计数变量
    N = List2.ListCount-1
    C = 0
    Do While C <= N
        If  List2.Selected (C) Then
            List1.AddItem List2.List (C)
            List2.RemoveItem C
            N = N-1
        Else
            C = C+1
        End If
    Loop
End Sub
```

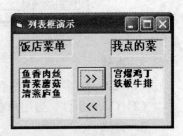

运行：运行结果如图 14-3 所示。用户在左边的列表框中
单击选中某菜名，单击标题为"**>>**"的按钮，该菜名将被添

图 14-3　列表框运行结果

加到右边的列表框中，同时左边列表框中该菜名将被删除；与此相反，用户在右边的列表框中单击选中某菜名，单击标题为"<<"的按钮，该菜名将被添加到左边的列表框中，同时右边列表框中该菜名将被删除。

当一个窗体被加载时引发 Load 事件。该事件过程通常用来在启动应用程序时对控件属性或变量进行初始化。

14.4　组合框（ComboBox）

组合框可以看作列表框和文本框组合而成的一个控件，它同时拥有列表框和文本框两种控件的功能，既可以像文本框一样接收用户的输入，也能像列表框一样列举多个选项供用户选择。

1. 属性

组合框的常用属性见表 14-7。图 14-4 给出了 3 种样式的组合框。从图中可以看出，Style 的属性值为 0 时，在组合框的文本编辑框中出现光标，表示允许输入选项；当 Style 的属性值为 2 时，在组合框的文本编辑框中没有光标，不允许输入选项。而当 Style 的属性值为 1 时，在组合框的文本编辑框右侧没有下拉箭头，列表框不能被收起或拉下。

表 14-7　　　　　　　　　　　　　　　　组合框的常用属性

属 性 名 称	属 性 值	说　　明
Style	0（默认值）	设置为下拉式组合框。显示在屏幕上的是文本编辑框和一个下拉箭头，可以输入选项或从列表中选取选项
	1	设置为简单组合框。它列出所有选项供用户选择，右边没有下拉箭头，列表框不能被收起或拉下，与文本框一起显示在屏幕上。可以在文本框中输入列表框中没有的选项
	2	设置为下拉式列表框。与"下拉式组合框"类似，区别是不能输入列表框中没有的选项
Text		存放用户所选选项或直接输入的文本

图 14-4　组合框的 3 种样式

2. 事件

（1）Change 事件。当组合框内容改变时发生。

（2）Click 事件。当用户在组合框上单击时发生。

3. 方法

和列表框一样，组合框常用的方法有 AddItem、RemoveItem 和 Clear 等。

【例 14.4】组合框应用演示。要求：（1）设计界面如图 14-5 所示。（2）单击"添加课程"按钮，将弹出输入对话框要求输入课程名，单击"确定"按钮后可将所输课程添加到组合框中。（3）单击"移除课程"按钮，即可从组合框中移除所选课程。（4）单击"退出"按钮将结束程序运行。

步骤 1　在窗体上绘制两个标签 Label1 和 Label2，一个组合框 Combo1，3 个命令按钮。在属性窗口设置各控件的属性见表 14-8，各控件位置、大小如图 14-5 所示。

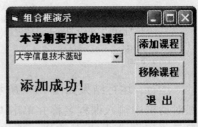

图 14-5　组合框运行结果

表 14-8　　　　　　　　　　　　控件的属性设置

控　　件	Caption	Font
Form1	组合框演示	
Label1	本学期要开设的课程	黑体、粗体、小四
Label2		宋体、粗体、小三
Combo1		宋体、粗体、小五
Command1	添加课程	宋体、粗体、五号
Command2	移除课程	宋体、粗体、五号
Command3	退出	宋体、粗体、五号

步骤 2　编写窗体的加载事件过程和 3 个命令按钮的单击事件过程。

```
Private Sub Form_Load( )
    ' 窗体加载事件过程
    Combo1.AddItem "文化基础"
    Combo1.AddItem " VB 6.0 "
    Combo1.AddItem "操作系统"
    Combo1.AddItem "多媒体技术"
    Combo1.AddItem "网络技术基础"
End Sub

Private Sub Command1_Click( )
    ' "添加课程"按钮的单击事件过程
    Dim Str$
    Str = InputBox("输入要添加的课程，然后按确定", "添加课程")
    If Str <> "" Then                       ' 如果输入不为空
        Combo1.AddItem Str                  ' 将输入内容添加到组合框中
        Label2.Caption = "添加成功!"        ' 设置标签显示内容
        Combo1.Text = Str                   ' 将刚才添加的内容显示在组合框中
    End If
End Sub

Private Sub Command2_Click( )
    ' "移除课程"按钮的单击事件过程
    If Combo1.ListIndex = -1 Then           ' 如果没有选中任何选项
        MsgBox "请先选择要删除的课程!"
        Exit Sub                            ' 退出此事件过程
    End If
    Combo1.RemoveItem Combo1.ListIndex      ' 移除选中的项目
    Label2.Caption = "移除成功!"
    Combo1.Text = ""                        ' 组合框文本框为空
```

```
End Sub

Private Sub Command3_Click( )
    '"退出"按钮的单击事件过程
    End
End Sub
```

运行：运行结果如图 14-5 所示。程序运行时，单击"添加课程"按钮，弹出输入对话框。在对话框中输入课程名称并单击"确定"按钮，即可将所输课程添加到组合框中，同时窗口显示"添加成功！"的字样。选择要移除的课程项目，单击"移除课程"按钮，即可从组合框中移除所选课程，同时窗口显示"移除成功！"的字样。

14.5 定时器（Timer）

定时器控件 🕐 在设计时可见，在运行时就隐藏起来。在后台它能有规律地以一定的时间间隔触发 Timer 事件。

1. 属性

定时器的常用属性见表 14-9。

表 14-9   定时器的常用属性

属 性 名 称	属 性 值	说　明
Enabled	True（默认值）	设置定时器可用，启动定时器即开始计时
	False	设置暂停定时器的使用
Interval	整型数值（默认值为 0）	设置定时器触发事件的时间间隔。设置范围为 0～65 535ms（1s=1 000ms）

2. 事件和方法

定时器的主要事件就是 Timer 事件，每当经过一个 Interval 属性所设定的时间间隔，就触发一次 Timer 事件。

【例 14.5】抽取幸运观众。要求：（1）观众编号为 1～1 000。（2）单击"开始"按钮，文本框内将不断显示观众编号。（3）单击"停止"按钮，此时停留在文本框内的号码即幸运观众的编号。（4）单击"退出"按钮可以退出程序运行。

步骤 1　在窗体上绘制一个标签 Label1、一个文本框 Text1、3 个命令按钮和一个定时器。在属性窗口设置各控件的属性见表 14-10，各控件的位置等外观属性如图 14-6 所示。

表 14-10   控件的属性设置

控　件	Caption	Font	Text	ForeColor	Interval
Form1	定时器演示				
Label1	幸运观众编号	华文行楷、粗体、一号			
Text1		Times New Roman、48	<空>	红色	
Command1	开始	隶书、粗体、四号			
Command2	停止	隶书、粗体、四号			
Command3	退出	隶书、粗体、四号			
Timer1					200（ms）

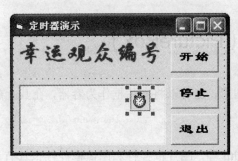

图 14-6　设计界面和运行界面

步骤 2　编写窗体加载事件过程、3 个命令按钮的 Click 事件过程和定时器的 Timer 事件过程。

```
Private Sub Form_Load( )
' 窗体加载事件过程
    Timer1.Enabled = False     ' 窗体刚加载时，定时器先暂停计时
End Sub

Private Sub Command1_Click( )
' "开始"按钮的单击事件过程
    Timer1.Enabled = True              ' 单击"开始"按钮后定时器开始启动
End Sub

Private Sub Command2_Click( )
' "停止"按钮的单击事件过程
    Timer1.Enabled = False             ' 单击"停止"按钮后关闭定时器
End Sub

Private Sub Command3_Click( )
' "退出"按钮的单击事件过程
    End
End Sub

Private Sub Timer1_Timer( )
' 定时器的 Timer 事件过程，每隔 200ms 将触发一次本事件过程
    Dim RndValue&
    ' RndValue---计算机生成的随机数
    Randomize                                   ' 产生随机数种子
    RndValue = Int(10 000 * Rnd) Mod 1 000 + 1  ' 产生 1 000 以内的随机数
    Text1.Text = Str$(RndValue)                 ' 将随机数显示在文本框中
End Sub
```

运行：运行结果如图 14-6 所示。运行时，用户单击"开始"按钮，定时器开始计时，每隔 0.2s 在文本框中显示一随机生成的 1 000 以内的编号；当用户单击"停止"按钮时，定时器停止计时，不再触发 Timer 事件，此时文本框中所显示的号码即为幸运编号。继续单击"开始"按钮可以重复上述过程，单击"退出"按钮可退出整个应用程序的执行。

定时器在运行时隐藏不可见。

14.6　图片框（PictureBox）

图片框 用于在窗体上的指定位置放置图形，也可以将图片框作为容器，在其上放置多个控件。

1. 属性

窗体具有的属性 Left、Top、Height 和 Width 等，图片框控件和图像框控件也具有，但它们的坐标参考点不一样。窗体的 Left、Top 属性以屏幕左上角为参考点，是绝对坐标；而图片框和图像框的 Left、Top 属性以窗体左上角为参考点，是相对坐标。图片框的常用属性见14-11。

表 14-11　　　　　　　　　　　　　　图片框的常用属性

属 性 名 称	属 性 值	说　　明
Appearance	0 或 1	设置一个对象在运行时是否以 3D 效果显示
AutoRedraw（自动重画）	True	设置当窗体（或图片框）最小化或被别的窗体覆盖后，又回到该窗体时，将自动刷新或重画所有输出的图形和文字
	False（默认值）	设置当窗体（或图片框）最小化或被别的窗体覆盖后，又回到该窗体时，所有输出的图形和文字将消失，必须通过程序代码的执行来进行窗体或图形的重建
AutoSize	True 或 False	设置控件是否能自动调整大小以显示所有的内容
Picture		设置图片框控件内显示的图形。可以在属性窗口指定，也可在运行阶段使用 LoadPicture 函数加载。在窗体、图片框和图像框中显示的图形以文件形式存放在磁盘上

2. 事件和方法

图片框主要用于绘图，其基本方法有：Cls（清除图片框中的内容）和 Print（在图片框中输出内容）。

【例 14.6】显示动作。要求：界面如图 14-7 所示，单击不同的命令按钮，将显示孩子不同的动作图片。

步骤 1　在窗体上绘制一个图片框 Picture1 和 5 个命令按钮，在属性窗口设置各控件的主要属性见表14-12，各控件的位置、大小等外观属性如图 14-7 所示。

图 14-7　图片框运行结果

表 14-12　　　　　　　　　　　　　　控件的属性设置

控　件	Caption	Font
Form1	图片框演示	
Picture1		
Command1	笑	黑体、粗体、四号
Command2	哭	黑体、粗体、四号
Command3	射	黑体、粗体、四号
Command4	扛	黑体、粗体、四号
Command5	爬	黑体、粗体、四号

步骤 2 编写 5 个命令按钮的 Click 事件过程代码。

```
Private Sub Command1_Click()
    Picture1.Picture = LoadPicture("D:\图片库\孩子动作\笑.jpg")
End Sub

Private Sub Command2_Click()
    Picture1.Picture = LoadPicture("D:\图片库\孩子动作\哭.jpg")
End Sub

Private Sub Command3_Click()
    Picture1.Picture = LoadPicture("D:\图片库\孩子动作\射.jpg")
End Sub

Private Sub Command4_Click()
    Picture1.Picture = LoadPicture("D:\图片库\孩子动作\扛.jpg")
End Sub

Private Sub Command5_Click()
    Picture1.Picture = LoadPicture("D:\图片库\孩子动作\爬.jpg")
End Sub
```

运行：运行结果如图 14-7 所示。用户单击不同按钮，在图片框中将显示孩子的不同图片。

14.7　图像框（Image）

图像框（Image）和图片框（PictureBox）的用法基本相同，都可以在窗体的指定位置显示图形信息，可装入多种格式的图形文件。图像框和图片框能够支持载入的图形格式见表 14-13。

表 14-13　　　　　　　　　　VB 支持的图形格式

名　称	扩　展　名	说　明
JPEG 文件	.jpg	一种支持 8bit 和 24bit 颜色的压缩位图格式，是 Internet 上流行的文件格式
GIF 文件	.gif	一种支持 256 种颜色的压缩位图格式，是 Internet 上流行的文件格式
图元文件	.wmf .emf	也称为"绘图类型"图形，将图形定义为编码的线段和图形
位图	.bmp .dib	将图形定义为由点组成的图案
图标	.ico .cur	一种特殊类型的位图，其最大尺寸为（32×32）像素，也可以为（16×16）像素

图像框与图片框的对比见表 14-14。

表 14-14　　　　　　　　　图片框和图像框的对比

控件	是"容器"控件	可以用 Print 方法接收文本	占用内存及显示速度
图片框	是	是	图像框占用内存更少，显示速度更快。两者都可满足需要时，优先使用图像框
图像框	否	否	

1. 属性

图像框有很多属性和图片框类似，不再赘述。图像框独有的属性有 Stretch（英文含义为"伸展、扩大"），用于自动调整图像框中图形的大小。该属性既可通过属性窗口设置，也可以通过程序代码设置。该属性取值为 False（默认值）时，图像框本身自动调整大小以使图形文件填满图像框；该属性取值为 True 时，自动调整大小的是图形文件，调整后填满整个图像框。

2. 事件和方法

图像框的事件和方法很少使用，在此不作介绍。

【例 14.7】图像框的 Stretch 属性应用演示。要求：（1）设计一个窗体，在其上绘制一个图像框，向图像框加载图形文件。（2）单击不同命令按钮，分别将 Stretch 属性值设置为真和假，观察图片的显示情况。

步骤 1　在窗体上绘制一个图像框 Image1、一个标签和两个命令按钮，在属性窗口设置各控件的属性见表 14-15，各控件位置、大小等外观属性如图 14-8 所示。

表 14-15　　　　　　　　　　　　控件的属性设置

控　件	Caption	Font
Form1	图像框演示	
Label1	射箭	幼圆、粗体、一号
Image1		
Command1	Stretch = False	Arial、粗体、9
Command2	Stretch = True	Arial、粗体、9

图 14-8　图像框两次运行结果对比

步骤 2　编写两个命令按钮的 Click 事件过程代码。

```
Private Sub Command1_Click()
    ' "Stretch=False" 按钮
    Image1.Width = 1 000
    Image1.Height = 1 000
    Image1.Stretch = False
    Image1.Picture = LoadPicture("D:\图片库\孩子动作\射.jpg")
End Sub
```

```
Private Sub Command2_Click()
    ' "Stretch=False" 按钮
    Image1.Width = 1000
    Image1.Height = 1000
    Image1.Stretch = True
    Image1.Picture = LoadPicture("D:\图片库\孩子动作\射.jpg")
End Sub
```

运行：运行结果如图 14-8 所示。用户单击"Stretch=False"按钮时，该事件过程设置 Stretch 的属性值为 False，当相对图像框较大的图形载入时，图像框调整大小适应图形，所以显示的图形比实际的 1 000×1 000 的图像框大；用户单击"Stretch=True"按钮时，该事件过程设置 Stretch 的属性值为 True，则当相对图像框较大的图形载入时，图形调整大小适应图像框，所以显示的是 1 000×1 000 的图像尺寸。

VB 中将图形文件加载到窗体、图片框或图像框有如下 3 种方式。

（1）设置属性窗口中的 Picture 属性（设计阶段）。

（2）利用剪贴板把图形粘贴到窗体、图片框或图像框 （设计阶段）。

（3）利用 LoadPicture 函数（运行阶段）。

格式：【对象名.】Picture=LoadPicture("文件名")

14.8　程 序 范 例

本节通过一个程序范例，让读者加强综合应用和实际编程能力。

【例 14.8】交通信号灯。要求：（1）两个图像框分别放置红灯图片和绿灯图片。（2）红灯和绿灯每隔 10s 切换一次，即红灯灭则绿灯亮，或绿灯灭则红灯亮。（3）窗体中每隔 1s 显示一个不断递减的数字用来表示离下次切换还剩多少秒，界面如图 14-9 所示。

分析：本题需要用到两个定时器，一个用于控制红绿灯的每 10s 的切换，一个用于控制数字的每 1s 的显示。

步骤 1　在窗体上绘制两个图像框、两个定时器和一个标签，各控件位置、大小等外观属性如图 14-9 所示。在属性窗口设置各控件的主要属性见表 14-16。

图 14-9　运行结果

表 14-16 控件的属性设置

控 件	Name	Caption	BackColor	Picture	Stretch
Form1	Form1	模拟交通信号灯	白色		
Image1	Red			D:\图片库\红灯.jpg	True
Image2	Green			D:\图片库\绿灯.jpg	True
Label1	Label1	<无>	白色		
Timer1	Timer1				
Timer2	Timer2				

步骤 2 编写窗体的加载事件过程以及两个定时器的 Timer 事件过程。

```
Private Sub Form_Load()
    ' Red----红灯图像框  Green----绿灯图像框
    Red.Visible = True
    Green.Visible = False
    ' Timer1----控制红绿灯切换 Timer2----控制标签数字递减显示
    Timer1.Interval = 10000
    Timer2.Interval = 1000
    Label1.Caption = Str(9)          ' 标签数字首先显示为 9
End Sub

Private Sub Timer1_Timer()
' Timer1----控制红绿灯的定时切换
    If Red.Visible = True Then
        Red.Visible = False
        Green.Visible = True
        Label1.ForeColor = vbGreen      ' 标签数字的显示颜色为绿色
    Else
        Red.Visible = True
        Green.Visible = False
        Label1.ForeColor = vbRed        ' 标签数字的显示颜色为绿色
    End If
    Label1.Caption =Str(10)
End Sub

Private Sub Timer2_Timer()
    ' Timer2----控制标签上的数字递减显示
    Label1.Caption = Str(Val(Label1.Caption) - 1)
End Sub
```

运行：运行结果如图 14 -9 所示。程序运行时，首先红灯亮，标签上显示的红色数字从 9 变到 0，每秒变化一次；当标签数字变为 0 时，红灯灭，绿灯亮，标签上显示的略色数字从 9 变到 0，每秒变化一次。如此反复。

（1）图像框控件没有使用默认名字 Image1 和 Image2，更改了 Name 属性，所以在程序中要用到新名字 Red 和 Green。

（2）Label1.Caption = Str(Val(Label1.Caption) –1)不能写成

Label1.Caption = Label1.Caption–1

Timer1 的 Timer 事件过程的最后一条语句，为什么是 Label1.Caption =Str(10)，而不是 Label1.Caption =Str(9)？

小　结

　　本章介绍了工具箱上的 7 个常用控件的属性、事件和方法，这些控件是构成应用程序界面的组成部分。各个控件可以使用它们的默认名，但当程序规模较大，使用控件较多时，也可以将控件命名为"前缀+变量名"的形式，以提高程序的可读性。